人脑机系列丛书

# 人脑机智能雷达技术及其应用

尹奎英　李　成　王中宝
刘　川　李澜宇　杜文韬　著

西安电子科技大学出版社

# 内 容 简 介

本书以人脑机接口技术在智能雷达领域的融合应用为核心,介绍了人脑机智能雷达技术及其应用。全书共四章:第一章介绍了专家视觉解译与视觉迁移、脑机接口技术、脑电信号及其处理方法和脑电信号专家判读与脑电视觉重构;第二章对现代雷达技术的基本概念和目标识别等问题进行了剖析,并介绍了无人机载 SAR 技术;第三章详细介绍了作者团队将人脑机智能雷达技术投入应用的几个实例,主要包括遥感影像智能解译及未来应用技术、机载雷达匹配导航定位技术、雷达心肺探测技术、三体雷达图像检测识别技术;第四章介绍了作者团队在"失能""失智"残疾人康复领域就人脑机应用进行的探索性研究,主要包括灵犀手和基于小脑的阿尔茨海默病筛查干预技术。

本书可供信号与信息处理、遥感信息科学与技术、智能信息处理、生命科学生物医学工程、生物技术、智能医学工程等专业的从业人员阅读,也可作为对脑机技术和智能雷达技术感兴趣的读者的参考书。

**图书在版编目(CIP)数据**

人脑机智能雷达技术及其应用 / 尹奎英等著. —西安:西安电子科技大学出版社,2022.12
ISBN 978 - 7 - 5606 - 6657 - 0

Ⅰ. ①人… Ⅱ. ①尹… Ⅲ. ①智能技术—应用—雷达技术—研究
Ⅳ. ①TN95

中国版本图书馆 CIP 数据核字(2022)第 167550 号

策　　划　秦志峰
责任编辑　秦志峰
出版发行　西安电子科技大学出版社(西安市太白南路 2 号)
电　　话　(029)88202421　88201467　　　邮　编　710071
网　　址　www.xduph.com　　　　　　电子邮箱　xdupfxb001@163.com
经　　销　新华书店
印刷单位　广东虎彩云印刷有限公司
版　　次　2022 年 12 月第 1 版　2022 年 12 月第 1 次印刷
开　　本　787 毫米×1092 毫米　1/16　印张　13
字　　数　290 千字
印　　数　1～1000 册
定　　价　68.00 元
ISBN 978 - 7 - 5606 - 6657 - 0 / TN

**XDUP 6959001 - 1**

＊＊＊如有印装问题可调换＊＊＊

雷达是重要的信息获取装备，广泛应用于国防与经济建设中。从 20 世纪 30 年代发明至今，雷达已经历了将近一百年长盛不衰的快速发展历程。在不同时期，都有一些重要科技成果对雷达的发展起到了重大的推动作用。近年来，计算机科学技术，数字、微波以及光学集成电路，高功率微波器件、固态功率器件以及新材料、新工艺、新结构等的问世与推广应用，极大地推动了相控阵天线的应用，特别是有源相控阵天线技术在雷达、通信、导航、遥控、遥测、电子与信息对抗等领域的成功应用。能对远程目标进行二维、三维成像的相控阵合成孔径、逆合成孔径与干涉式合成孔径雷达等已投入实际应用。这些雷达相关技术已广泛应用到气象探测、地图测绘、车辆导航等多个领域。雷达技术的进步对各种无源探测雷达、二次雷达与其他转发式探测设备的技术发展也有同样的促进与支撑作用。

可以预计，人工智能（AI）技术是推动新一代雷达创新发展的一个重要方向，它与计算机、大数据、高速通信网络等技术相结合，将进一步提高各类雷达及其他信息获取装备的性能，促进"万物互联"的实现，成为推动各行各业现代化进程的新学科。"人工智能"是计算机科学的一个分支，它是研究计算机拟人的认知过程的一门学科，起源于 1956 年，其建立的基础是认为人的智能（human intelligence）可以被准确描述与仿真，因此，可将人工智能（AI）通俗地理解为用机器来仿真人的认知功能，即人们用于学习与解决问题 的智力、思想或想法。显然，人工智能（AI）研究的"计算机拟人的认知过程"是包含多人（有关研究者）参与的复杂的多层面、多通道、多融合系统。人工智能广阔的应用前景极大地吸引了众多科技领域的专家、学者从事人脑科学的研究。其中主治脑科疾病（如精神病、癫痫）及进行脑外科手术的医生可能是最早使用人脑机接口装置（BCI）检测与记录人的脑电波，开展人工智能（AI）研究的。

以中国电子科技集团公司首席专家尹奎英博士为首组建的科研团队一直从事先进雷达的科研工作。他们提出将智能雷达技术与人脑机接口技术相结合创造人脑机智能雷达，改善雷达信号检测性能，实现合成孔径成像雷达辅助影像识别等功能。他们本着"科技造福人民"的理念，提出将"人"本身也作为科技研究的重点对象，由此衍生的生命科学应视作一类交叉学科，吸纳和应用各有关领域的高精尖成果。近年来，围绕"人"的雷达应用受到了越来越多的关注。本书作者选择目标对象时，考虑到为医学研究、健康事业服务，将人体内部结构和生理信号均作为新型雷达的检测目标，并围绕"人"的雷达感知技术将"人"或者其随身携带的附属物件作为探测切入点。从广义上看，人脑机接口技术与智能雷达技术的结合，如脑信息辅助雷达影像识别与检测、智能感控等技术也可纳入新的人脑机智能雷达的应用。本书围绕人脑机接口技术在智能雷达领域的融合应用，以中国电子科技集团公司第十四研究所人脑机实验室近年来在该领域的代表性技术为蓝本，详细介绍了新一代人脑机智能雷达在灾后救援、康复等领域的关键技术应用情况。在灾后救援方面，具体对遥感影像处理、脑机智能辅助影像解译、载机平台匹配导航定位、稳健非接触式体征检测等多项关键技术进行了介绍和分析，这些技术通过学科交叉融合的方式提高了传统雷达体系在平台定位导航、雷达影像分类、目标识别等方面的技术水平；在"失能""失智"残疾人康复领域，本书对灵犀手和阿尔茨海默病筛查干预系统进行了技术分析，这些技术将陆续步入应用阶段。

　　本书在对人脑机和雷达的基本原理进行概念性综述的基础上，翔实介绍了作者团队在人脑机接口技术与智能雷达技术的交叉发展中的研究成果，有助于发挥两者相互融合、交叉发展的潜力，促进人脑机研究与智能雷达融合发展。

张光义

2022.3.3

# 致谢

谨以此书致谢恩师王德纯先生。

　　进入脑机接口领域是一件很偶然的事情，大约在 2007 年，我还在读博士，攻读的专业是雷达信号处理，其间我的硕士导师梁继民教授转入了生命科学学院，我们在同一栋大楼工作，我在 17 楼，梁老师在 3 楼。我习惯于走楼梯到实验室，每天经过 3 楼时，我都会去看一下梁老师他们当前的工作，然后跟实验室的人聊一聊工作进展（实验室中有几位是从事脑机相关研究的）。到了 17 楼以后，我会再跟我的博士同学聊一下各自的工作。这种讨论大概持续了 4 年。几年后，我在工作中遇到了一些用传统信号处理算法很难一下解决而采用深度学习方法样本量又不定的问题，于是决定从脑机接口着手尝试解决这些问题。

　　从传统的雷达领域跨界到脑机领域是一件艰难而又有意思的事情，这本书真实地记录了我们近十年的工作成果。我们第一个有意思的工作是开发"灵犀手"，它是我和周升丽博士一起完成的原型。做这个工作的初衷是因为肌电信号比脑电信号要稳定可靠一些，从这里入手相对容易，但是后来我们发现，由于一直用健康人作被试（或称被试者），并没有考虑真正需要它的人，其实用性还有待提高。2018 年春节期间，我在老家从拜年的亲戚中打听到因为工伤截肢的庄师傅，便考虑邀请庄师傅作为被试进行相关的研究。2018 年 6 月 15 日，供残疾人使用的"灵犀手"第一次亮相世界雷达展览会，之后我们和清华大学孙富春老师团队合作，相继开发了第二代、第三代"灵犀手"。2021 年，"灵犀手"被世界人工智能大会最高奖 SAIL 奖评为 TOP30。

　　第二个有意思的工作是针对阿尔茨海默病的筛查和干预进行的。我在一次学术交流中遇到了南京脑科医院神经内科石静萍主任，她提出了当前治疗阿尔茨海默病的一些问题，这个时候我已经建立了人脑机实验室，具备了脑机接口领域磁共振成像（Magnetic Resonance Imaging，MRI）、功能性磁共振成像（functional MRI，fMRI）、脑电/脑磁图（Electroencephalogram/Magnetoencephalography，EEG/MEG）等多维度的数据分析能力。在石主任指导下，我们先后招募了几百名志愿者，从小脑特征靶点出发全方位进行了数据计算，最终找出了有效的检测方法。在进行经颅磁刺激干预的时候，我们又遇到了难题——目前只有针对大脑的神经导航系统，还没有针对小脑的神经导航系统。我又找到我的大学老师姜光教授一起合作完成了小脑神经导航系统。这样，在精准导航的配合下，我们完成了对阿尔茨海默病初期患者的有效干预。

这两个工作开始并没有对应具体科研任务，完全是业余时间靠兴趣做起来的，这么做的初衷是因为随着社会老龄化的到来，失能和失智问题日益突出，作为科研人员要率先主动解决问题。

人工智能和脑科学的交叉融合发展为机器智能与人类智能的融合提供了可能。因此，在可预见的未来，人类智能与机器智能将逐步融为一体，充分发挥机器的存储和运算能力，融合人脑的思维与创新能力，以推动人工智能达到一个更高的层次——脑机智能融合。

创立脑机接口的初衷是为了解决雷达研制中遇到的问题。目前，雷达的目标识别方法大多是基于统计模式识别理论提出的，通过采用统计学、概率论、博弈论、机器学习等手段，从回波数据中提取目标的有效特征信息，进而推理出目标的类别和型号，相当于"以己度人"，但这些方法需要有比较多的先验知识，而且在线的知识无法实时更新。我们希望本书能有助于读者了解人脑机智能技术与雷达技术的基础知识，熟悉人脑机智能雷达在各个应用领域的技术原理和应用思路，拓宽视野，获得一定的启发，从而将自身研究方向与人脑机智能雷达技术相结合，促进脑机融合技术的进步。

人脑具有强大的认知功能，人类能够快速准确地识别呈现在视野中的各类目标。由 fMRI、EEG 和 MEG 等现代无创技术对人类大脑视觉的研究可知：对于两种或者几种不同内容图像的刺激，无论是大脑的激活部位，还是我们采集的电/磁生理信号特征，都有明显的不同，这些不同是人脑对目标特征处理的内在机理的宏观外在表现，这是人类特有的强大认知功能。

本书第一章 1.1 节由李成编写，第一章其余部分由尹奎英编写，并由尹奎英修订；第二章 2.3 节由尹奎英编写，第二章其余部分由王中宝编写，并由王中宝修订；第三章 3.1 节由李澜宇编写，第三章其余部分由尹奎英编写，并由尹奎英修订；第四章 4.1 节由刘川、尹奎英、周升丽编写，4.2 节由石静萍、尹奎英、杜文韬编写，并由杜文韬修订。全书由尹奎英和杜文韬统稿。

另外，石静萍、姜光、周升丽、李坡给予了工程技术方面的支持，人脑机实验室的阮婷、牛畅、黄照悠、高文锐、李绮雪、曲良承、沈皓炜、毛琳、李婉萍、吕明星等也对本书的编写提供了帮助，在此一并表示感谢。

由于著者水平有限，书中难免存在不足之处，敬请广大读者批评指正。

尹奎英

2022 年 3 月于南京 453 园区

# 目录
## CONTENTS

**第四章 DISIZHANG**

第一章
DIYIZHANG
人脑机智能

大脑是迄今所知结构最复杂、组织最精细的器官。人类的大脑具有感觉、控制运动、记忆、情感以及认知等功能。理解大脑结构与功能是 21 世纪最具挑战性的前沿科学问题之一，这方面的研究也关系到国计民生、军事科学与经济发展。此外，信息技术尤其是人工智能近些年高速发展，专项人工智能的应用突飞猛进，在某些闭环场景比如图像识别、模式识别方面，人工智能已经远远超过人类智能。在记忆和计算方面，虽然人类智能已经不如人工智能，但是人类自身具备的一些优秀特质如创造力和联想力等却是人工智能无法超越的。

2015 年 M. I. Jordan 和 T. M. Mitchell 在 *Science* 上发表的论文"Machine learning：Trends，perspectives，and prospects"中指出，新型的、能够与人协同工作的机器学习方法，有望具有人类综合利用多种背景知识进行复杂数据分析的能力。而对于特定的问题，根据我们对功能性磁共振成像(functional Magnetic Resonance Imaging，fMRI)和脑电数据的分析可知，专家的大脑针对该类特定问题经过长期训练，存在特异性的功能和结构改变。因此，我们不必局限于构造纯粹的人工智能系统，可通过对特定问题领域专家的有效利用，构建"人在环路"的信息处理系统，实现生物智能体和人工智能体间的信息感知、交互与整合，形成一种更高性能的人脑机智能形态。

解决复杂的系统工程问题时，都会综合利用各种智能技术手段，这就需要了解人类智能和人工智能的差异，分析人类自身学习过程和人工智能的产生机理，对照不同智能体的特质，探索新的智能体系构成方式。人类智能并非先天拥有，而是通过长时间专业学习和训练获得的。以视觉专家为例，与没有经过训练的人相比，视觉专家可以迅速、高效地完成对特定目标的识别，其反应准确率更高，行为表现鲁棒性更强，抗干扰能力更强。由于雷达影像判读专家所属领域极小，因此此类专家都是后天培养的。在培养周期中提取雷达影像判读专家的 EEG 信号，并将其作为专家特异性的中枢表征信息，可以有效获取专家在进行视觉识别任务时的特异性中枢表征，同时对影像进行表征，两者用人工智能方式进行关联映射，利用脑机接口实现高效互通，以探索新的智能体系。

本章首先介绍一个视觉专家的学习和认知过程，其次简要介绍脑机接口技术，然后介绍脑电信号及其处理的过程和特征提取方法，最后用一个典型的案例介绍脑机接口，通过对判读人员的脑电信号进行分析并和人工智能有效融合，产生一种脑电视觉成像技术，而未来这种技术的双向感知最终产生一种新的混合智能——人脑机智能。

## 1.1 专家视觉解译与视觉迁移

### 1.1.1 概述

经过历史演化，自然赋予人类视觉感知能力。从婴儿到成人，视觉是个体认知最重要的传感手段。通过不断的主/被动视觉刺激、经验学习和文化传承，视觉认知成为人类智能的直接来源。人类视觉中"视"所代表的成像系统功能目前很大程度上已经被各种"相机"精巧复制，它们在动态范围、分辨率等诸多方面甚至可以超越人类。但是作为脑认知的重要范畴，人类视觉中"觉"的层面，人们仍然在不断探索。视觉基本认知，如颜色恒常性、视觉注意力等仍是机器视觉、计算智能模拟外化所遵从的基础范式。

### 1.1.2 视觉机制的重要作用

不论是地面场景感知还是遥感观测，也不管是目视还是智能解译，都需要把人类视觉强大的能力在实际解译过程中体现出来。尤其在智能解译中，对识别特征的有效提取和识别都需要或者依赖于强有力的对人类视觉机制的研究。人类视觉对于颜色和亮度的感知、对于形状和大小的识别是低级和中级视觉机制的基础研究内容，而视觉显著性和注意力则是高级视觉机制的反映，这些都在影像解译中发挥着重要作用。

人类视觉机制能够在面对一个复杂场景时，迅速注意到显著的视觉对象，并首先进行处理，通过包括恒常性和显著性在内的一系列视觉机制持续感知目标特性。而遥感成像系统通过传感器（发射）接收电磁波进行成像，相机相当于人类视觉通路"感知器"，但其后端信息处理、机器视觉尚不完全具备认知能力。从不同角度、高度，采用不同传感器波段、极化等方式对同一目标成像，即使信息融合，机器视觉所实现的对同一目标的感知能力仍有待提升。如果在影像解译中能够重视和发挥人类视觉机制和特性，那么不仅能够在复杂多变的环境下准确判断地物目标性质，而且能够提高目视和自动影像解译的效率。视觉机制在可见光影像解译中应用自如，而对于红外、合成孔径雷达（Synthetic Aperture Radar，SAR）等多源影像的解译，视觉机制的应用路径虽有区别，但本质不变。

### 1.1.3 视觉解译难题

现实视觉环境通常具有纷乱、无序、干扰的特点，尤其是对于复杂场景的视觉解译，人类视觉注意力、计算和知识也存在局限，在视觉搜索、认知映射等方面还面临很多难题。尤其在抵御视觉错觉方面，人类视觉认知虽表现出恒定性，但需要结合后天大量学习经验才能"破解"或导向正确认知结构。典型的视觉翻转效应示例如图 1-1 所示。人类视觉的正向性和认知经验对于虚构或构造的场景，仍采用原有认知机制，所以对于翻转 90°或 180°

的场景，不能正确认识场景状态，而是产生悬崖感觉，如图 1-1(a)所示。但经过经验积累和一定训练，人类识别此种场景效应的速度会大幅提升，而对于由于重力(见图 1-1(b))、镜面反射(见图 1-1(c))等因素形成的场景效果，知识的发展也会在视觉解译场景中起到重要作用。

(a)　　　　　　　　　(b)　　　　　　　　　(c)

图 1-1　典型的视觉翻转效应示例

### 1.1.4　视觉解译训练

在场景认知的过程中，视觉解译的思路与方法因人而异，但是人类视觉机制的演化和特性存在稳定性，这为提升人类专项视觉解译能力奠定了基础理论范式。一定规模的眼动训练能够有效提升人对复杂场景中目标显著性的反应和视觉搜索路径的速度。视觉搜索路径、停留时间和感知结构等都代表了视觉解译过程中的思维路径。图 1-2 所示为印度理工学院 Ashu Sharma 等学者进行的眼动实验示意图，它表明了人对影像中感兴趣/视觉显著区目标视觉的停留范围和分布情况。

人类视觉解译训练遵循经典的"一万小时理论"，需要结合正反馈的学习经历才能达到对不同场景视觉解译的熟练度。在应对场景变化方面，人类智能具有学习迁移能力。迁移学习算法不只是一个专门的机器学习领域，学习迁移和迁移学习的内核都是一个系统将一种环境中学到的知识运用到另一个领域中来提高系统的泛化性能，人类智能亦是如此。迁移理论可以用于视觉认知场景中，多源影像视觉解译也不例外。具有视觉特征迁移的影像，即使所关注影像具有较强的抽象性，视觉系统传递的信息在大脑响应时，这些影像中的显著目标也会与记忆中的对象产生迁移并关联，然后以自己的记忆(常识)重构合成具有意义的对象，从而使人能清晰地识别和确认该影像中的目标。拓展开来，对于全新的视觉解译场景，人需要以自己原有记忆(常识)的目标进行迁移，新场景目标信息提取与最强识别特征意象相互映射，具有识别特征的意象迁移到该场景中具有识别特征的目标上，完成视觉迁移过程即实现对新场景的视觉解译，具有知识支撑、特殊意义的静态意象可以组合迁移为新场景中的活动场景。不同对象的连接和组合，也能组成具有某种意义的影像。

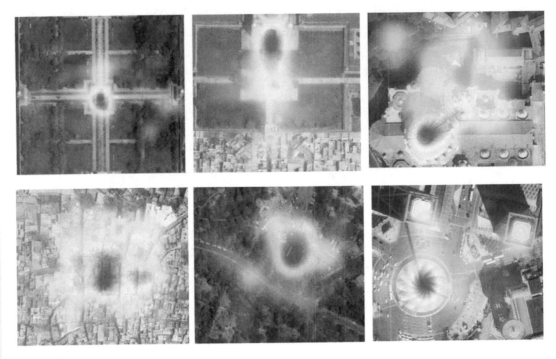

图 1-2　印度理工学院学者进行的眼动实验示意图

　　随着时间和正反馈信息的积累，视觉训练必然会使大脑积极响应并发挥效能，逐渐形成从初级到中级直至专家层级的视觉机制。正如万维钢在《笔记本就是力量》一文中指出：真正的专家，都有自己的一整套知识体系。这套体系就如同他们心中的一棵不断生枝长叶的树，又如同一张随时变大变复杂的网。每当有新的知识进来，他们都知道该把这个知识放到体系的什么位置上去。有人称这套体系为心智模式（mental model），有人称它为矩阵（matrix）。有了这套体系，我们才可能对相关事务做出出神入化的"眨眼判断"，而不是依靠什么"灵感"或者"直觉"。

## 1.1.5　合成孔径雷达视觉迁移

### ① 合成孔径雷达视觉解译科学问题

　　SAR 成像属于有源微波遥感，它通过接收目标散射信号并检测、分析回波信号，确定目标相对于传感器的距离、方位以及各种特征。SAR 成像系统可全天时、全天候对地实施观测，并具有一定的地表穿透能力。与可见光成像方式不同，SAR 成像是主动、斜距成像，具有独特成像的几何特点，如透视收缩、叠掩、阴影等。SAR 影像特征取决于被观测对象的物理特性和系统成像特性两个方面。由于 SAR 特殊的斜距成像体制和电磁散射回波数据展现的相干斑噪声，不同地物在不同电磁波段的特性不同，从而导致 SAR 影像目视解译具有较大难度，目标视觉特征相较于可见光影像产生不同程度的迁移。如图 1-3 中位于北京的国家体育场"鸟巢"（上图为 SAR 影像，下图为可见光影像），其形状特性在该分辨率下得以保持，虽存在叠掩效应但未影响目标宏观形状，人们即使未曾学习 SAR 原理，也能实现目标认知的正确正向迁移。

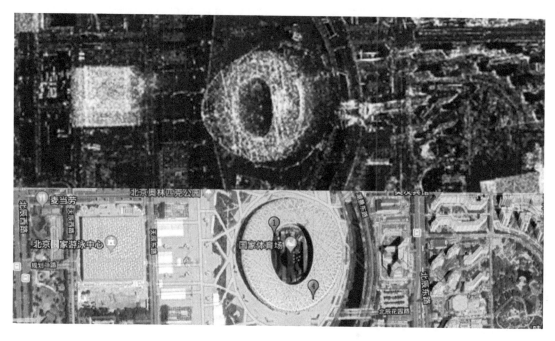

图 1-3　鸟巢影像的视觉迁移(影像分别来自 TerraSAR-X 和 Google)

影像视觉特征迁移是认知记忆、先验知识与特征综合进行的学习迁移过程。根据视觉特征迁移的性质和结果，可见光影像解译经验无疑可以对其他多源影像解译起到积极的促进作用。基于影像视觉特征迁移理论和对可见光影像的视觉特征及视觉认知规律，对多源影像进行基于识别特征的迁移，可实现更高效的目视解译和研究。当然，如果缺乏基本的多源影像成像原理和解译理论，一味按原有经验迁移，则会带来一定的消极影响。

基于视觉迁移理论和 SAR 影像解译实践经验，我们提出 SAR 视觉解译科学问题：**以 SAR 成像特性为基础，在复杂背景中，探索 SAR 视觉认知迁移规律，在影像分辨率和解译度等条件下，实现对场景目标发现、识别和分析的最优过程。**该科学问题表明了 SAR 视觉解译的依赖基础。从实证路线来看，人类可靠"经验"本身意味着可解释和可信赖的可观测性、可测量性，现象表征事实，以"经验"事实为依据，以可观测和测量方法为手段，为可解释的迁移奠定基础。

**2.** **SAR 视觉解译难度分级**

如何构建从可见光影像到 SAR 影像解译视觉认知路径，进而有效提取 SAR 影像信息，是目前目标识别领域人们长期关注和重点研究的内容。要使 SAR 成像优势在目标识别中发挥效能，就需要对 SAR 影像进行高效处理、解译、整编及分发。在整个信息处理过程中，SAR 影像解译是最核心的环节，直接决定生成核心结果的准确性和时效性。但由于成像体制的不同，SAR 影像解译过程中存在更多视觉解译和推理难题。典型 SAR 影像视觉解译难题及在特征域和认知域的分析见表 1-1。

表 1-1　SAR 影像视觉解译示例分析

| 分级 | 空间域（影像实例） | 特征域（特征描述） | 认知域（视觉认知） |
|---|---|---|---|
| 初级难度 | 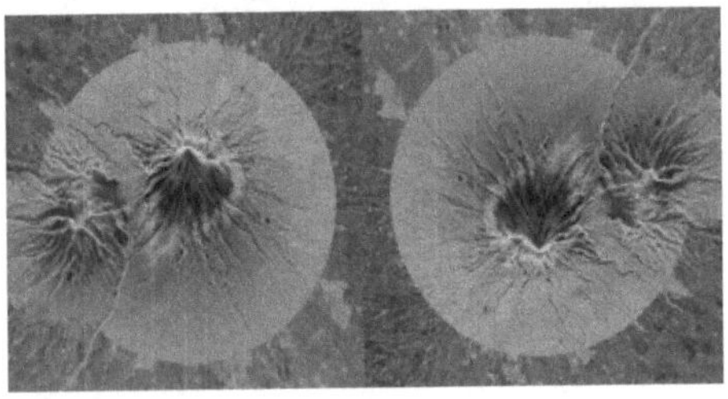 | SAR 影像典型，阴影识别特征强化立体感，形状和大小特征较完整，可以形成对斜距成像、近距压缩等特殊现象准确认识 | SAR 影像阴影朝向或背离解译者，影响视觉认知结果正确性（左图突出，右图凹陷）；SAR 影像视觉认知与可见光影像认知经验直接映射 |
| 中级难度 | 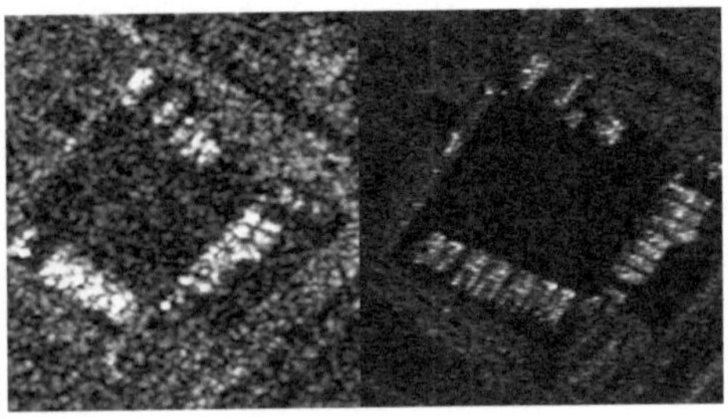 | 地面分辨率影响 SAR 影像解译度。分辨率越低，目标散射回波越少，外部轮廓越不完整，细部特征和大小特征越不完备 | 同一目标受比例尺与分辨率客观因素影响，导致视觉特征稳定性变差；受解译度条件约束，SAR 影像视觉认知与可见光影像认知经验依比例匹配 |
| 高级难度 | 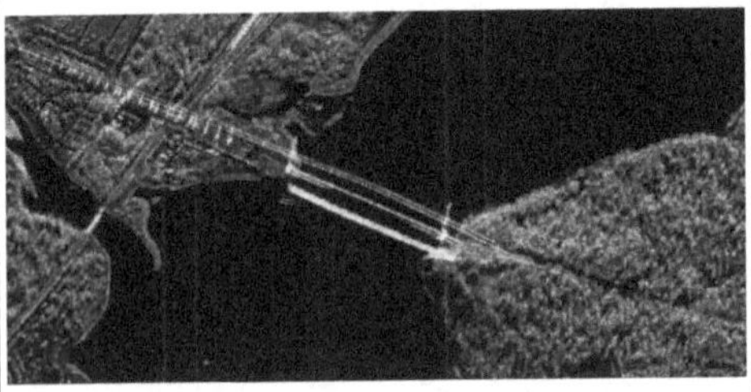 | 受背景区域镜面反射、前景目标材质特性（正、侧、底面）和 SAR 成像几何过程复杂性影响，电磁波多次反射等现象导致目标直接识别特征集溢出 | 根据目标周围连通性等活动特征可以判定主目标（桥梁）位置；受成像过程复杂条件约束，SAR 影像视觉认知与可见光影像认知经验映射匹配错位、失实 |

注：影像来自 TerraSAR 和 ICEYE 网络公开信息。

与可见光波段相比，SAR 成像波段频率低，斜距成像的几何和目标特质影响因素复杂，目标成像结果多呈现出外部轮廓不完整现象，影像分辨率较低时影像甚至完全破碎或缺失，目标内部细节亦有不同程度丢失；同时方位向模糊、旁瓣干扰、多次反射、多普勒平移等多种成像特性及视觉现象，导致 SAR 影像解译更需要对 SAR 成像原理和特性的深入分析和掌握。

### 3. SAR 视觉迁移运用原则

清华大学张钹院士指出：人类智能的一个公认特点，就是人们能从极不相同的粒度(Granularity)上观察和分析同一问题，人们不仅能在不同粒度的世界上进行问题求解，而且能够很快地从一个粒度世界跳到另一个粒度世界，往返自如、毫无困难，这种处理不同粒度世界的能力，正是人类问题求解的强有力的表现。视觉解译必须参考和利用人类在不同粒度之间切换的多粒度问题求解的能力。从小粒度（大粒度）到大粒度（小粒度）展开目标理解的认知过程，称为由下至上（由上至下）的方法。对于复杂目标体系的理解，可能需要由上至下与由下至上两种策略的结合运用才能完成。基于视觉特征迁移科学问题，在多源影像目视解译中，我们认为有以下几条具体运用原则。

（1）方向层面：顺向迁移和逆向迁移。可见光影像视觉解译基本知识和理论对由可见光到多源影像的顺向迁移带来积极的影响，一般而言，视觉特征迁移内容的抽象和概况不同，有效迁移的程度不同；反之，多源影像也在一定程度上影响对可见光影像视觉解译的理解。

（2）方式层面：特殊迁移和一般迁移。影像解译所涉及的通用学习理论即是一般迁移。分辨率较高时，多源影像也可以保持一定的几何形状或者特质（如阴影），从而实现多源影像与可见光影像对同一目标的一致解译，但诸如 SAR 影像中容易出现的叠掩、透视收缩等现象，则不适用一般迁移解译理论和方法。发生特殊迁移会使非专业人员视觉解译难度激增。

（3）效果层面：正向迁移和负向迁移。影像解译者原有经验组成要素及其结构没有变化，从可见光影像视觉解译习得的经验要素重新组合并移用到另一种影像的解译过程之中，效能高即发生正向迁移，而多源影像的特殊性阻碍了正向迁移，于是容易发生负向迁移，导致"望文生义""盲人摸象"这样错误的解译结论。

### 1.1.6 小结

本小节围绕视觉解译和视觉迁移主题，探讨了面向遥感影像视觉解译的难题、训练和迁移等核心内容，以及从可见光影像视觉认知特性到 SAR 视觉解译科学问题，分析讨论了 SAR 视觉解译难度分级和 SAR 视觉迁移运用原则。

## 1.2 脑机接口技术

### 1.2.1 概述

很多影视作品中都出现过"意念控制"的概念，比如在电影《阿凡达》中，因战争损伤脊髓的男主角通过意念控制"阿凡达"的躯体，使其可以自由行走甚至参与战争。所谓的意念控制，可以理解为大脑直接与外界环境形成回路，然后利用大脑思维来控制外围设备，也就是现在人类研究的热点技术之一：中枢神经系统(Central Nervous System, CNS)接收感觉输入并产生适当的运动输出。它的自然输出包括肌肉活动和激素。脑机接口（Brain Computer Interface, BCI)给中枢神经系统提供了既不是肌肉活动也不是激素的新输出。脑机接口是一个记录中枢神经系统活动并将其转换为人工输出的系统，它可以取代、恢复、增强、补充或改善中枢神经系统的自然输出，从而改变中枢神经系统与身体其他部位或外部世界的相互作用。作为一种强大的人机交互工具，脑机接口不需要任何外部设备或肌肉干预来发出命令和完成交互。研究界最初开发了生物医学应用的 BCI，并产生了辅助设备。

它们有助于恢复残疾或锁定用户的移动能力，并取代其失去的运动功能。对 BCI 的前景预测鼓励研究界通过医学应用来研究 BCI 在非瘫痪人类生活中的作用。在军事领域，脑机接口也显示出广阔的应用前景。

### 1.2.2 脑机接口的构成

如图 1-4 所示，BCI 由 6 个基本组件组成，包括信号采集、预处理、特征提取、模式识别、决策系统和外部设备。信号采集组件负责记录脑部活动并将其发送到预处理组件以增强信号和降低噪声。特征提取组件为改进后的信号生成判别特征，从而减少应用于模式识别组件的数据。模式识别组件将生成的特征进行分类，决策系统将分类结果转换为设备命令，外部设备执行决策系统的命令。

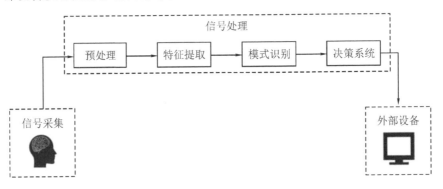

图 1-4　BCI 的基本组成

### 1.2.3 脑机接口的分类

如图 1-5 所示，脑机接口技术按信号采集方式的不同，大致可以分为两类：侵入式和非侵入式。在侵入式技术中，通过神经外科手术将电极植入用户大脑内部或大脑表面；而在非侵入式技术中，使用外部传感器来测量大脑活动。

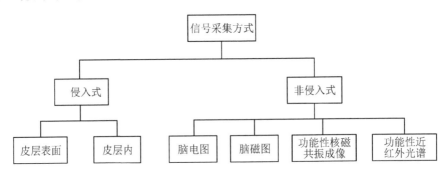

图 1-5　脑机接口技术的分类

侵入式脑机接口技术包括测量皮层内和皮层表面（Electrocorticography，ECoG）的脑电信号。其最大优势是所采集信号具有较高的时间和空间分辨率，因此提高了获得信号的质量及其信噪比。然而，这些技术也存在很多缺陷。除了由于手术过程导致的可用性问题外，还有一些与系统输出相关的问题。其中之一是这些植入电极只能监测大脑皮层较小的区域，且一旦植入，它们就不能移动以测量其他区域的大脑活动。此外，人体对植入电极的适应性可能导致医疗并发症，还有植入物的稳定性和防止感染等问题。因此，在现实世界中，侵入式技术的使用通常仅限于针对少数残疾用户的基于 BCI 的医疗应用。

非侵入式脑机接口技术不需要将外部物体植入被试大脑，从而避免了侵入式采集方式的手术操作或永久性器械附着。非侵入式技术是在大脑的外部设置信号捕捉器，因此，这种方式的好处是不会对人体造成创伤，可以一直记录，但其缺点是信号非常微弱。非侵入式技术主要包括：功能性核磁共振成像 fMRI、功能性近红外光谱（functional Nearinfrared Spectroscopy，fNIRS）、脑磁图（Magnetoencephalography，MEG）和脑电图（Electroencephalogram，EEG）等不同类型测量信号的各种评估方法。其中脑电图的方法尤为常用，国际上普遍采用的是脑电帽，即通过分布在头部表层皮肤的灵敏电极，精确地观察脑电波的波动并记录数据。

## 1.2.4　脑科学及脑机接口技术的研究现状

脑机接口技术的发展离不开脑科学的研究。脑机接口的概念在 20 世纪 70 年代首次被提出，经过几十年的研究和探索，该技术已经取得了很大的进步。早在 20 世纪 90 年代，美国就率先提出"脑的十年计划"，欧盟成立了"欧洲脑的十年"委员会，国际脑科学组织也采取多种举措推动脑科学研究的发展。

2013 年 4 月，美国宣布启动"脑计划"；2014 年 6 月，美国国立卫生研究院发布"脑计划"路线图，详细阐述了脑科学计划的研究目标、重点领域、实施方案、具体成果、时间与经费估算等，提出将重点资助 9 个大脑研究领域，包括统计大脑细胞类型，建立大脑结构图，开发大规模神经网络记录技术，开发操作神经回路的工具，了解神经细胞与个体行为之间的联系，整合神经科学实验与理论、模型、统计学方法等，描述人类大脑成像技术的机制，为科学研究建立收集人类数据的机制，知识传播与培训等。2014 年 8 月，美国国家科学基金会宣布，将资助 36 项脑科学相关项目，涉及实时全脑成像、新的神经网络理论以及下一代光遗传学技术等。美国国防部高级研究计划局（Defense Advanced Research Projects Agency，DARPA）近年来启动了数十项旨在提高对大脑动态和机制的了解及推进相关技术应用的项目，包括可靠神经接口技术项目、革命性假肢、恢复编码存储器集成神经装置、重组和加速伤势恢复项目、将模拟大脑用于复杂信号处理和数据分析项目等。

进入 21 世纪以来，随着相关理论的完善和新实验工具的涌现，大脑最深层的一些奥秘开始浮出水面。特别是近年来，欧美爆发"脑"竞赛，全球围绕大脑的研究掀起新一轮热潮，与大脑有关的科学发现不断涌现，为脑科学的大规模推进与应用奠定了基础。

在研究与探索脑结构方面，2012 年，哈佛大学的科学家提出了一种新的核磁共振扫描技术，用于探索人类大脑内部结构；DARPA 与美国威斯康星大学麦迪逊分校合作，研发出探究人脑神经结构与功能之间联系的脑研究技术；2014 年，在 DARPA 可靠神经接口技术项目的支持下，威斯康星大学麦迪逊分校的研究人员开发了新的脑结构研究技术，这项技术对大脑中神经网络活动的可视化和量化研究具有重大贡献。在脑信息获取技术方面，脑电信号破译研究、神经活动信息还原视觉影像研究、神经活动信息支持行为与神经元关系研究、神经活动信息再现人类梦境研究等均取得了新的进展。例如，澳大利亚 Emotiv 公司开发出了一种能够翻译人类 8 种生理表现和 7 种表情的脑电信号装置；美国、德国和英国的研究人员实现了利用磁共振成像技术将大脑活动信息转换成想象的物体图形；DARPA 近期正在开发新型大脑植入物，以实现对大脑信号的实时跟踪与响应；2014 年，DARPA 启动"神经功能、活动、结构与技术"项目，加速和简化对大脑的 3D 分析，使整个大脑成像只需 220 天。在脑机接口技术方面，多个国家开展了一系列技术验证并取得了突破性进展，实现了大脑控制外界设备以及大脑控制另一生物体的异体控制。2008 年，位于美国北卡罗来纳州的科学家从植入猕猴脑部的电极获取神经信号，通过互联网将这些信号连同视频一起发给日本的实验室，最终美国猕猴成功地"用意念控制"日本实验室里的机器人做出了相同的动作；2013 年，美国布朗大学成功研制出首个火柴盒大小的脑机接口无线连接装置，可将脑部数据传输至 1 m 内的其他设备；2013 年 3 月，英国研究人员开发出第一种用于控制飞船模拟器的脑机接口装置，美国科研人员又创建了计算机模拟程序，将脑机接口装置戴在人的头上后，通过人脑意念便可控制飞船模拟飞行；2015 年 6 月，俄罗斯"未来研究基金会"负责人表示，以思维控制机械的脑机接口在俄研发成功，该脑机接口使用在医学上广泛普及的脑电描记法来捕捉脑电活动。

在"脑对脑"控制方面，2013 年 2 月，美国杜克大学的研究人员对分别位于美国和巴西的两只大鼠的大脑，通过植入脑内的芯片和计算机建立彼此之间的脑电波传输回路，实现了成功率为 65％的脑对脑异体控制实验；2013 年 8 月，美国华盛顿大学公布了人类首次非侵入式脑对脑接口实验，不需要在大脑内插入电极，一人成功遥控了另一人的手部运动；2014 年 2 月，美国哈佛大学医学院等机构利用一只作为发出指令的"主体"猴子和一只作为接收指令的猴子实现了异体操控，任务完成率高达 98％。

此外，近期脑研究与应用领域还取得了许多重要进展。例如，美国塔夫茨大学成功创建出三维脑状组织模型，其功能和结构特征类似于大鼠脑组织，可用于研究脑功能，开发治疗脑功能障碍新疗法；2013 年，德国比勒费尔德大学物理系的研究人员制造出有学习能力的纳米忆阻器元件，每个元件的大小只有人类头发丝直径的 1/600，该忆阻器将成为设计人工大脑的关键部件；2014 年 9 月，西班牙、法国、美国科学家联合开展实验，利用脑电波和仪器设备实现"人际交流"，成功将两个单词从一位印度志愿者脑中传送到 8000 km 外的法国实验人员脑中，这是人类首次"几乎直接"地通过大脑收发信息；2015 年 7 月，澳大利亚墨尔本皇家理工大学和美国加利福尼亚大学的研究人员通过使用纳米尺度的忆阻器矩阵，制造出了世界上第一个能模仿人脑的电子记忆细胞；当前，DARPA 启动了一个新项目，旨在研究"神经重播"在形成记忆和回忆过程中的作用，从而帮助人脑更好地记住具体的偶发事件，更快地学会相关技能。

我国 BCI 技术的研究起步较晚，目前 BCI 研究团队中最完整的团队当属清华大学，包括高上凯团队和高小榕团队。当然国内还有一些其他 BCI 技术做得比较好的高校和团队，如浙江大学、上海交通大学、天津大学、大连理工大学的团队等。近年来，由于国内 BCI 研究团队的努力，我国也研究出了不错的成果。例如，浙江大学郑筱祥的研究小组，主要研究基于动物 EEG 信号的侵入式 BCI 技术，目前他们开发的训练系统可以实现对

人脑机智能雷达技术及其应用

动物运动的控制，对 EEG 信号处理可以实现大鼠喝水过程。浙江大学的侵入式 BCI 技术在国内处于领先地位。2015 年，在上海交通大学完成的脑控蟑螂的实验中，人通过意念可以控制蟑螂运动。清华大学在 2001 年就实现了脑控鼠标、脑控计算机，2006 年，通过运动想象脑电信号控制机械狗实现踢球任务；2019 年，在《挑战不可能之加油中国》节目上，清华大学团队帮助渐冻人用意念打字，与董卿共同"朗诵"现代诗。2018 年，中国电子科技集团公司第十四研究所成立了人脑机实验室，同年推出了"灵犀手"，2021 年推出了脑电视觉重构和全脑神经导航系统。工业部门的加入，让脑机接口技术有机会从实验室走向社会应用。

## 1.2.5 脑科学及脑机接口技术的应用前景

### 1. 脑科学的应用

脑科学研究具有巨大的潜在商业价值，可直接应用于现代社会的多个领域，包括催生新型脑控武器和智能化装备，提高作业人员的知识与作业能力，优化普通人员的训练与决策能力，改善病人神经与精神损伤的救治效果，推动心理战的升级等。脑科学的应用主要体现在"仿脑""脑控"和"控脑"三个方面。

1）仿脑

"仿脑"，即借鉴人脑构造方式和运行机理，开发出全新的信息处理系统和更加复杂、智能化的武器装备，甚至研发出与人类非常接近的智能机器人。近期"仿脑"的热点领域主要包括开发模仿人脑的神经形态芯片、具备人脑处理功能的仿脑处理器，开发认知计算技术等。这些"仿脑"技术的问世与应用将大幅提高无人系统的智能化水平，还可能给包括云服务、机器人、超级计算机在内的多个领域带来重大变革。

神经形态芯片近期成为最令人瞩目的"仿脑"技术应用，大名鼎鼎的《科学》杂志和美国麻省理工学院《技术评论》杂志均将神经形态芯片评为 2014 年十大科技突破之一。2013 年，瑞士和美国科学家联合研制出了一种脑神经形态芯片，能够实时模拟大脑处理信息的过程；美国陆军研究室通过模拟人脑思考过程开发出一种量子神经元计算机芯片；美国高通公司也通过模拟神经结构和大脑处理信息方式开发出了大脑芯片；2014 年 8 月，在美国 DARPA 的项目资助下，IBM 公司宣布成功研制出第二代类脑计算芯片"真北"，该芯片架构类似人脑，集运算、通信、存储功能于一体，与第一代芯片相比，"真北"神经元由 256 个增加到 100 万个，突触数量由 26.2 万个增加到 2.56 亿个，包含 54 亿个晶体管，每秒可执行 460 亿次突触运算，总功率仅为 70 毫瓦；2015 年，美国加州大学和纽约州立大学石溪分校的一个联合研究小组首次仅用忆阻器就创建出一个神经网络芯片，从而向创建更大规模的神经网络与人造大脑迈出了重要一步；英国嵌入式处理器厂商 ARM 与曼彻斯特大学、海德堡大学合作研究的神经形态芯片已经被纳入欧洲人类大脑计划并得到支持。欧洲方案与美国方案相比，单位面积功耗较高，但神经元模拟更接近生物神经元，因此在模拟大脑方面也被寄予更大希望。

在"仿脑"处理器方面，美国 DARPA 多年来致力于发展能够模拟人脑认知和推理能力的类脑处理器，已经开展了"传感与分析自适应局部学习"等多个项目。2012 年，谷歌公司实验室的研究小组通过模拟人脑中相互连接、相互沟通、相互影响的"神经元"，由 1000 台计算机、1.6 万个处理器、10 亿个内部节点相连接，形成一个"谷歌虚拟大脑"；2015 年，IBM 公司利用 48 片"真北"实验芯片构建了一个"电子大脑"，每一片芯片都可以模拟大脑的一个基本构件，该实验系统可以模拟 4800 万个神经细胞，基本可以与小型啮齿动物大脑的神经细胞数齐平。

认知计算是一种模拟人的认知、智能和解决问题方式的计算技术。国外主要军事强国以未来军事应用为牵引，积极推进认知技术的发展。例如，美国通过实施自学电子攻击技术、认知无线电台技术、基于认知的协作决策感知认知模型、基于脑电波识别和认知算法的战场威胁探测技术等项目，大力推进认知计算技术在武器装备领域的应用。2014 年，美国空军研究实验室授予通用电气公司一份高性能嵌入式计算系统合同，该系统模拟人类中枢神经系统的信息路径，可推动开发与部署自适应学习、大规模动态数据分析和推理的先进神经形态体系结构和算法。

2）脑控

"脑控"，即通过大脑实现对外界物体或设备的直接控制，减少或替代人类肢体操作，从而提高作战人员操控武器装备的灵活性和敏捷性。近年来，"脑控"应用得到进一步发展：日德研发出了"脑控"车辆；德国慕尼黑工业大学飞行系统动力学研究所首次成功展示了"脑控"飞行；美国明尼苏达大学成功研制出能够用意念控制的四轴飞行器，其躲避障碍物的成功率高达 90%；2013 年 3 月，英国研究人员开发出第一种用于控制飞船模拟器的脑机接口装置，戴在头上后通过人脑意念便可控制飞船模拟飞行。

"脑控"武器，即武器装备按照人的大脑意念思维执行操作，这是一个重要的研究方向。美国利用"脑控"设备，仅仅依靠飞行员的意识，就可以在 F-35 战斗机飞行模拟器中操纵战斗机。科研人员下一步的研究方向是直接用人的大脑去操控实际飞机飞行。未来"脑控"战斗机、"脑控"装甲车、"脑控"枪等都可以实现。武器装备将实现"随心所动"的智能化操作，做到感知即决策、决策即打击，极大提升装备的打击效能，引发武器装备操控模式革命。

"脑控"类人机器人，即用人脑直接控制类人机器人参战，就像电影《阿凡达》中那样，用人脑来控制"阿凡达"，它是武器装备全新的智能化发展方向。*Nature* 杂志在 2000 年报道了利用从猴子大脑皮层获取的神经信号实时控制千里之外的一个机器人。21 世纪初，美国投入大量经费研究用人的意念控制机器人士兵。2004 年，美军又资助多个实验室进行"思维控制机器人"研究。2013 年，美国国防部披露了一项叫作"阿凡达"的研究项目，旨在探索扩展人类机能，获取神经代码进行整合，以控制进攻性武器和系统；该项目计划在未来实现能够通过意念远程操控"机器战士"，以代替士兵在战场上作战，遂行各种战斗任务。DARPA 还在 2013 财年投入 700 万美元研发一种自主式双脚机器人，它能够被士兵在战场上远程控制，以替代士兵执行部分作战任务，如放置监视设备，搜索并攻击建筑物内的威胁目标，救助伤员及设置障碍物等。人类用大脑去控制类人机器人使用武器，可以实现战场的无人化、智能化和零伤亡。

3）控脑

"控脑"，即利用外界干预技术手段，实现对人的神经活动、思维能力等进行干扰甚至控制，导致其出现幻觉、精神错乱甚至做出违背己方利益的行动。"控脑"的关键是开发能够监测和干预大脑思维活动的信息系统。目前"控脑"产品应用还较少，美国 DARPA 联合商业机构开展了相关的概念研究，主要包括：通过计算机模拟脑电波控制人体的心理反应和思维，通过特殊频率的无线电波与人体脑电波作用产生催眠效果，神经系统脑电波声音操纵项目等。

**2. DARPA 和大脑计划**

美国白宫在 2013 年 4 月宣布了大脑计划。目前这项倡议得到了几个联邦机构以及数十家技术公司、学术机构还有部分科学家和神经科学领域其他关键贡献者的支持。DARPA 正在通过一系列项目支持大脑计划，这些项目延续了 DARPA 在神经技术领域的投资，这种投资可以追溯到 20 世纪 70 年代。DARPA 最近的研究旨在拓展该领域的前沿并实现脑机接口强大的、新的能力。DARPA 的研究投资可以分为以下几个细分领域。

1）电子处方（Electrical Prescriptions，ElectRx）

影响现役军人和退伍军人的许多慢性炎症性疾病和心理健康状况涉及周围神经系统的异常活动，其在器官功能中起着关键作用。对周围神经信号的监测和有针对性的调控可以帮助患者在不需要手术或药物的情况下恢复和维持健康。然而，目前的神经调节装置通常作为最后的手段使用，因为它们的尺寸相对较大（大约一副纸牌的大小），需要侵入式的外科植入，并且经常产生副作用。

ElectRx 项目的目的是通过使用超小型设备（大约相当于单个神经纤维的大小）对器官功能进行神经调节，帮助人体自我康复，这种设备可以通过微创注射输入人体。该设备的工作方法是建立神经通路地图及开发新型神经电子界面，进而开发一个闭环系统，通过调节周围神经的活动来治疗疾病，如图 1-6 所示。这个概念最古老和最简单的例子是心脏起搏器，它使用简短的电脉冲来刺激心脏以健康的速度跳动。将这一概念推广到其他器官，如脾脏，可能为治疗类风湿关节炎等炎症性疾病提供新的机会。未来的治疗方法以定向周

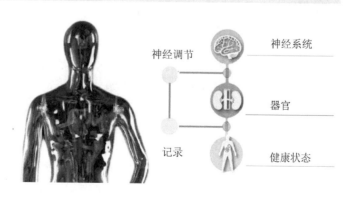

图 1-6　ElectRx 通过精确建模神经—器官回路来开发革命性的身心自愈疗法

围神经刺激为基础，可以促进自我愈合，减少对传统药物的依赖，并为疾病提供新的治疗选择。外周神经刺激也可用于调节学习和自我的神经化学物质的产生。通过不断深入了解神经系统调节人类身体健康的方式，以及将先进的测量技术和刺激神经信号的技术相结合，我们诊断和治疗疾病的方式有望发生根本性的改变，DARPA预期这种方法可以使我们朝着安全可靠地调节周围神经系统以对抗疾病的目标迈进。

2）革命性假肢（Revolutionizing Prosthetics）

革命性假肢项目旨在继续增加美国国防部高级研究计划局开发的手臂系统的功能，以造福于服役人员和其他失去上肢的人。该项目开发的灵巧手功能已经应用于小型机器人系统，用于操作未爆炸的军火，降低了士兵失去肢体的风险。

图1-7所示为由约翰霍普金斯大学应用物理实验室开发的模块化假肢，图1-8所示为革命性假肢项目支持的LUKE Arm。

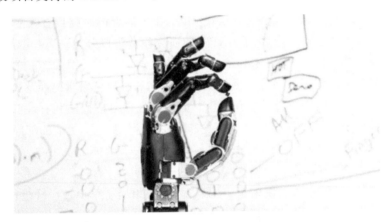

图1-7　约翰霍普金斯大学应用物理实验室为DAPRA开发的模块化假肢

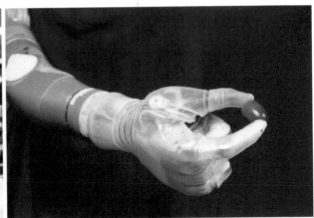

图1-8　LUKE Arm

2016年年底，由美国DARPA生物技术办公室与DEKA研发公司合作的LUKE Arm开始提供给马里兰州贝塞斯达的沃尔特·里德国家军事医院康复科主任保罗·帕斯奎那医生进行临床试用。

3）手部本体感知和触摸界面（Hand Proprioception and Touch Interfaces，HAPTIX）

HAPTIX 项目旨在创建完全植入式、模块化和可重构的神经接口微系统，该接口微系统与外部模块（如假体接口链接）进行无线通信，为截肢者提供自然感觉。

尽管上肢假肢的技术有所进步，但人造手臂和手仍然无法向用户提供感官反馈，比如触摸物体的"感觉"或肢体位置和运动的感知。如果没有这种反馈，那么即使是最先进的假肢，对使用者来说也是麻木的，这一因素会减少假肢的有效性和佩戴者使用它们的意愿。为了克服这些挑战，DARPA 将手部本体感知和触摸界面（HAPTIX）项目作为大脑计划的重要内容。

美国国防部高级研究计划局的新型手部本体感知和触摸界面（HAPTIX）项目旨在为截肢者传递触觉这种自然的感觉，实现对先进的假肢装置进行直观、灵敏的控制，以替代截肢者的肢体，提高患者接纳假肢的意愿，并减少幻肢疼痛。手部触觉感知系统如图 1-9 所示。HAPTIX 项目建立在 DARPA 革命性假肢和可靠的神经接口技术（Reliable Neural Interface Technology，RE-NET）项目中先进的神经接口技术的基础上，这些技术在实现直接而强大的脑机连接方面取得了重大进展。

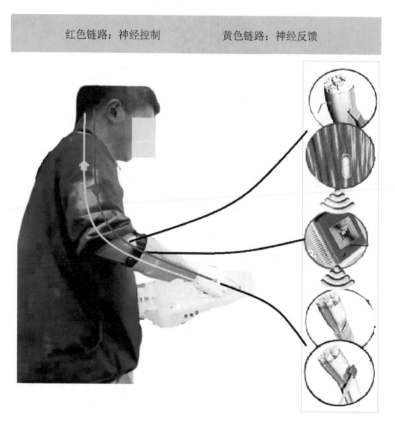

图 1-9　手部触觉感知系统

HAPTIX 项目主要包含三个研究方向：① 触觉支持的神经科学改进机器人和假肢的交互界面；② HAPTIX 开始为假手提供触觉；③ 通过恢复截肢者的触觉，HAPTIX 试图克服上肢丧失者的生理和心理影响。

这项研究的志愿者内森·科普兰(Nathan Copeland)自 2004 年的一场车祸后一直处于四肢瘫痪的状态。那场车祸导致他的颈部骨折,脊髓受伤。事故发生后约十年,内森·科普兰同意参与临床试验,他接受了手术,4 个只有衬衫钮扣一半大小的微电极,其中两个被放在他的大脑运动皮层,另两个被放在与他的手指和手掌对应的大脑感觉皮层区域。研究人员将这些阵列上的电线接到由约翰霍普金斯大学应用物理实验室开发的机械臂上(见图 1-9)。该技术使得个人可以通过与机械臂相连的神经接口直接在大脑中体验触觉。通过使大脑和机器之间的双向通信——输出信号用于运动,输入信号用于感知——该技术最终将为人机相互交流和与世界交流提供新的途径。在国内,中国电子科技集团公司第十四研究所人脑机实验室团队近期研发的具有双向感控功能的新一代"灵犀手"也具有感知控制的双向感控功能,如图 1-10 所示。

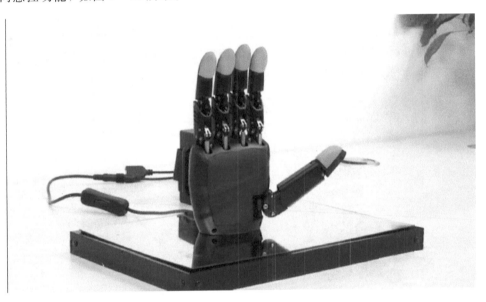

图 1-10　中国电子科技集团公司第十四研究所人脑机实验室研发的灵犀手

4)神经工程系统设计(Neural Engineering System Design,NESD)

NESD 项目旨在开发一种植入式神经接口,能够在大脑和数字世界之间提供前所未有的信号分辨率和数据传输带宽。该项目研究主要包括两个方向:① 面向高分辨率,可植入的神经界面;② 搭建生物—电子之间的桥梁。

当前的脑机接口就是连接生物和电子的桥梁,然而其分辨率远不能达到需要的精度。NESD 意在升级该系统,真正打开人类大脑和现代电子产品之间的通道。该项目的潜在应用是,实现以远高于当前技术的分辨率和体验质量向大脑输入数字听觉或视觉信息,获得可以弥补患者视觉或听觉缺陷的设备。

DARPA 在 2016 年 1 月宣布了 NESD 项目,宣传图如图 1-11 所示。该项目的目标是开发一种植入式神经接口,能够在大脑和数字世界之间提供精确的通信。这种神经接口将把大脑中神经元使用的电化学信号转换成构成信息技术语言的"1"和"0",而且转换的范围要比目前可能的大得多。这项工作有可能极大地促进科学家对视觉、听觉和语言神经基础的理解，并最终为神经缺陷患者带来新的治疗方法。

图 1-11　NESD 项目宣传图

NESD 项目的第一阶段的重点是在硬件、软件和神经科学方面取得根本性突破，并在动物和培养细胞上测试这些进展。该项目的第二阶段不仅继续进行基础研究，还关注在小型化和集成方面的进展，并关注新开发设备的人类安全测试可能获得监管批准的途径。作为这一阶段工作的一部分，研究人员将与美国食品和药物管理局(Food and Drug Administration，FDA)合作，开始探索诸如长期安全、隐私、信息安全、兼容性等问题。

DARPA 已经将合同授予了布朗大学、哥伦比亚大学、视觉和听觉基金会、约翰·B. 皮尔斯实验室、Paradromics 有限公司、加州大学伯克利分校。这些组织已经组成团队来开发基础研究和组件技术，以实现高分辨率神经接口。其中 4 家专注于的视觉，2 家专注于听觉和语言。

5) 神经功能、活动、结构和技术(Neuro Function，Activity，Structure and Technology，Neuro-FAST)

Neuro-FAST 项目旨在实现前所未有的大脑活动可视化和信息解码，以更好地描述人类大脑的运行机制，并促进将大脑嵌入控制环系统的发展，以加速和改善系统功能。该项目基于遗传学、光学记录和脑机接口方面的最新发现。

斯坦福大学的研究人员在 DARPA 的 Neuro-FAST 项目的资助下，开发了新的光学成像和分析技术，如图 1-12 所示，这使他们能够解码参与适应性决策任务的清醒小鼠的神经活动。斯坦福大学的研究小组与加州理工学院的研究人员合作完成了这一发现，结果发表在 Neuron 上。这一发现使研究人员对哺乳动物大脑如何协调神经活动以完成自主行为有了新的认识。

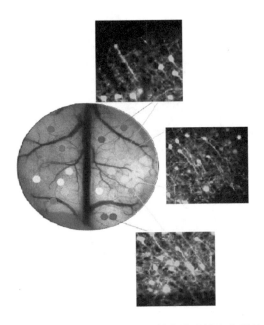

图 1-12 斯坦福大学开发的新的光学成像和分析技术

6）下一代非手术神经技术（Next-Generation Nonsurgical Neurotechnology，N3）

N3 项目的目标是开发一个安全的、便携式的神经接口，它能够同时对大脑的多个点进行读写。现有的最先进的神经接口技术需要通过手术植入电极，而 N3 项目正在追求无需手术就能工作的高分辨率技术，以便能被健全人使用，如图 1-13 所示。

这种非侵入式神经接口将把先进神经技术的力量扩展到身体健全的个人，并可能支持美国国防部未来改进人机训练的目的。

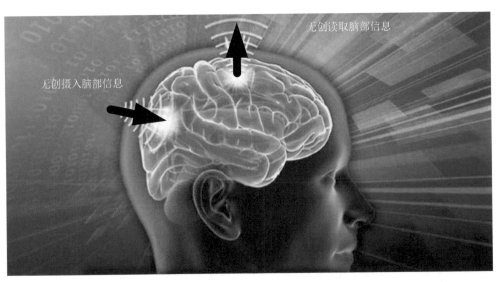

无创读取脑部信息

无创摄入脑部信息

图 1-13 DARPA 的下一代非手术神经技术

下一代非手术神经技术（N3）项目旨在为健全的服役人员开发高分辨率的便携式、双向的脑机接口。该脑机接口要么是完全无创的，要么只是微小的侵入式，以使神经技术能够实际应用于健全的个体。N3项目所设想的脑机接口将能够同时从大脑的多个点进行读写。这些脑机接口将使各种国家安全应用技术成为可能，例如无人驾驶飞行器和主动网络防御系统的控制，或与计算机系统合作，在复杂的军事任务中成功地进行多任务处理。

尽管最有效、最先进的神经接口需要通过外科手术将电极植入大脑，但N3技术不需要外科手术，而且是便携式的，因此可以让更多的潜在用户使用该技术。虽然无创性的神经技术，如脑电图和经颅直流电刺激已经存在，但并不能给在现实环境中工作的人们提供高级应用所需的精度、信号分辨率和便携性。

设想中的N3技术突破了现有技术的局限，提供了一种不需要通过手术植入大脑的集成设备，它具有在50 ms内从16 mm$^3$体积的神经组织中读取和写入16个独立通道数据的能力，且每个通道都能与大脑的特定区域进行亚毫米级的相互作用，具有与现有侵入式方法相媲美的时空特异性。其单个设备可以组合起来，具有一次连接到大脑中多个点的能力。

为了使未来实现非侵入式脑机接口成为可能，N3项目的研究人员正致力于开发解决方案，解决信号通过皮肤、头骨和脑组织时散射和减弱的物理问题，以及设计解码和编码由其他形式（如光、声或电磁能）表示的神经信号的算法。

美国国防部高级研究计划局已向6个组织提供资金，以支持2018年3月首次宣布的下一代非手术神经技术（N3）项目。巴特尔纪念研究所、卡内基梅隆大学、约翰霍普金斯大学应用物理实验室、帕洛阿尔托研究中心、莱斯大学和Teledyne Scientific等正领导多学科团队开发高分辨率、双向脑机接口，以供健全的服役人员使用。这些可穿戴的脑机接口最终可以实现多种国家安全应用，如主动网络防御系统和无人机群的控制，或在复杂任务期间与计算机系统协作执行多任务。

无人系统、人工智能和网络操作的结合可能会导致在时间线上爆发冲突，由于操作时间太短，因此人类仅凭现有技术无法实现有效管理。通过创建一个不需要手术就能使用的更易访问的脑机接口，DARPA使任务指挥官能够参与快速展开的动态作战。

N3项目团队正在探索一系列的方法，使用光学、声学和电磁学来记录神经活动并以高速和高分辨率将信号传回大脑。该团队的研究小组正在寻找完全无创、在身体外部的界面，或者包括纳米传感器的、可以临时和通过非手术方式将信号传送到大脑以提高信号分辨率的微小侵入式界面系统。

通向未来非侵入式脑机接口的六条路径如下：

（1）Battelle团队在首席研究员Gaurav Sharma博士的领导下，致力于开发一种微小的侵入式接口系统，该系统将外部收发器与通过非手术方式传送到感兴趣神经元的电磁纳米传感器配对。纳米传感器将神经元发出的电信号转换成磁信号，这些磁信号可以被外部收发器记录和处理，反之亦然，从而实现双向通信。

（2）卡内基梅隆大学的研究小组在首席研究员Pulkit Grover博士的领导下，致力于开发一种完全无创性的设备，该设备使用声光方法记录来自大脑的信息，并通过干扰电场来写入特定的神经元。研究小组将使用超声波引导光进入和离开大脑，以检测神经活动。该小组的书写方法利用神经元对电场的非线性反应，使对特定细胞类型的局部刺激成为可能。

（3）约翰霍普金斯大学应用物理实验室团队在首席研究员 David Blodgett 博士的领导下，致力于开发一种完全无创、相干的光学系统，用于对大脑中的信息进行记录。该系统将直接测量神经组织中与神经活动相关的光路长度的变化。

（4）帕洛阿尔托研究中心的研究小组在首席研究员 Krishnan Thyagaraja 博士的领导下，致力于开发一种完全无创性的听觉磁装置，用于向大脑写入信号。他们的方法是将超声波与磁场配对，产生局部电流，用于神经调节。这种混合方法为大脑深层的局部神经调节提供了可能。

（5）赖斯大学的研究小组在首席研究员 Jacob Robinson 博士的领导下，致力于开发一种微小的、双向的脑机接口，用于记录来自大脑的信息并将其写入大脑。对于记录功能，该接口将使用漫反射光学层析成像通过测量神经组织中的光散射来推断神经活动。为了实现写功能，研究小组将使用磁基因方法使神经元对磁场敏感。

（6）Teledyne 团队在首席研究员 Patrick Connolly 博士的领导下，致力于开发一种完全无创、集成的装置，该装置使用微光泵磁强计来探测与神经活动相关的、小的局部磁场。研究小组将使用聚焦超声对神经元进行书写。

如果 N3 项目成功，我们最终将拥有可穿戴的神经接口，这些神经接口可以在几毫米的范围内与大脑进行通信，从而使神经技术超越临床试用范围，并应用于国家安全领域。就像服役人员在执行任务前穿上防护和战术装备一样，将来他们可能会戴上一个带有神经接口的头部设备，根据需要使用这种设备，在任务完成后把该设备放在一边。非手术神经接口可以显著地扩展神经技术的应用。

7）记忆恢复（Restoring Active Memory，RAM）

RAM 项目旨在开发和测试一种无线、完全可移植的神经接口医疗设备，供人类临床使用。该设备将有助于形成新的记忆，并在因创伤性脑损伤或神经系统疾病而丧失这些能力的人中恢复其现有的记忆，如图 1-14 所示。

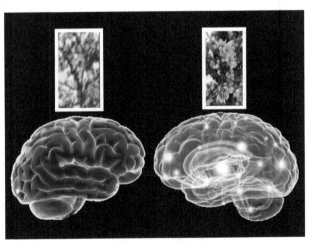

图 1-14  记忆恢复

记忆恢复项目资助了闭环认知假肢的开发，以促进记忆的形成和回忆。通过 RAM 回

人脑机智能雷达技术及其应用

放和定向神经可塑性训练，DARPA也在追求通过非侵入式神经技术来改善训练结果。

8）靶向神经可塑性训练（Targeted Neuroplasticity Training，TNT）

TNT项目旨在通过精确激活周围神经来提高认知技能训练的速度和效率，从而促进和加强大脑中的神经元连接，如图1-15所示。TNT将致力于开发一种平台技术，以增强对各种认知技能的学习，其目标是降低美国国防部广泛的训练方案的成本和持续时间，同时改善结果。TNT项目的研究人员着手增强突触可塑性的研究，加速提高认知技能训练的速度和效果。

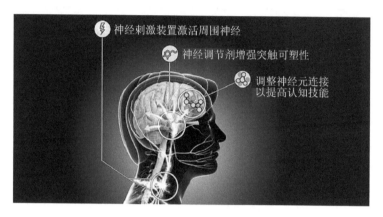

图1-15　DARPA TNT项目

此外DARPA对类脑芯片也有投入，目的是通过模仿人类大脑的工作模式，设计全新架构的芯片，用于军事加密和解密。DARPA同时资助探索大脑的工作模式，用于设计类脑计算机架构。对新一代智能生物界面的研究有望治疗因脊髓损伤导致的瘫痪。图1-16所示为电极阵列创建的智能脊柱接口。

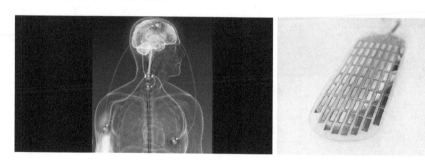

图1-16　电极阵列创建的智能脊柱接口

### 3. 脑科学及脑机接口技术的军事应用前景

脑机接口技术代表着挑战和机遇并存。挑战是因为当代脑机接口技术涉及神经科学、计算机技术、人工智能等多个学科，其包含内容的广度和复杂性是非比寻常的；机遇是因为脑机接口可以成为军队实现其任务目标的重要手段。

人们对于脑机接口技术，一方面是追求理论创新，另一方面是拓展应用实践。美国陆军医学研究与物资司令部（Army medical Research and Materiel Command）资助了大量的基础神经科学研究，以使所有从事军事服务的个人受益。2008 年，在美国国防部负责卫生事务的助理部长的领导下，他们建立了心理健康和创伤性脑损伤卓越防御中心，这在一定程度上体现了脑科学研究的重要性。

越来越多的人意识到脑科学与脑机接口技术潜在的军事应用。表 1-2 所示为可能受益于脑科学与脑机接口技术在军事领域的应用前景及目标举例。为了方便任务的表述，应用领域分为四类：训练和学习、优化决策、维持士兵表现、提高认知和行为表现。

表 1-2　脑机接口技术在军事领域的应用前景

| 应用分类 | 细分领域 | 应用目标举例 |
|---|---|---|
| 训练和学习<br>（Training and learning） | 训练模式和方法 | 利用脑机接口技术的优势，拓展新的训练模式和方法，缩短训练周期，评估训练效果 |
| | 个人表现评估 | 利用神经心理学评估个人表现，和其他现有评估方法结合，以决定士兵是否适合某种难度等级的训练 |
| | 鉴别培训对象 | 利用脑科学相关参数，提高成功率 |
| | 培训有效性度量 | 预测最佳表现；预测退化表现 |
| 优化决策<br>（Optimizing decision making） | 个人和单位准备状态 | 利用神经状态指标 |
| | 敌方评估与预测 | 评估、预测敌方决策周期内行动；干扰敌方决策（心理战） |
| | 设定目标 | 通过将目标与表现相匹配来降低决策风险 |
| 维持士兵表现<br>（Sustaining soldier performance） | 恢复与重启 | 减轻睡眠不足对体力恢复的影响 |
| | 疲劳和疼痛 | 尽量减少睡眠不足的影响 |
| | 脑损伤 | 早期干预，减轻创伤所致急性和长期功能障碍 |
| 提高认知和行为表现<br>（Improving cognitive and behavioral performance） | 士兵技能 | 优化脑机接口，提高影像判读能力，人机共生 |
| | 信息利用与管理 | 个性化数据融合防止信息过载 |

## 1.2.6　小结

脑科学的发展对于人类了解自身神经精神领域有着重要的价值与意义，同时也具有强大的军事应用前景，将推动军事领域的重大变革。当前，脑科学研发已经成为时代潮流，不可阻挡，其大规模进步必将为人类带来一个日新月异的新世界，我们应该及时未雨绸缪，趋利避害。

脑机接口技术涉及神经科学、认知科学、控制科学、计算机科学和心理学等多学科交叉，是科学研究的前沿领域，并于近年来发展迅猛。我们可以大胆预测，脑机接口技术在军事领域的应用必将给未来战争带来一场新的深刻的变革。

## 1.3 脑电信号及其处理方法

### 1.3.1 概述

人类大脑被中央沟和回分为左右两个半球，半球的主要功能区又可以分为额叶、顶叶、枕叶和颞叶四个区，具体分区如图1-17所示。大脑的不同区域与人体的各种生命活动密切相关，例如大脑额区与运动功能相关；颞区与神经功能、精神活动、记忆及情感相关；顶区与各种感官相关，如痛觉、触觉、温度等，还与数学逻辑任务相关；枕区主要负责视觉信息的加工。

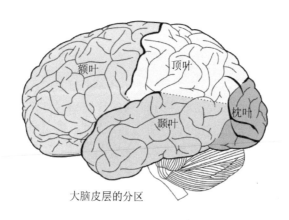

图1-17 大脑叶区分布图

人的大脑皮层中有140亿个神经细胞，神经元细胞由细胞体、树突和轴突三部分组成。其中树突负责接受刺激，经过树突末梢分支扩大神经元接受刺激的范围后，利用轴突传导神经冲动。由于神经元之间相互连接形成巨大的神经传导网络，从而产生微弱的电流。单个神经元活动产生的电流非常微弱，以至于在大脑头皮无法检测到。因此，当神经元活动满足两个条件时，就可以在大脑皮层用脑电信号采集装置检测到脑电活动。这两个条件一是刺激引起的神经元活动足够多；二是活动神经元的活动方式是一致的。

随着神经解剖学、生理生化等基础科学的发展，特别是可以记录脑电活动的微电极的发展，人们对脑电信号产生的机理有了深入的了解。用时间作横轴，大脑神经元电活动的电位作纵轴，利用电极记录下来的神经细胞群体电活动的电位和时间的关系，就是我们所说的脑电信号。脑电信号的采集设备是按标准的10-20电极位置放置的脑电帽，目前BCI

研究中使用最多的 64 通道脑电帽，电极分布如图 1-18 所示。不同厂家生产的脑电帽的参考电极不同，采集到的脑电信号的幅值不是真正脑电信号的幅值，而是该电极与参考电极信号之间的幅值差。脑电信号只有在生物存活时才能观察到，生物一旦死亡，脑电信号也随之消失。不同种类生物的脑电活动也不相同。

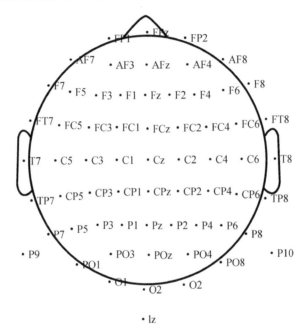

图 1-18　64 通道脑电帽电极分布

脑电信号作为一种记录大脑皮层电生理活动的特殊信号，它具有以下两个特点：

（1）EEG 信号的频率比较低，在 0.5~100 Hz 之间。其信号幅值也比较小，一般只有 100 $\mu$V 左右。当检测到的信号幅值超过 $\pm$100 $\mu$V 时，我们可以把它当作伪迹信号去除。

（2）EEG 信号是典型的非平稳、非线性信号。这是因为影响 EEG 信号的因素太多，同时也具有很强的随机性，所以目前人们还不能认识其中的规律性。构成大脑的生理结构复杂并且思维活动无时无刻不在进行，这注定了脑电信号是非平稳信号；生物体具有自我调节和自适应环境变化的能力，这必然影响脑电信号的变化，使得脑电信号具有非线性的特点。

（3）脑电信号的耦合性较强。人们最常用多电极（通常为 32 通道或者 64 通道）脑电帽对脑电信号进行采集。神经元细胞发出信号，经过其他细胞体、颅骨、头皮等导体传播到大脑皮层表面。由于同一个神经元的活动会同时被多个电极采集，并且进行信号分析时，需要对多脑区电极信号联合分析完成，因此不同脑区电极采集的信号之间具有耦合性。

## 1.3.2　脑电信号的分类

### 1. 基于频率范围分类的脑电信号

脑电信号是一种复杂的生物电信息，用电极采集到的 EEG 信号是由数百亿个神经元活动产生的生物电信号相互叠加在一起而形成的，又因为每个神经元产生的电信号的幅值不同，频率不同，这就形成了脑电信号的节律特性。大多数脑电信号频率集中在低频部分（0.5～50Hz），通过频带范围的不同可以划分为以下5种波段（顺序按照频率由小到大）：

（1）δ(delta)波段：频率在0.5～4Hz之间，属于大脑皮层最慢的节律波，常出现在大脑的额叶区域。当成年人进入睡眠状态时，会出现δ波；当成年人变为正常清醒状态时，δ波会立即转为快波。每个人都会产生δ脑电波。

（2）θ(theta)波段：频率在4～8Hz之间，在大脑额区、颞区可以检测到，左右脑对称出现，但以颞区最为明显。θ波出现在成年人放松或者困倦状态下，是大脑中枢神经系统对神经兴奋进行抑制的体现。在正常、清醒的成年人大脑皮层是检测不到θ波的，当出现θ波时，我们认为是不正常的。θ波的出现与人的精神状态相关，当成年人情绪低落或者精神抑郁时，会出现明显的θ波，当其心情愉悦时，θ波会消失。相反，θ波在正常儿童的脑电波成分里扮演了重要的角色。

（3）α(alpha)波段：频率在8～13Hz之间，波形呈正弦波形，波幅的大小变化具有周期性，波形看起来像"梭子波"。当成年人在大脑清醒并注意力集中的状态下，α波信号的强度会明显增强，在大脑的各个区域都能检测到，其中以顶枕部与运动、视觉相关的区域最为明显。在人的眼睛闭合之后，α波可以被清晰观察到，当人的眼睛睁开接受其他视觉刺激时，α波会消失。α波是正常成年人脑电波里是最基本的节律波，临床表明，80%正常成年人的脑电图主要都是α波信号。

（4）β(beta)波段：频率在13～30Hz之间，主要出现在大脑皮层的额叶区。在人受到惊吓、亢奋和噩梦惊醒时波动幅度最大，它与神经中枢系统的兴奋性相关。

**2. 基于BCI研究划分的脑电信号**

进行BCI研究的首要任务就是采集脑电信号，BCI的控制方式不同，需要的控制信号也不同。目前BCI研究的脑电信号几乎都是容易被解释的诱发脑电信号。因此下面主要介绍几种常用的BCI研究的脑电信号。

1）瞬态/稳态视觉诱发电位

视觉诱发电位（Visual Evoked Potential，VEP）是指大脑的视觉神经受到外界刺激（影像刺激或者不同频率光刺激）而诱发的特定脑电电位，不同形式的刺激产生的视觉诱发电位不同。VEP不需要训练，当人眼感受到特定频率的视觉刺激时，就会立即诱发。根据刺激频率高于或者低于6 Hz，VEP可以分为瞬态视觉诱发电位（Transient Visual Evoked Potential，TVEP）和稳态视觉诱发电位（Steady-State Visual Evoked Potential，SSVEP）。TVEP和SSVEP在BCI中都有应用，但因为SSVEP更加简单和成熟，因而国内外基于SSVEP的研究更多一些。2000年，美国空军研究室的Middendorf等人就设计了基于SSVEP的BCI在线系统，该系统可以利用脑电信号控制模拟飞行器的左右飞行。我国清华大学的高上凯团队对SSVEP电位做了很多研究，他们通过提取不同闪烁频率刺激下被试者大脑枕部EEG信号的特征，实现电话拨号、开关控制等操作。

2）皮层慢电位

皮层慢电位（Slow Cortical Potential，SCP）属于自发脑电信号，频率变化缓慢，它反映了大脑皮层的兴奋情况。当大脑皮层处于兴奋状态时，SCP呈现负向变化；若大脑皮层的兴奋性降低，则 SCP 呈现正向变化。研究表明，经过长时间的反馈训练，人们可以自己调节 SCP 幅度的负向或者正向偏移。SCP 具有的自我调节性可以用来作为 BCI 的控制信号实现精确控制。德国的 N. Birbaumer 等人对 SCP 信号做了大量研究，他们利用 SCP 为因渐冻症而瘫痪的病人设计了被称为"思维翻译器"的脑机接口设备。5 名被试参与了长期的训练，有 3 名被试能够实现 SCP 电位幅度正负的自我控制，其中有两名被试可以利用"思维翻译器"进行单词拼写。基于 SCP 的 BCI 不需要刺激，就可以使 EEG 信号的幅值发生变化，但是被试需要进行长期的反馈训练，并且信息传输率比较低。

3）P300 电位

P300 电位是事件相关电位（Event-Related Potentials，ERP）中研究比较多的一种，与大脑的认知功能和信息加工过程相关。P300 电位主要位于大脑皮层，在额叶和枕部也有出现。P300 电位的最大值出现在视觉或者听觉被刺激后的 $300\sim500$ ms，它与小概率事件的发生有关，概率越小，诱发出的 P300 电位幅值越明显。Oddball 实验范式是诱发 P300 电位使用最多的经典范式，该范式通过改变两类刺激出现的概率来诱发 P300 电位。早在 1998 年，Farewell 和 Don chin 就对 P300 电位进行了研究，他们利用 P300 电位设计了一套 $6\times6$ 的虚拟打字机，可以实现打字；后来经过不断地改进，最终打字正确率可以达到 80%，速率达到每分钟 7.8 个字符。基于 P300 电位的 BCI 使被试不需要进行训练就可以产生稳定可用的 P300 电位。

4）基于运动想象的脑电信号

研究表明，人在进行与肢体运动相关的活动时，大脑皮层的运动区会自发出现 $\mu$ 节律波和 $\beta$ 节律波。同时，与运动肢体同侧大脑皮层的信号出现能量升高的现象，对侧大脑皮层的信号能量出现下降现象，这种现象常被称为事件相关同步/去同步现象。运动想象 EEG 信号属于内源性脑电信号，是由被试主观意愿产生的信号，反映了从运动开始到运动执行的过程。研究运动脑电信号可以发现大脑在运动行为或运动想象事件中所执行的大脑运动响应机制，这是目前研究比较多且研究成果最多的一种脑电信号成分。运动脑电信号在运动神经康复领域应用比较广泛。2004 年，Pfunscheller 小组研究出了一个名为 Asynchornous 的 BCI，该系统可以通过想象双脚与右手的运动来驱动电刺激实现抓放动作，从而帮助患者恢复运动功能。经过一段时间的训练，实时信号可以达到 100% 的准确率，这也证明了基于运动想象脑电信号的 BCI 研究可以帮助病人康复。2009 年，Wang Chuanchu 等人将 BCI 应用于机器人，可以实现在中风病人的手部运动康复训练过程中的应用，8 名由中风引起的偏瘫病人经过在线试验，动作识别率可达 $(76.05\pm17.63)$%。基于运动想象脑电信号的 BCI 的搭建比较简单，整个系统不依赖于人的感觉通路，并且频带范围比较大，信号信噪比较高，因此得到广泛的应用。但是这种系统需要被试进行长期的训练，才能获得比较高的识别准确率，且结果因人而异，传输速率也有待提高。

### 1.3.3 脑电信号的处理

**1. 预处理**

随着脑电信号采集技术的不断进步，越来越多种类的记录人脑电生理活动的设备涌入

BCI 研究领域的市场，因此使得脑电信号的采集变得极为方便。但是在实际 EEG 数据采集过程中，不可避免地会因为环境变化、被试自身因素、设备等引入各种噪声。没有经过任何处理的 EEG 数据会受到很多伪迹的干扰，基本上不能直接反映大脑的思维活动情况。预处理作为 EEG 信号处理的第一步就显得尤为重要了。干净的 EEG 数据是分析结果准确的必要前提，数据预处理的结果会影响后续的分析结果。EEG 数据预处理方法与 BCI 研究内容及实验设计有关，目前还没有一套标准的处理流程适应所有的脑电信号问题。常见的预处理方法如下：

（1）重采样。现在的脑电信号采集设备默认采样率为 1000 Hz/2048 Hz，而脑电信号的频率基本都在 0～100 Hz 之间。过高的信号采样率不会提升信号的分析效果，反而降低电脑的处理速度。因此，需要对原始采集信号进行较低的重采样，适当地减少计算量，从而提高电脑处理的速度。

（2）共同平均参考。记录有用的信号取决于通过使用适当的参考电极来最小化噪声源。一般 EEG 参考电极设置有鼻尖参考、双耳乳突、大脑顶部电极和共同平均参考等。记录来自皮质神经元的单个单元信号需要从周围噪声源（其他电极）中分离出该单元的信号，为了在微电极（单个单元）处采集理想的电活动信号，通常需要对信号进行共同平均参考处理。

（3）滤波。EEG 信号相对噪声来说是极其微弱的，其幅值一般都是微伏级别的，很容易受到各种伪迹噪声的干扰。为了更容易识别出大脑活动诱发的脑电信号，需要使用合适的滤波器去除噪声干扰。当信号中混入工频信号时，可以采用 50/60 Hz 陷波滤波器去除，也可以在正式分析数据前用低通滤波器去除。对于其他皮肤电噪声，可以使用一般滤波器去除。

（4）坏通道处理。EEG 信号采集过程中，如果某个电极通道信号的噪声水平比其他通道高 5%～10%，则这个通道被认为是坏通道。对坏通道的处理有两种办法：可以直接将该通道数据置零（即剔除该通道）；也可以差值坏导，只需要将该通道周围的几个数据叠加平均，平均结果作为该通道的数据即可。坏通道替换过程可以在 EEGLAB 插件上完成。

（5）连续时间信号分段。EEG 信号采集过程中，信号在时间上连续且与刺激信号产生的事件标记一一对应。若我们设计的 EEG 实验是与特定事件相关的，则在信号采集过程中，需要记录与之对应的事件标记。后续处理可以根据标记提取需要的事件信号。

（6）去除事件时间段。在经过滤波、坏通道处理等之后，若仍然无法去除某些噪声，则通常会设置 $\pm 500\ \mu V$ 的幅值门限电平，去除信噪比比较大的信号段。

（7）最优电极组合选择。最常用的脑电信号采集帽包含 64 个通道，每个通道数据反映了大脑不同区域神经的电活动。根据研究内容的不同，分析的脑区不同，选择的通道组合也会不同。例如基于视觉诱发的实验，距离视觉皮层较远的通道不能很好地反映视觉相关的脑电活动；或者进行信号特征分类时，某些通道受到的伪迹干扰较多，会导致分类正确率降低。电极数据和分类正确率之间存在着密切的关系，一般来说，电极数量越少，分类正确率越低。但是，剔除一些关联度较低或者伪迹较多的电极信号，不会明显降低信号特征分类的正确率，反而还有可能提高正确率。理论上的泛化误差（generalization error）与电极数量的关系如图 1-19 所示，在多通道 BCI 研究中，存在一个最优电极组合，使得分析效果达到最优。可以根据具体实验需要选择最优的电极对组合进行信号分析。

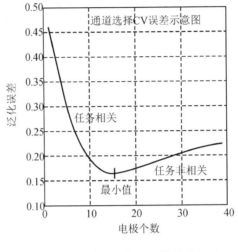

图 1-19 泛化误差与电极数量的关系

（8）独立成分分析：脑电信号是大脑区域多个神经元电活动联合作用的结果，大脑不同区域的联合作用结果在头皮上是线性叠加的，使用独立成分分析方法实现盲源分离，可以有效地分离出不同的源成分，从而去除不需要的源成分。信号采集过程中，不可避免地会引入眼电信号和肌电信号等伪迹，这些信号严重影响信号分析的结果。独立成分分析可以有效地从原始 EEG 信号中分离出和通道数目相同的独立成分，由于眼电信号和肌电信号都有自己独特的源成分，并且它们的脑地形图和频谱图具有很明显的辨识度，所以很容易就能辨别出眼电和肌电信号源成分，然后将其去除。图 1-20 和图 1-21 分别为眼电信号和肌电信号的脑地形图和频谱图。

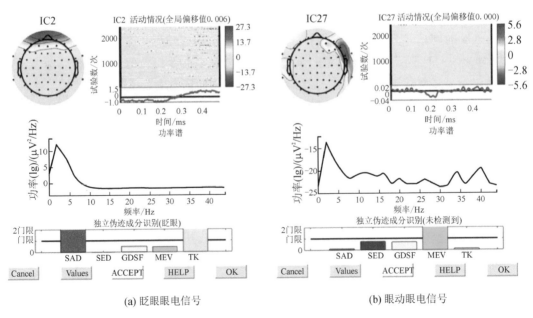

(a) 眨眼眼电信号　　　　　　　　(b) 眼动眼电信号

图 1-20　眼电信号地形图和频谱图

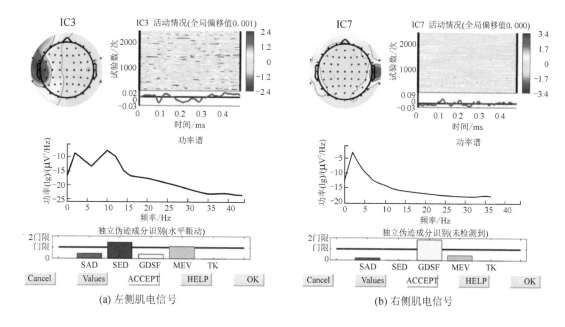

(a) 左侧肌电信号          (b) 右侧肌电信号

图 1-21　肌电信号的地形图和频谱图

**2. 特征提取方法**

特征提取是为了提取能够反映大脑思维活动的特征信息，也是进行模式识别与分类的前提。能够准确反映人脑不同意图的特征是准确识别的保障，下面将从几个方面介绍不同特征提取方法，并分析其优缺点及使用情况。

1）时频域方法

（1）时域分析方法。由于可以直观、简洁地展示信号最原始的特征，并且具有信息失真少的特点，因此时域分析方法成为最早用于信号分析中的方法。时域分析主要研究信号波形的几何特性，包括幅值、平均值、方差等，是一种常用且非常重要的分析方法。例如分析事件相关电位（ERP）时，需要先对多组信号进行时域叠加平均，然后分析 ERP 成分的幅值和潜伏期时间。除此之外，经常使用的时域分析方法还有峰值检测、直方图统计分析等。在对脑机接口的研究中，脑电信号是多通道的，时域分析方法仅能分析单通道信号的波形特性，而无法分析通道间的相关性。

（2）频域分析方法。频域分析方法主要用于分析信号不同频段的功率、相关性等。预处理可以使 EEG 信号变得比原始信号更干净，但没有办法完全将伪迹去除（例如伪迹信号的频率在脑电信号的一般频率范围 0～100 Hz 之内），此时就可以根据信号的频域特性对信号进行分析，利用频域带通滤波器保留有用信息所在的频段，提取其特定的频率特征。傅里叶变换（Fast Fourier Transform，FFT）是信号处理领域最基本的方法，它可将时域中的 EEG 数据映射到频域中，通过其功率谱密度提取感兴趣的信息。功率谱估计在非平稳的脑电信号中也经常使用，它能够反映信号各频率成分的强弱变化，从频域角度揭示随机信号的节律性。功率谱估计方法有多种，主要概括为经典估计法和参数模型法。经典估计法通常先计算信号的自相关函数，然后利用FFT计算功率谱；参数模型法根据信号的随机模型估计功率谱。参数模型改善了经典估计法中方差特性不好的缺点，可以获得更准确的功率谱估计。相干性是用来分析和确定信号相似性的常用的频域分析方法，对于多模态脑电信号来说，相干性分析可以计算不同通道间的相干性，建立相干性矩阵，分析不同大脑区域的关联性。

（3）时频分析方法。EEG信号是一种非平稳随机信号，它的瞬时变化同时包含了时域和频域信息，采用时频分析方法能够全面、准确地获取反映信号特性的完整信息。时频分析将信号扩展到时间和频率的二维坐标系内，同时显示时域和频域的信息变化过程。脑电信号中常用的时频分析方法有多种，主要包括短时傅里叶变化（Short-Time Fourier Transform，STFT）、小波包分析（Wavelet Packet Decomposition，WPD）、希尔伯特黄变换（Hilbert Huang Transform，HHT）等。STFT采用固定窗口长度的滑动窗对信号进行截取，然后对每段信号进行FFT变化，得到一个二维矩阵信息。该方法存在一个缺陷：滑动窗的大小是固定的（即时域和频域分辨率是固定的），不能随着信号的变化而进行调整。WPD引入小波母函数，实现了动态分辨率，从而克服了STFT的固定窗口长度的缺点。WPD对低频信号使用较宽滑动窗，对高频信号采用较窄滑动窗，灵活性较STFT好。HHT将信号进行模式分解，对分解后的信号进行筛选、Hibert变换，得到最终信号的频域谱。HHT用于EEG信号可以同时获得较高时间分辨率和频率分辨率。

2）非线性动力学分析

针对非平稳、非线性的EEG信号，使用非线性动力学方法进行分析，可以很好地挖掘出大脑信号中包含的信息。统计学中的近似熵（Approximate Entropy，ApEn）和样本熵具有抗干扰能力强的特点，经常用来衡量平稳随机信号的时间序列复杂程度。因此，在生理过程研究中，如心电信号、血压信号、脑电信号等，近似熵和样本熵也有大量的应用。

近似熵算法实现过程如下：

假设原始信号是由 $N$ 个数据序列组成的一维信号，表示为 $s(N)$。

（1）将信号按序号排列成 $m$ 维矢量：

$$\boldsymbol{S}(i) = [s(i), s(i+1), \cdots, s(i+m-1)] \quad (i=1, 2, \cdots, N-m) \quad (1-1)$$

（2）计算两个矢量 $\boldsymbol{S}(i)$ 和 $\boldsymbol{S}(j)$ 之间的距离：

$$\boldsymbol{d}(i, j) = \max_{k=0, 1, \cdots, m-1} |s(i+k) - s(j+k)| \quad (i, j=1, 2, \cdots, N-m, i \neq j)$$

$$(1-2)$$

（3）选定一个阈值 $r(r>0)$，对每一个 $i$ 值统计 $\boldsymbol{d}(i, j)<r$ 个数，标记为 $A_i^m(r)$，然后计算该值与总数 $N-m-1$ 的比值，标记为 $B_i^m(r)$，两者之间的关系如下：

$$B_i^m(r) = \frac{A_i^m(r)}{N-m-1} \quad (1-3)$$

（4）计算 $B_i^m(r)$ 对所有 $i$ 的平均值：

$$B^m(r) = \frac{1}{N-m} \sum_{i=1}^{N-m} B_i^m(r) \qquad (1-4)$$

(5) 对维数 $m+1$ 重复前 4 个步骤，得到 $B^{m+1}(r)$。则此信号的近似熵为

$$\text{ApEn}(m, r) = \lim_{N \to \infty} [B^m(r) - B^{m+1}(r)] \qquad (1-5)$$

在实际问题中，$N$ 值是有限的，所以对于长度为 $N$ 的数据，近似熵的估计值为

$$\text{ApEn}(m, r, N) = \lim [B^m(r) - B^{m+1}(r)] \qquad (1-6)$$

近似熵取值非负，熵值越大，产生新信息的可能性越大，时间序列也越复杂。在脑电信号分析中，可以利用近似熵度量大脑进行思维活动而引起的脑电信号的复杂程度。样本熵（Sample Entropy, SamEn）是在近似熵基础上改进而来，也经常用于分析信号的复杂性，与近似熵相比，它具有更好的一致性。

### 1.3.4 基于脑网络和 CSP 结合的特征提取方法

前面介绍的都是比较通用的脑电信号特征提取方法，本小节介绍一种我们提出来的脑电信号特征提取方法。

#### 1. 共空间模式（Common Spatial Pattern, CSP）

共空间模式（CSP）来源于共空域子空间分解，其原理是设计一个特殊的空间滤波器，经过该滤波器滤波，一类信号的方差最大化的同时，另一类信号的方差达到最小，从而增大两类信号之间的差异，以便更好地进行模式识别与分类。CSP 的实现是先将两类信号的协方差矩阵同时作对角化处理，然后用主成分分析方法和空域子空间共同提取这两类信号的空间成分，最后把这两个空间成分构建成一个空间滤波器，对这两类信号进行空间滤波，从而提取其空域特征。CSP 大多数情况下用于两类信号的分类，其算法的简单描述如下：

用 $X_i$, $i \in \{1, 2\}$ 表示两类 EEG 信号，从而计算样本归一化后的协方差矩阵为

$$R_i = \frac{X_i X_i^T}{\text{trace}(X_i X_i^T)} \qquad (1-7)$$

其中，$X_i^T$ 是 $X_i$ 的转置矩阵，$\text{trace}(X_i X_i^T)$ 是矩阵 $X_i X_i^T$ 的迹。

将两类信号的协方差矩阵 $R_1$ 和 $R_2$ 相加得到混合空间协方差矩阵，然后对这个和进行谱分解：

$$R_c = R_1 + R_2 = U_c \lambda_c U_c^T \qquad (1-8)$$

其中，$U_c$ 是 $R_c$ 的特征向量矩阵；$\lambda_c$ 是 $R_c$ 的特征向量对应的特征值所组成的对角矩阵。

计算白化矩阵 $W$：

$$W = \lambda_c^{-\frac{1}{2}} U_c^T \qquad (1-9)$$

利用白化矩阵 $W$ 对混合矩阵 $R_c$ 进行白化处理：

$$S_c = W R_c W^T \qquad (1-10)$$

将矩阵白化之后，$R_1$ 和 $R_2$ 具有相同的特征值，即具有如下性质：

$$\begin{cases} \boldsymbol{S}_1 = \boldsymbol{B}\boldsymbol{\lambda}_1\boldsymbol{B}^{\mathrm{T}} \\ \boldsymbol{S}_2 = \boldsymbol{B}\boldsymbol{\lambda}_2\boldsymbol{B}^{\mathrm{T}} \\ \boldsymbol{\lambda}_1 + \boldsymbol{\lambda}_2 = \boldsymbol{I} \end{cases} \tag{1-11}$$

其中，$\boldsymbol{B}$ 是 $\boldsymbol{S}_1$ 和 $\boldsymbol{S}_2$ 共同的特征向量，$\boldsymbol{I}$ 是单位矩阵。

由此可以得到两类脑电信号之间的空间滤波器为 $\boldsymbol{Q} = (\boldsymbol{B}^{\mathrm{T}}\boldsymbol{W})^{\mathrm{T}}$，滤波后可得 $\boldsymbol{Z}_i = \boldsymbol{Q}\boldsymbol{X}_i$，$i \in \{1, 2\}$。从而得到特征向量 $\boldsymbol{f}_p$：

$$f_p = \lg\left(\frac{\mathrm{var}(\boldsymbol{Z}_p)}{\sum\limits_{i}^{2m}\mathrm{var}(\boldsymbol{Z}_i)}\right) \tag{1-12}$$

其中，$\boldsymbol{Z}_p (p = 1, 2, \cdots, 2m)$ 是滤波后的脑电信号，$m$ 是所选脑电帽的通道数。

这里取 $m = 2$，构造一组四维特征向量：$\boldsymbol{F}_1: \{f_1, f_2, f_3, f_4\}$。

### 2. 基于图论的脑功能网络

脑功能连接是脑电信号处理领域一个非常重要的分析方法。一个正常的大脑执行高级认知活动时，不太可能是单独的某个脑区被激活，而是多个脑区同时被激活，从而由被激活的多个脑区共同协作完成认知活动。因此，脑功能网络分析对我们理解和分析大脑认知活动是非常重要的。脑功能连接就是利用一种方法来计算 EEG 不同通道信号之间的依赖关系或者相关程度。在脑电信号处理领域，研究人员已经提出了很多种计算不同信号之间依赖关系的方法。不同的脑功能连接计算方法各有特点，计算信号之间相互关系的方法有：皮尔森相关系数、波谱相干、互信息、锁相值等。其中皮尔森相关系数和波谱相干只能计算两个信号的线性相关，一个从时域角度进行计算，一个从频域角度进行计算；互信息是一种基于信息论的功能连接计算方法，它可以同时关注信号间的线性相关性和非线性相关性；锁相值是基于信号相位的计算方法，计算结果反映了两个信号相位的同步性。

在神经影像学研究中，网络包括结构网络和功能网络两种，而在 EEG 中，仅构建功能网络；在 fMRI 中，两种网络都有涉及。网络是用数学的方式表示真实世界复杂关系的一种形式，通常需要用节点和边来定义。在 EEG 中构建脑网络，一般以分布在大脑皮层的电极作为节点，以不同电极间的相关程度或者依赖关系作为边，即利用脑功能连接方法计算的结果作为边。

图论是用来描述网络特性最好的工具。目前，基于图论的研究已经发现了很多网络都具有小世界网络(交通网络、国家电网、社交网络)的特性。而对于人脑网络的研究表明，人的大脑也具备小世界网络的特征。属于小世界网络的网络，在数学上可以用图的思想很好地表示出来，而图论被认为是目前描述小世界网络属性的重要工具。

采用基于图论的方法构建大脑的功能网络步骤如下：

(1) 选择节点：这里实验数据采用的是 64 通道脑电帽，构建脑功能网络时选择全部脑区的电极，具体分布如图 1-22 所示。

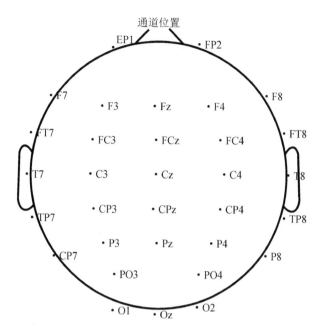

图 1 - 22　国际标准的 32 个电极位置分布

（2）建立功能连接：通过相位同步性分析（Phase Locking Value，PLV）方法计算各导联之间的相位同步性，生成相位同步性矩阵。

（3）构建阈值化脑功能网络：通过选择合适的阈值，构建阈值化后的脑功能网络图。

（4）提取复杂网络特征：对（3）构建的阈值化脑功能网络，提供其类聚系数、最短路径长度。

### 3. 相位锁定值

同步性度量是一个统计量，可用于量化大脑不同区域之间的相互关系，而相位锁定值 PLV 只关注信号的相位信息而忽略其振幅的影响。因此，我们采用 PLV 方法来分析不同电极对间信号的相位同步活动。对于具有多个样本的数据，在时频域中，PLV 可以进行如下定义：

$$\text{PLV}(t) = \frac{1}{N} \left| \sum_{n=1}^{N} \exp(\text{j}\{\Delta\Phi_n(t)\}) \right| \qquad (1-13)$$

其中，$N$ 为同一实验进行的次数，$\Delta\Phi_n(t)$ 是第 $n$ 次实验节点对之间的瞬时相位差，可定义为

$$\Delta\Phi_n(t) = \Phi_i(t) - \Phi_j(t) \qquad (1-14)$$

其中，$\Phi_i(t)$ 和 $\Phi_j(t)$ 分别为电极信号 $i$ 和 $j$ 的瞬时相位，可以采用希尔伯特变换来计算，具体的计算公式如下：

$$\tilde{x}_i(t) = \frac{1}{\pi} \text{PV} \int_{-\infty}^{+\infty} \frac{x_i(\tau)}{t-\tau} d\tau \qquad (1-15)$$

式中的 PV 为柯西主值，相位可按如下公式计算：

$$\Phi_i(t) = \arctan \frac{\tilde{x}_i(t)}{x_i(t)} \qquad (1-16)$$

利用同样的方式，我们可以计算出瞬时相位 $\Phi_j(t)$。

PLV 量化了两个电极信号之间的相位变化关系，它的取值范围是 [0，1]，当值为 0 时，表示两个电极信号之间不同步，值为 1 时，表示两个电极信号之间完全同步。由此我们初步得到了一个表征不同电极信号之间相互关联的矩阵(矩阵维度与所选择的通道数目相同)。

**4. 脑功能网络构建**

脑功能网络是目前研究大脑的信息加工过程的重要方法，它可以用来描述不同脑区之间的统计性连接关系。基于 EEG 信号的脑功能网络图的绘制，需要考虑几个问题：选择合适阈值将相关性矩阵二值化、确定构建脑网络所需的边和节点等。

选择一个合适的阈值，就可以二值化关联矩阵而得到相应的邻接矩阵。当关联矩阵中某个元素的值小于这个阈值时，将该元素数值置为 0，表示与该值对应的两个电极信号之间无连接边存在；当关联矩阵中某个元素的值大于这个阈值时，将该元素数值置为 1，表示与该值对应的两个电极信号之间存在连接边。二值化关联矩阵的阈值的选取直接影响网络的拓扑结构和统计特性，目前对于阈值的选取方法没有统一，有选择平均值的方法，也有选择步进的方法。我们根据每名被试所有实验数据绘制平均 PLV 矩阵，计算其在没有孤立点存在时的最大阈值，换句话说就是当 PLV 矩阵中存在元素的值大于这个阈值时，计算该网络的平均路径长度的值会出现无穷大。

图论是描述复杂网络特性的常用工具，根据图论的思想来确定脑网络的连接边和节点是不错的选择。我们将每个电极通道作为要构建的脑功能网络的节点，将各电极脑电信号之间经过二值化后的相位同步值矩阵作为节点邻接矩阵，绘制大脑的脑功能网络图。

**5. 复杂网络特征提取**

对复杂网络属性的度量一般可以从两个角度考虑：一是针对网络节点的属性；二是针对整个网络组织的属性。网络属性主要是用来衡量小世界网络的指标。我们将大脑所有电极的组合看成一个网络，提取这个网络的整体属性。网络的整体属性包括：聚类系数、最短路径长度、全局效率、局部效率等。下面主要分析其中的两类属性：聚类系数和最短路径长度。

(1) 聚类系数。聚类系数一般用 $C_p$ 来表示，用于描述复杂网络中节点的聚集程度，定义如下：

$$C_i = \frac{2E_i}{k_i(k_i-1)} \tag{1-17}$$

$$C_p = \frac{1}{N}\sum_{i=1}^{N}C_i \tag{1-18}$$

式中：$C_i$ 表示脑复杂网络中度为 $k_i$ 的节点 $i$ 的聚类系数；$E_i$ 是节点 $i$ 的 $k_i$ 个邻节点之间实际存在的边数。

(2) 最短路径长度。最短路径长度一般用 $L_p$ 来表示，反映节点之间传输信息的能力，其取值越小，脑区的功能整合水平越高。若 $L_{mn}$ 表示节点 $m$ 和 $n$ 之间的最短路径长度，$N$ 为网络中节点的总数，则最短路径长度 $L_p$ 表示如下：

$$L_p = \frac{\sum\limits_{m>n} L_{mn}}{N(N+1)/2} \tag{1-19}$$

由于 EEG 具有明显的节律特性，并且相位同步值的计算也仅对窄带信号意义明确，因此我们利用小波包重构出不同频率段的节律信号，并分别进行 PLV 分析及网络特征提取。运动想象脑电信号包含两个频率段，我们重构出 $\mu$ 节律和 $\beta$ 节律信号，提取出 4 个网络属性特征。

利用基于脑复杂网络和共空间模式结合的信号特征提取方法处理了单侧手部动作的二分类问题。在我们的其他研究成果中描述了本章特征提取方法的内容，因此在本小节又进行简单的描述。我们在实验中招募了 8 名健康成年被试，使用 64 通道脑电帽采集了每个人完成右手两类动作的脑电信号，并对其进行特征提取和分类，将分类结果与单独的共空间模式算法和基于图论的网络特征提取方法进行比较，结果表明，网络＋CSP 的特征提取方法可以获得更高更稳定的分类效果。方法对比结果见表 1-3。从表 1-3 中可以看出：网络＋CSP 的特征提取方法在单侧（右手）手部运动想象的分类中获得了 94.69％的平均识别率，传统 CSP 方法为 80.28％；基于图论的网络特征提取方法为 85.88％。网络＋CSP 的特征提取方法明显比任何单独一种方法效果都好。基于图论的网络特征提取方法的最高正确率为 98.25％，最低正确率为 60％，最大差值为 28.25％；而 CSP 方法的最高正确率为 85.25％，最低正确率为 70％，最大差值为 15.25％，CSP 方法比网络特征提取方法相对稳定一些，但是网络特征提取方法比 CSP 方法获得的准确率更高。我们将两种方法结合起来得到了分类准确率高、稳定性好的结果。在运动想象训练脑电信号的过程中，将会使用脑复杂网络和共空间模式相结合的方法完成对运动想象训练的 EEG 信号的分类。

表 1-3　不同方法下单侧手部动作的二分类结果

| 被试 | 网络特征 | CSP | 网络＋CSP |
|---|---|---|---|
| A | 87.5 | 82.75 | 93.25 |
| B | 93.25 | 79.75 | 95.55 |
| C | 98.25 | 85.25 | 98 |
| D | 97 | 77 | 98.75 |
| E | 60 | 70 | 91.75 |
| F | 88 | 83.25 | 93.75 |
| G | 67.75 | 84.25 | 88.75 |
| H | 95.25 | 80 | 97.75 |
| 均值 | 85.88 | 80.28 | 94.69 |

### 1.3.5　小结

本小节内容主要介绍了脑电信号的基本概念和脑电信号的常用处理方法。首先从大脑的生理结构方面，介绍了脑电信号从产生到被脑电帽采集的过程，进而从 EEG 信号频段和 BCI 系统应用两个角度对脑电信号进行分类介绍；然后介绍了脑电信号的预处理和特征提取两方面内容。预处理作为 EEG 信号处理的第一步十分重要，数据预处理的结果会影响后续的分析结果，预处理是为了得到信噪比较高的 EEG 信号，一般包括降采样、滤波和伪迹去除等处理步骤。特征提取是为了提取出最能代表 EEG 信号特点的特征，将其转化成可以控制外围设备的控制指令。本小节从时频域和非线性动力学两个角度，介绍了常用的信号特征提取方法及各自的优点和不足，选择合适的特征提取方法是获取更高模式识别率的前提，需要根据 EEG 信号的特点选择合适的处理方法和步骤。

## 1.4　脑电信号专家判读与脑电视觉重构

### 1.4.1　概述

在人类生活的各个领域中，经过有效专业的训练，都可以将工作人员训练成该领域的专家，如医学领域的影像图判图专家、交通安全检查员及目标影像的判读专家等。目标影像判读专家能在复杂的大幅面场景图中快速且准确地识别出目标，识别准确率高，识别行为表现稳定，抗干扰能力强，学习能力和泛化能力好，是执行影像目标检测任务的最佳人选。目前，基于视觉的 SAR 目标影像判读专家人工识别是解决 SAR 目标影像检测问题的一个新的研究思路。但是专业的 SAR 目标影像判读专家人员稀缺并且受到国家保护，怎样训练和得到大量专业的 SAR 目标影像判读员是我们需要思考和研究的问题。

人类所有高级行为活动都是大脑调控的结果。有研究表明，经过特殊训练的人的大脑结构会发生改变，对应某些区域的大脑响应会加强。西安电子科技大学的董明皓等人利用 fMRI 技术对人类视觉识别能力进行了研究，结果表明视觉专家的视觉结构和功能与普通人存在不同。我们基于视觉刺激下的专家大脑特异性变化，设计 SAR 目标影像判读训练实验，观察训练前后大脑对目标影像的特异性响应变化情况，分析大脑的可塑性变化，从而提高目标识别的准确性。

经过专业训练的专家视觉与普通人的区别究竟在哪里？我们尝试给出另外一种思路，对脑电视觉成像进行重构，以获取不同的人对同样影像读图的不同脑图，来描绘专家成长中不可描绘的区别，期望获得大脑对外界视觉反映不同的另外一个维度的认知。

下面从一个 SAR 影像专家的培养过程开始，分析视觉训练下大脑的反映。

### 1.4.2　SAR 判读培训实验设计

#### 1. 实验设计

（1）影像刺激材料。本实验目的为训练基于 EEG 信息的目标检测任务判读员，实验场景模拟 SAR 影像成像环境下，大幅面环境中的小目标检测场景，该场景通常具有成像环境广、目标位置隐蔽、目标数量少等特点，因此预先将大幅面 SAR 影像分割成一系列小幅面 SAR 影像。实验目标影像为含有船只的 SAR 影像，非目标为无船只的虚景图，展示如图 1-23 所示。本实验收集了 4000 幅影像，其中目标影像 160 幅，非目标影像 3840 幅，所有影像大小调整为 500×500 个像素单元。

(a) 目标切片

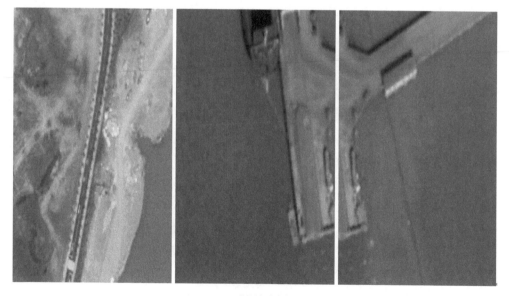

(b) 非目标切片

图 1-23  实验刺激影像

（2）OddBall 实验范式。人眼的视觉处理过程包含两个阶段：早期阶段和感觉后处理阶段。前者发生在刺激影像呈现后 $100\sim220$ ms 左右，主要反映人眼对刺激的物理形态的识别和加工过程，后者发生在刺激影像呈现后 $350\sim550$ ms 左右，是大脑判断该刺激是目标影像还是非目标影像的过程。基于视觉的 EEG 研究成果表明，在指定目标刺激影像的实验中，目标影像比非目标影像更能在大脑诱发出特定时间、特定脑区分布的大脑响应。众所周知的 OddBall 实验范式就是研究特定 ERP 成分（P300）的经典实验范式，它的主要设计思想是在一系列正常刺激序列中随机加入少量异常刺激，再呈现给被试看。少量异常刺激诱发的 P300 成分振幅比正常刺激要大。P300 成分是与注意力集中、任务识别相关的认知成分之一，其幅值随异常刺激出现的频率而变化，潜伏期随识别任务的难易程度而变化。本实验目标影像相对于非目标影像来说是少量的，这符合 OddBall 实验范式设计的刺激要求，因此我们拟采用该实验范式，设计影像快速序列呈现实验，研究大脑在不断训练过程中的变化情况，从而实现一种基于 P300 电位的 SAR 目标影像识别方法。

（3）具体实验设计。依据 OddBall 实验范式，本文实验参数设置如下：

刺激影像：目标影像和非目标影像比例为 1∶24。

影像呈现速度：10 幅/秒（60 Hz 刷新率下每幅影像连续呈现 6 帧，100 ms）。

刺激实验流程：实验分为 2 组，每组 20 个 block，两组之间休息几分钟。每个 block 连续呈现 100 幅影像（包含 4 幅目标影像，96 幅非目标影像），40 个 block 遍历影像库的所有 4000 幅影像，每组实验影像呈现序列的顺序随机生成（保存 4000 幅影像呈现的索引号序列，和记录的脑电 trigger 建立索引关系）。每个 block 由被试按键开始，前一个 block 结束后，屏幕文字提示按键开始下一个 block，每个 block 开始后，屏幕出现显示时长为 1s 的"+"注视点，用于指导被试集中注意力于屏幕中央。第一个目标影像出现的最短时间为 1000 ms（第 11 幅），相邻两个目标影像的最小间隔 1000 ms（10 幅非目标影像）。一个 block 的影像呈现示意图如图 1-24 所示。

## 2. 数据采集

本实验招募了 10 名被试，其中南京脑科医院研究生 6 名（所有人从未接触过与 SAR 影像相关的科学研究），南京某高校在读学生及教师 4 名（从事 SAR 影像相关工作）。在南京脑科医院完成数据采集，并通过伦理委员会的审批。实验过程中，被试需要自然放松地坐在电脑前，注意力集中在屏幕中央，手臂自然放在桌子上。实验开始后，被试根据指导语进行相应的操作。每名被试需要在不同时间里完成 10 次脑电数据的采集。

本次实验数据采集使用的设备是 EGI 脑电采集系统，包括 Net Station 采集软件、放大器和 64 通道脑电帽，参考电极 Cz，接地电极为 COM 电极，所有电极的阻抗调至 50 kΩ 以下。数据采集过程中，设置如下参数：①采样率为 1000 Hz；②在线滤波 $0.01\sim100$ Hz；③ 50 Hz 陷波。图 1-25 是 EEG 采集的流程图。

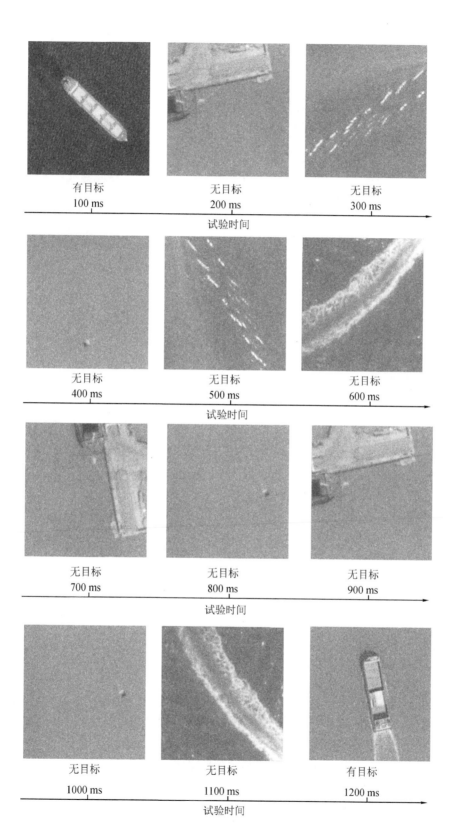

图 1 - 24　一个 block 的影像呈现示意图

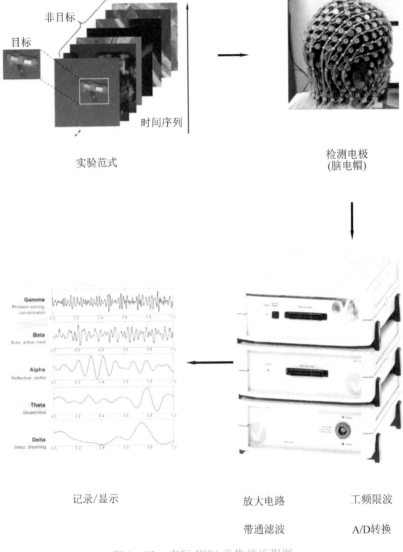

目标

非目标

时间序列

实验范式

检测电极
(脑电帽)

Gamma
Problem solving
concentration

Beta
Busy, active mind

Alpha
Reflective, restful

Theta
Drowsiness

Delta
Sleep, dreaming

记录/显示

放大电路

带通滤波

工频限波

A/D转换

图 1-25　实际 EEG 采集的流程图

## 1.4.3　数据处理

### 1. 预处理

本小节数据处理与 1.3 小节中预处理目的相同，处理步骤也大致相同。具体内容如下：

（1）降采样：原始采样率为 1000 Hz，降低采样率为 256 Hz。

（2）滤波：由于与 OddBall 实验范式相关的脑电信号频率都在 50 Hz 以内，本实验利用 EEGLAB 自带的 FIR 滤波器进行频率为 0.5~48 Hz 滤波。

（3）事件提取及基线校正：根据 trigger 记号提取标记后 0~500 ms 的数据用于进行 ERP 分析，并用 EEGLAB 自带的基线校正功能完成基线校正。

（4）坏导替换：利用 EEGLAB 自动完成坏通道的检测，对被检测为坏导的通道，用其周围的电极信号的平均值来替换坏导。

（5）重参考：通过 EEGLAB 自带 Re-reference 函数对数据整体进行全脑平均参考处理。

（6）独立源分析：使用 FastICA 算法去除眼电信号和肌电信号等伪迹的源成分。

**2. ERP 成分波形及脑地形图分析**

下面主要分析 SAR 目标和非目标影像刺激下大脑的特异性响应情况。由于 ERP 信号比较微弱，对单次实验的脑电信号观察不出来其中的 ERP 成分，需要进行多组数据的叠加平均处理。本实验先根据标记分别提取 160 组目标影像刺激下和非目标影像刺激下的 EEG 信号，并截取标记后 600 ms 的数据长度用于后续分析。将同一刺激所对应的数据段进行叠加平均，从而获得该刺激所诱发的 ERP 成分。通过对所有被试的 EEG 信号的 ERP 进行分析，被试在观察到目标影像时大脑的前额叶和顶枕部区域活动较为剧烈，有明显的 ERP 成分出现。经过 10 次影像判读训练，普通人组和长期从事 SAR 影像工作的专家组对目标影像都能表现出明显的特异性响应，本实验以普通人组中的一个被试为例进行分析。图 1-26 所示是被试 1 第 10 次参加影像判读实验时，大脑额区和顶枕区两个电极信号时域叠加平均后的 EEG 信号（额叶：Fz，枕叶：POz）。图 1-27 是该被试在不同时间点的脑电信号的大脑地形图，其中从 0~500 ms 内，以 20 ms 为时间间隔绘制目标影像刺激下和非目

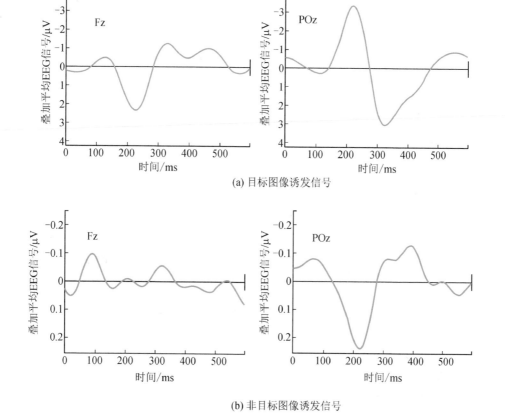

(a) 目标图像诱发信号

(b) 非目标图像诱发信号

图 1-26　经过多次叠加平均后的 EEG 信号

标影像刺激下的脑地形图。

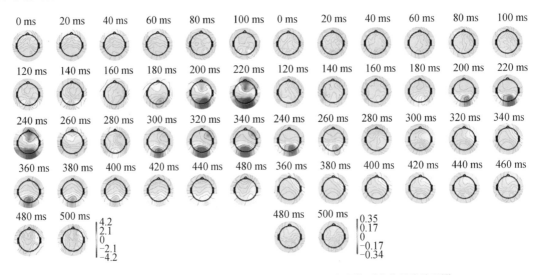

(a) 目标图像诱发信号脑地形图          (b) 非目标图像诱发信号脑地形图

图 1-27  不同时间点的脑电信号的大脑地形图

结合图 1-26 和图 1-27 所示可以看出，观察到目标影像时，被试大脑皮层的额区活动大约在 200～260 ms 时间段内比其他时间段更加剧烈，以 Fz 为代表的额区电极信号的幅值也达到了 P2 峰值；顶枕区活动大约在 180～400 ms 时间段内比其他时间段更加剧烈，并分别在 200～240 ms 和 280～360 ms 时间段内达到了 N2 和 P300 的峰值。观察到非目标影像时，所有电极的脑电信号几乎没有太大的变化，只有在 180～260 ms 之间出现了一个幅值很低的正向峰值，幅值大约 0.23 μV。本实验中，与识别目标影像相关的 ERP 成分包含 N2、P2 和 P300，每名被试经过 10 次影像判读训练实验，最终都可以诱发出幅值较大的 N2、P2 和 P300 成分。其中 N2 和 P3 成分的出现可以理解为被试寻找并识别目标影像和非目标影像的过程，P300 的出现是由于目标影像相对于非目标影像样本来说是少量的。

**3. 相位同步性分析**

通过相位同步性计算，我们可以得到电极信号间的相位同步值，本实验将 64 通道的电极作为节点，锁相值作为连接边，构建 2～8 频段的相关性矩阵。导联按照从大脑左半球到右半球，从顶区到枕区的顺序编号为 1～64。图 1.28 所示为被试 1 在第 1 次和第 10 次参加影像判读实验时，观察到目标影像和非目标影像过程中不同 EEG 信号的相位同步性矩阵。从图 1-28 中观察到相位同步性较大的区域集中在大脑的额区和顶枕区，说明在观察到影像时，这些区域是同步变化的，其中观察第 10 次实验中相位同步性矩阵的左下角和右上角(即电极 50～64 和电极 1～20)发现大脑额区和顶枕区的相位同步性加强。分析相位同步性矩阵的结果正好和前文中 N2 和 P300 信号出现在额区和顶枕区的结论一致。对比第 1 次实验和第 10 次实验的结果，发现经过多次重复性训练，可以加强大脑与任务相关的脑区的活跃性。观察目标影像和非目标影像的相位同步性矩阵发现，随着对目标影像和非目标影像差异越来越熟悉，非目标影像激活的脑区范围小于目标影像激活的脑区范围。

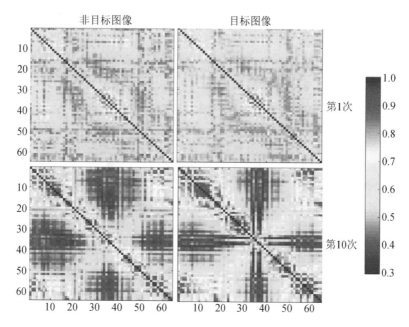

非目标图像　　　　　　　目标图像

第1次

第10次

图 1-28　观察到目标影像和非目标影像时 EEG 信号的相位同步性矩阵

#### 4. ERP 特征提取及分类

我们根据 ERP 成分的特异性响应对 10 名被试进行 ERP 特征提取及分类,其中利用共同空间模式对 EEG 信号特征提取,然后用支持向量机进行模式分类。10 名被试第 1 次和第 10 次训练实验后对 EEG 信号的分类准确性如表 1-4 所示,每个人在 10 次训练实验中对 EEG 信号的分类准确率如图 1-29 所示,其中 1～4 为专家组,5～10 为普通人组。从表 1-4 和图 1-29 所示可以看出,经过多次重复性实验,可以稳步提升被试对 EEG 信号的模式分类准确率,其中专家组提升了大约 20%,普通人组提升了大约 27%。由于被试的

表 1-4　10 名被试训练实验后对 EEG 信号的分类准确性

| 被试 | 第 1 次实验 | | 第 10 次实验 | |
|---|---|---|---|---|
| | 分类准确性/% | 平均值/% | 分类准确性/% | 平均值/% |
| 1 | 60.38 | | 81.90 | |
| 2 | 62.55 | | 83.55 | |
| 3 | 66.67 | 64.94 | 86.45 | 85.31 |
| 4 | 70.15 | | 89.33 | |
| 5 | 50.48 | | 77.36 | |
| 6 | 53.32 | | 78.85 | |
| 7 | 52.55 | | 81.55 | |
| 8 | 46.15 | 51.11 | 74.77 | 78.26 |
| 9 | 55.67 | | 80.33 | |
| 10 | 48.47 | | 76.67 | |

不专业性和环境因素的影响,有些被试在中间训练阶段出现了识别率下降的现象。人类具有自我学习能力,识别准确率提升较快的阶段是被试对目标和目标之间差异的快速学习阶段,后续缓慢增长或者波动的阶段属于熟悉巩固阶段。人们通过不断训练和学习,可以不断提升自我,从而逐渐成为某些领域的专家。

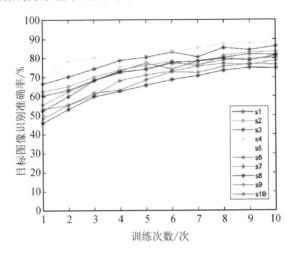

图 1-29  10 名被试 10 次训练实验中 EEG 信号的分类准确率

### 1.4.4  专家视觉重构技术

视觉重构技术最早起源于国外针对核磁数据的研究。2006 年,美国研究学者 Thirion 等人建立了基于视觉皮层著名的视网膜拓扑结构的逆模型,利用大脑的激活模式来推断真实或者想象的视觉内容,日本的 Miyawaki 等人通过结合多尺度局部影像基的方法,利用稀疏逻辑回归模型实现了对简单视觉刺激的重构;Kendrick N. Kay 和他的同事用 Gabor 金字塔小波算法(Gabor wavelet pyramid)对每一个体素进行剥离,利用简单的线性回归和梯度下降法训练大量局部方向、空间频率的量化的感受野模型,测量对特定图案的脑部活动,建立大量的影像数据库,根据预测的脑部活动选择数据库内最相近的相应影像;而基于 EEG 的影像重构算法目前研究较少,2016 年,Grigory Rashkov 等人结合深度网络的方法,让被试对观测的影像进行想象,采集其想象过程中的脑电信号,结合深度网络技术对影像进行重构。进一步地,尹奎英等人 2021 年利用循环卷积和原影像监督算法实现了基于脑电数据的视觉重构技术,拓展了视觉重构技术的新思路。

深度网络作为一种具备深层迭代计算能力的技术,可以通过大量迭代计算手段计算输入信息的深层网络特征。基于视觉的重构技术利用深度网络技术,同时并联计算两组深度网络结构,一组深度网络对输入的 EEG 信号进行特征解码,同时利用另一组深度网络对原刺激影像进行监督,将 EEG 信号与原刺激影像作迭代计算逼近,最后将迭代后的 EEG 特征送入特征解码器,输出重构后的视觉刺激影像。算法网络流程如图 1-30 所示。

参与脑电实验的为 40 名脑科医院的招募学生,实验设计目标影像与非目标影像之比为 1:24 的 RSVP 实验,每幅刺激影像闪烁 0.1s,每次实验共 2 个 session,每个 session 含 40 个 block,每个 block 含 100 幅刺激 trials 即刺激影像。

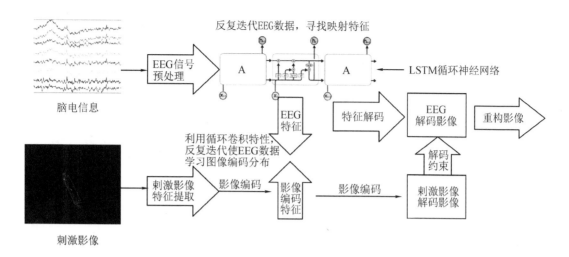

脑电信息

刺激影像

图 1-30　算法网络流程图

图 1-30 中的脑电信息为脑电实验中，被试对每一幅刺激影像响应下 500 ms 的 EEG 数据。首先将 EEG 信号进行相应的离线预处理，然后将其送入构建的第一组循环神经网络提取 EEG 的特征。

长短期记忆网络（Long Short-Term Memory，LSTM）是一种带有隐藏计算门的特殊 RNN(Recurrent Neural Network)，RNN 是一种针对具有语义关联的数据构建的特殊神经网络模型，如文字语句、语义、推理以及股票等具有逻辑相关的数据。尤其是 EEG 信号，作为人所有生理行为的解释脑信号，具有缜密的逻辑性，是最适合循环神经网络的计算数据。但是 RNN 针对大量数据的迭代计算会有梯度爆炸的可能性，故选取具有隐藏门设置的特殊循环神经网络 LSTM，其网络结构模型如图 1-31 所示。

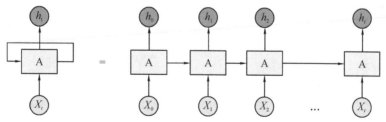

图 1-31　LSTM 网络结构模型

在循环神经网络的基础上，在图 1-31 的 A 中加入隐藏门 tan 门，结构如图 1-32 所示。

图 1-32 中，对于每次输入的数据 $h$，隐藏门结构进行长短记忆序列计算，每次计算中会随机遗忘一项与前向计算相关的参数，同时将输入的参数 $X_t$ 进行二次 $tanh$ 计算，最终输入下一个隐藏门。经过 LSTM 循环神经网络的反复迭代计算，可以输出送入神经网络的 EEG 信号特征 $f_E$。此时，将与 EEG 影像相关联的刺激影像送入第二组神经网络，对刺激影像进行编解码模型构建及计算，提取影像的编解码特征。超分辨率测试序列结构（Visual Geometry Group，VGG)）网络是一种深层的编解码计算网络，是卷积神经网络（Convolutional Neural Networks，CNN)的经典代表网络结构之一。其具有较深的网络结构，可以通过大量的卷积、池化、激活等计算对输入影像进行大量的迭代计算，从而得到输入影像

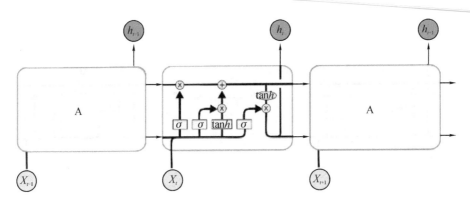

图 1-32   LSTM 隐藏门结构

的底层特征，并构建此类影像的编解码计算模型，该模型可以完成对同类影像的压缩编码与解码重构。较深的网络结构使得该网络对影像的编码压缩程度较高，但解码后的重构影像精度可能较差，这是该网络的缺陷之一。VGG 网络模型如图 1-33 所示。

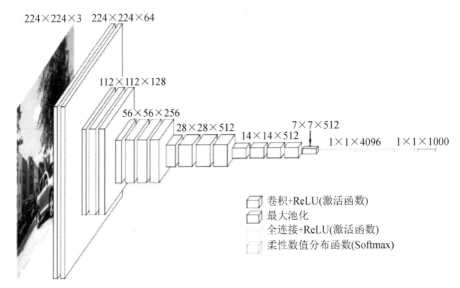

图 1-33   VGG 网络模型

利用 VGG 网络模型对输入的影像进行编解码模型构建，再利用网络的前向结构构建输入与 EEG 信号具有时间序列对应的刺激影像编码结果 $f_\mathrm{P}$，并将其送入第一组网络 LSTM 作为与其具有时间映射的 EEG 特征提取网络的损失函数，损失函数的具体计算公式如下：

$$\frac{1}{2N}\sum_{i=1}^{N}\parallel x_i^1 - x_i^2 \parallel_2^2 \tag{1-20}$$

经过式(1-20)的计算，以及同步输入的刺激影像送入 LSTM 网络的 EEG 信号，最终会输出具有刺激影像特征相关的 EEG 特征 $f_\mathrm{E}$。

此时，将具有与刺激影像特征相关联的 EEG 特征 $f_\mathrm{E}$ 送入构建的 VGG 编解码模型，此模型的解码计算会将 $f_\mathrm{E}$ 视为影像特征，对其进行影像解码重构，构建解码模型如图 1-34 所示。此时，以原图作为监督，对重构后的影像作 MES loss 作为解码监督如下：

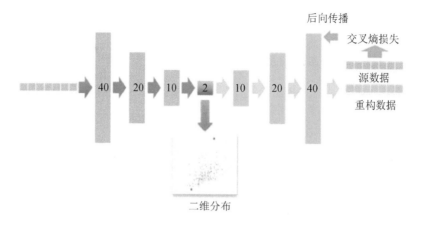

图 1-34 图形解码器网络

$$E(w) = \frac{1}{2} \sum_{n=1}^{N} \{y(x_n, w) - t_n\}^2 \qquad (1-21)$$

之后将具有原图监督的解码影像作为解码器输出,即得到重构后的影像。原图与重构后的影像如图 1-35 所示。

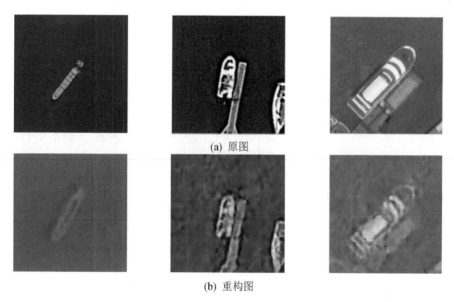

(a) 原图

(b) 重构图

图 1-35 原图与重构图

### 1.4.5 小结

在人类生活的各个领域,经过有效、专业的训练,人们可以被训练成为该领域的专家,本小节正是根据专家效应设计了 SAR 影像判读训练实验,研究目标影像诱发出的大脑特异性信息。本小节分析了大脑特异性响应的 ERP 成分、不同时间点大脑地形图和通道信号之间的相位同步性。经过分析可得,本小节中设计的实验范式,可以诱发出大脑与认知活动相关的 N2、P2 和 P300 成分,其中 P2 主要出现在大脑的额区,N2 和 P300 主要出现在大脑的顶枕区。经过 10 次训练,进行相同实验时,大脑的额区和顶枕区的功能连接加强,具有很强的相位同步性。由此我们发现，可以通过不断刺激被试与任务相关的脑功能区，从而提高其相应的任务技能。通过对训练过程中的所有 EEG 信号进行模式分类，我们发现训练可以提高目标影像和非目标影像诱发出的人脑电信号的分类准确率。

视觉重构技术是从另外一个思路，全周期了解视觉在大脑中的反映，这种反映对我们自身的认知开发是非常有用的。很多专家的成长往往无法量化，通过视觉重构技术给我们提供了一个有效的观察途径，另外，更重要的是视觉重构打开了脑认知的全新通道，未来可以有效地观测幻想病人的幻觉，睡眠周期中的深度构图，甚至通过逆向影像重构，为盲人看世界提供了可能。

## 本章参考文献

[1]  谷秀昌，付琨，仇晓兰. SAR 图像判读解译基础[M]. 北京：科学出版社，2017.

[2]  万维钢. 万万没想到(用理工科思维理解世界)[M]. 北京：电子工业出版社，2014.

[3]  SHARMA A, GHOSH J K. Dominance of perceptual grouping over functional category：an eye tracking study of high resolution satellite images [C]. Proc. SPIE 10789，Image and Signal Processing for Remote Sensing XXIV，2018.

[4]  THOMAS M L, RALPH W K, JONATHAN W C. Remote sensing and image interpretation-7 Edition[M]. Hoboken：Wiley，2015.

[5]  KEVIN S. Esearchers to develop 'intelligent spinal interface' with $6.3 million in DARPA funding[J/OL]. [2019-10-03]. https：//www. brown. edu/news/2019-10-03/isi.

[6]  杜萍，陈雪梅，张丽. 练习对大脑功能变化的影响及其意义[J]. 心理学进展，2013，3(6)：340-345.

[7]  SAUR D, LANGE R, BAUMGAERTNER A, et al. Dynamics of language reorganization after stroke[J]. Brain. 2006，129：1371-84.

[8]  MACIVER K, LLOYD D M, KELLY S, et al. Phantom limb pain, cortical reorganization and the therapeutic effect of mental imagery[J]. Brain, 2016, 131：2181-2191.

[9]  DEHAENE S, SPELKE E, PINEL P, et al. Sources of mathematical thinking：Behavioral and brain-imaging evidence[J]. Science，1999，284：970-974.

[10]  ZAGO L, PESENTI M, MELLET E, et al. Neural correlates of simple and complex mental calculation[J]. NeuroImage，2001，13：314-327.

[11]  李欣鑫，李建英. 优秀射箭运动员不同负荷状态下中枢神经递质及脑电复杂度变化的研究[J]. 体育科学，2015，35(03)：39-43.

[12]  WOLPAW J R, BIRBAUMER N, HEETDERKS W J, et al. Brain-computerinterface technology：a review of the first international meeting [J]. IEEE Transactions on Rehabilitation Engineering，2000，8(2)：164-173.

[13]  王毅军. 基于节律调制的脑机接口系统：从离线到在线的跨越[D]. 北京：清华大

人脑机智能雷达技术及其应用

学，2007.

[14] 周鹏. 基于运动想象的脑机接口的研究[D]. 天津：天津大学，2007.

[15] NICOLAS L F, GOMEZ J. Brain computer interfaces, a review[J]. Sensors, 2012, 12(2): 1211-1279.

[16] WEEKES B. Age of Acquisition Effects on Chinese Character Recognition: Evidence from EEG[J]. Procedia-Social and Behavioral Sciences, 2011, 23(23): 67-68.

[17] LIU Y, ZHANG H, CHEN M. A Boosting-Based Spatial-Spectral Model for Stroke Patients' EEG Analysis in Rehabilitation Training[J]. IEEE Trans Neural Syst Rehabil Eng, 2016, 24(1): 169-79.

[18] HERWIG U, SATRAPI P, SCHONFELDT C. Using the International 10-20 EEG System for Positioning of Transcranial Magnetic Stimulation[J]. Brain Topography, 2003, 16(2): 95-99.

[19] ZHENG X X, ZHANG S M, LIU J, et al. Brain-Machine Interfaces Researches in Rats[C]. Proceeding of the 7th Asian Control Conference, Hong Kong, China, 2009, 982-987.

[20] ZHANG H J, DAI J H, ZHANG S M, et al. Neural Ensemble Decoding of Rat's Motor Cortex by Kalman Filter and Optimal Linear Estimation[C]. Proceeding of the 2009 2nd International Congress on Image and Signal Procesing, Tianjin, China, 2009, 4452-4456.

[21] GERWIN S. USER Tutorial. EEG Measurement Setup [EB/OL]. [2012-06-02]. http://www.bci2000.org/ wiki/index. Php/User_Tutorial: EEG_Measurement_Setup.

[22] SYKACEK P, ROBERTS S, STOKES M. Probabilistic methods in BCI research [J]. IEEE Transactions on Neural System and Rehabilitation Engineering, 2003, 11(2): 192-195.

[23] 谭郁玲. 临床脑电图与脑电地形图学[M]. 北京：人民卫生出版社，1999.

[24] 李洁. 多模态脑电信号分析及脑机接口应用[D]. 上海：上海交通大学，2009.

[25] MIDDENDORF M, MILLAN G, CALHOUN G, et al. Brain-Computer Interfaces Based on the Steady-State Visual-EvokedResponse[J]. IEEE Transactions on Rehabilitation Engineering, 2000, 8(2): 211-214.

[26] BIRBAUMER N, KÜBLER A, GHANAYIM N, et al. The Thought Translation Device (TTD) for Completely Paralyzed Patients[J]. IEEE Transactions on Rehabilitation Engineering, 2000, 8(2): 190-193.

[27] FARWELL L A, DONCHIN E. Talking off the top of your head: toward a mental prosthesis utilizing event-related brain potentials[J]. Electroencephalography and Clinical Neurophysiology, 1988, 70(6): 510-523.

[28] PFURTSCHELLER G, LOPES D, S F H. Event-related EEG/MEG Synchronization and Desynchronization: Basic Principles[J]. Clinical Neurophysiology, 1999, 110 (11): 1842-1857.

[29] 刘信愉. 运动想象脑电信号的识别方法及应用[D]. 北京：北京工业大学，2009.

[30] WANG C，PHUA K S，ANG K K，et al. A Feasibility Study of Non-Invasive Motor-Imagery BCI-based Robotic Rehabilitation for Stroke Patients［A］. Proceedings of the 4th International IEEE EMBS Conference on Neural Engineering，Turkey，2009. The Printing House，271－274.

[31] KOENIG T，MELIE-GARCÍA L，STEIN M，et al. Establishing correlations of scalp field maps with other experimental variables using covariance analysis and resampling methods［J］. Clinical Neurophysiology，2008，119(6)：1262－1270.

[32] BIGDELY-SHAMLO N，MULLEN T，KOTHE C，et al. The PREP Pipeline：Standardized Preprocessing for Large-Scale EEG Analysis[J]. Front Neuroinform，2015，9(16)：1－9.

[33] MOGNON A，JOVICICH J，BRUZZONE L，et al. ADJUST：An Automatic EEG Artifact Detector Based on the Joint Use of Spatial and Temporal Features[J]. Psychophysiology，2011，48(2)：229－40.

[34] 施锦河. 运动想象脑电信号处理与 P300 刺激范式研究[D]. 杭州：浙江大学，2012.

[35] HSIEH Z H，FANG W C，JUNG T P. A Brain-Computer Interface with Real-Time Independent Component Analysis for Biomedical Applications［C］. IEEE International Conference on Consumer Electronics，2012：339－352.

[36] MENSH B D，WERFEL J，SEUNG H S. BCICompetition 2003－Data set I a：combining gamma-band power with slow cortical potentials to improve single-trial classification of electroencephalographic signals［J］. IEEE Transactions on Biomedical Engineering，2004，51(6)：1052－1056.

[37] CHEN S F，LUO Z Z，GAN H T. An entropy fusion method for feature extraction of EEG[J]. Neural Computing and Applications，2018，29(10)：857－863.

[38] 佘青山，陈希豪，席旭刚，等. 基于 DTCWT 和 CSP 的脑电信号特征提取[J]. 大连理工大学学报，2016，56(1)：70－76.

[39] DU R，BIAN Y，BAI Z，ZHU Y. Brain Emotional OscillatoryActivity for Anger Revealed by Event-Related Spectral Perturbation[J]. Wuhan University Journal of Natural Sciences，2020，25 (02)：162－168.

[40] DONG M. Expertise Modulates Local Regional Homogeneity of Spontaneous Brain Activity in the Resting Brain：an fMRI Study Using the Model of Skilled Acupuncturists[J]. Hum Brain Mapp，2014，35(3)：1074－84.

[41] DONG M. Length of Acupuncture Training and Structural Plastic Brain Changes in Professional Acupuncturists[J]. PLoS One，2003，8(6)：e66591.

[42] 殷皓泽. 基于脑机接口的自动 SAR 目标检测[D]. 西安：西安电子科技大学，2019.

[43] LOTTE F，GUAN C. Regularizing Common Spatial Patterns to Improve BCI Designs：Unified Theory and New Algorithms［J］. IEEE Transactions on Biomedical Engineering，2011，58(2)：355－62.

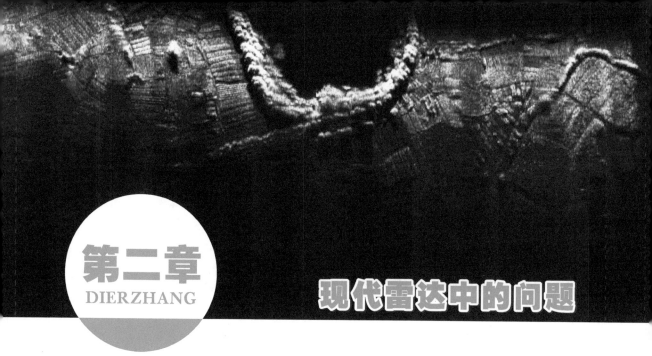

# 第二章
## DIERZHANG
## 现代雷达中的问题

  雷达被誉为"三军之眼，国之重器"，其对于国防安全稳定和社会经济发展的重要性不言而喻。"雷达"一词是由"RADAR"的音译而来的，它的设计初衷也正如它的全称（Radio Detection And Ranging）那样直接明了，即无线电探测和测距。简单来说，雷达是一种利用电磁波探测目标并测定它们空间位置的电子传感器设备。由于电磁波受天气和光照的影响较小，且传播速度接近光速（30万公里每秒），因此相比于其他电子传感器设备，如光学、红外、激光、声呐等，雷达具有探测距离远以及全天候、全天时工作等显著特点。随着雷达技术的快速进步和硬件水平的不断提升，雷达的功能也由最初的检测和测距，逐渐发展成为可以同时获取目标的距离、角度（方位角和俯仰角）、尺寸/雷达散射截面（Radar Cross Section，RCS）、速度（多普勒频率）、特征（成像）等信息的多功能、全方位探测感知装备，是名副其实的"顺风耳、千里眼"。

  传统雷达给人的印象是机械转盘加大锅盖的粗放样子，功能单一且又大又笨重。现代雷达普遍采用精细化设计理念，这得益于结构及工艺水平的进步和相控阵技术的使用，使得雷达整体显得很灵活且性能更加优异。虽然雷达种类繁多，例如搜索雷达、预警雷达、导航雷达、超视距雷达、合成孔径雷达、毫米波雷达等，但是根据它们所使用的天线样式，大致可分为机械扫描雷达和相控阵雷达两类。图2-1所示为美军里根试验场——夸贾林（Kwajalein）岛上两座著名的机械扫描雷达，目标分辨率和识别实验系统（TRADEX）雷达和高级研究计划署（ARPA）远程跟踪和仪表（ALTAIR）雷达。

  TRADEX是电磁信号特征研究项目在太平洋范围内建造的第一部雷达，于1962年投入使用，由林肯实验室负责运行管理，主要用途是跟踪低轨卫星和执行太空监视任务。ALTAIR是里根试验场内的第二部雷达，于1969年建成并投入，其主要设计目的是模拟当时苏联反弹道导弹雷达对美国洲际弹道导弹的探测过程。总体来讲，机械扫描雷达的研发周期短，制造成本低，可以采用大功率发射信号实现远距离探测；但其缺点也比较明显，即机械扫描容易受惯性影响，且转动频率较低，很难应对高机动目标。

  与传统机械扫描雷达不同，相控阵雷达最显著的特点是有一个阵面。阵面上排列着大

(a) TRADEX雷达          (b) ALTAIR雷达

图 2-1　机械扫描雷达

量的辐射器(小天线)，每个辐射器后面均与一个可控移相器相连。通过计算机控制各个移相器的相移量，即改变天线孔径上的相位分布，可实现发射和接收波束在空间的快速扫描。这种波束扫描方式是通过电子计算机控制移相器完成的，所以也称为电子扫描阵列(Electronically-Scanned Array，ESA)雷达。图 2-2 所示为美军很有代表性的两款相控阵雷达，铺路爪(PAVE PAWS)雷达和萨德(Theater High Altitude Area Defense，THAAD)雷达。铺路爪雷达是典型的远程预警雷达，由美国雷神公司(Raytheon Company)生产制造，共有 3 个天线阵面，彼此成 120°安装，每个阵面含有 2677 个辐射单元，能够同时探测、跟踪和识别 100～200 个目标，对潜射弹道导弹的最远探测距离可达 5500 km。萨德雷达指的是 AN/TPY-2 多功能相控阵雷达，是"萨德之眼"项目的关键传感器。据报道，该雷达天线阵面共采用了 25 334 个发射/接收(T/R)组件，面积达到 9.2 m²，平均发射功率约为 60～80 kW。它是目前世界上功能最强的陆基 X 波段有源相控阵雷达，具有非常高的分辨率，可实现远程截获、精密跟踪和精确识别各类弹道导弹，包括真假弹头识别，即能从诱饵或弹体碎片中识别出真正弹头目标。

(a) PAVE PAWS雷达          (b) THAAD雷达

图 2-2　相控阵雷达

　　相控阵雷达又分为无源和有源两种类型。事实上，无源相控阵雷达和有源相控阵雷达所采用的阵面天线是基本相同的，主要区别在于移相器的位置和 T/R 组件的数量，如图 2-3 所示。

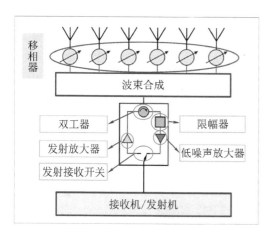

(a) 无源相控阵雷达

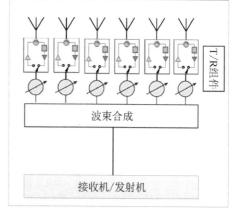

(b) 有源相控阵雷达

图 2-3　无源相控阵雷达和有源相控阵雷达的区别

由图 2-3 不难看出，无源相控阵雷达的特点是移相器直接与天线单元相连，且只有一个主发射模块（只用了一个发射放大器和低噪声放大器），即集中功率发射，其他部分都是被动接收。这种方法的优点是结构简单，技术难度较小，开发成本低，能实现波束合成和快速电子控制，很好地解决了传统机械扫描雷达受转动惯性影响的问题。但是，无源相控阵雷达的缺点也显而易见，即发射放大器和低噪声放大器与天线单元相距较远，导致射频能量和接收信号强度在经过中间环节时（如移相器、波束合成模块）产生严重损耗，降低了雷达的灵敏度。

与无源相控阵雷达相比，有源相控阵雷达的特点是每个天线单元直接与一个 T/R 组件相连，每个 T/R 组件内集成了发射/接收开关、双工器、发射放大器、低噪声放大器、限幅器、移相器等，因此有源相控阵雷达的每一个天线单元都具有独立发射和接收电磁波的能力，即使有少量 T/R 组件损坏，也不会明显影响整体性能指标。而且，这些 T/R 组件直接与天线相连，减少了射频能量和接收信号强度在中间环节传输的损耗，保证了雷达的灵敏度。此外，有源相控阵雷达使用固态集成电路技术，能有效减小相控阵天线的尺寸和体积，提高相控阵天线的宽带性能，有利于实现频谱共享的多功能天线阵列，为实现综合化电子信息系统提供了条件。同时，由于单个 T/R 组件功率需求很低，因此有源相控阵雷达的平均故障间隔时间远远优于无源相控阵雷达。由上述说明可推断，图 2-2 中两部相控阵雷达都属于有源相控阵雷达（相控阵天线都采用了大量的 T/R 组件）。

总的来说，有源相控阵雷达各方面性能都明显优于无源相控阵雷达，但这并不意味着它没有缺点，它的主要缺点是 T/R 组件研制的技术难度大，造价昂贵，不易实现工程化。而且，T/R 组件受到现有电子技术水平的限制，能量转化效率比较低（30% 左右），也就是说，输入系统的射频能量只有很少一部分能够被转换成有效的电磁波辐射出去，其余大部分能量则被转变成了热能。如果这部分热量不能及时散发出去，相控阵天线的温度将会急剧升高，而过高的温度对于整个雷达系统的影响是致命的，因此有源相控阵雷达工作时需要有高效的冷却系统配合。此外，单个相控阵天线阵面的波束扫描范围有限，最大扫描角在 90°～120° 之间，当要求进行全方位探测跟踪目标时，需要配置 3～4 个天线阵面。图

2-2(a)中的铺路爪雷达就采用了 3 个天线阵面，而美海军阿利·伯克级驱逐舰(如图 2-4 所示)装备的 SPY-1D 有源相控阵雷达则采用了 4 个相控阵面，这样就可以完全覆盖以舰体为圆心的半球空域。

图 2-4　阿利·伯克级驱逐舰

　　由于有源相控阵雷达需要采用大量的天线阵元和 T/R 组件，导致天线阵面的体积和功耗都比较大，且造价昂贵，因此其只适合安装在空间和供电能力都较好的大型作战舰艇和先进战斗机(如图 2-5 所示的 F22 AN/APG-77 和 F35 AN/APG-81)上使用，这在很大

(a) F22 AN/APG-77　　　　　　　　　　　　(b) F35 AN/APG-81

图 2-5　机载有源相控阵雷达

程度上限制了其推广应用。因此小型化、低功耗成为有源相控阵雷达的一个重要发展方向。

随着电子技术水平的不断提高和工程应用能力的逐渐成熟，所有雷达都将面临同样的问题：电磁空间环境变得越来越复杂，越来越多变，越来越拥挤；待探测的目标数量越来越繁多，机动性能越来越灵活，隐身或欺骗性能越来越强大。因此，如何在复杂多变且拥挤的电磁环境中保持雷达系统对种类繁多、数量密集、机动性灵活且隐身性能好的目标的探测识别性能，是目前国内外学者们研究的热点问题之一。

为了使雷达具备适应环境变化的能力，自主智能地按照不同场景和探测目标类型调整雷达系统参数和工作模式，有必要提高雷达系统的交互能力和智能化水平，并对智能雷达技术的理论基础开展研究。

## 2.1 雷达基础

### 2.1.1 概述

本小节内容主要是为非雷达专业的读者介绍一些有关雷达系统的基础知识，使其对雷达工作原理、常见指标和数据处理过程有一个简要的了解。

雷达是"无线电探测与测距"的英文缩写，它利用发射并接收电磁频谱信号实现对目标的探测和测距。在介绍雷达时，我们总喜欢拿蝙蝠来举例说明，因为雷达探测目标的过程与蝙蝠利用超声波进行猎物定位的方法如出一辙，其过程如图 2-6 所示。

图 2-6 蝙蝠定位猎物的抽象过程图

简单来说，蝙蝠在飞行过程中靠气流运动引起喉内声带的振动产生超声波（振动频率高于 20 kHz），然后通过口或鼻孔把超声波向不同方向发射出去，当超声波遇到猎物时会产生反射效应，有部分超声波会沿着发射的方向逆向返回到蝙蝠耳朵，蝙蝠正是利用接收到的超声波对猎物进行定位的。

受此启发，科学家们模仿蝙蝠定位猎物的方法发明了雷达，并将其装在了重要的军事装备和民用交通运输工具上，例如飞机、舰船以及汽车等，使它们具有远程探测和定位感兴趣目标的能力。具体而言，雷达是通过天线将发射机产生的发射信号以电磁波（频率在几十兆赫至几百吉赫）的形式，向感兴趣的探测区域发射电磁能量；当电磁波在向前传播的过程中遇到障碍物时，会在其表面产生一定的电磁波反射效应；当反射的电磁波能量高于接收天线的灵敏度时，雷达就能对障碍物进行感知和定位。图2-7所示是雷达在空间环境中通过发射和接收电磁波完成目标探测的过程示意图。

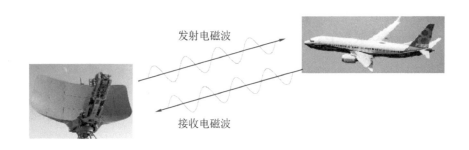

图 2-7　雷达利用电磁波探测目标的过程示意图

　　一般来说，我们将能够反射雷达电磁波且是人们感兴趣的障碍物（如图2-7中的飞机）称为目标；而同样能够反射雷达电磁波，但并非人们感兴趣的障碍物，例如空气颗粒物、地球表面或海洋表面等，则称为杂波。显然，雷达接收到的回波信号通常具有如下特点：

　　(1) 杂波常有，而目标不常有。

　　(2) 杂波覆盖面积广，而目标仅在很小的空间范围内出现。

　　图2-8为典型船载高频地波雷达回波多普勒能量分布图。图中红色虚线凸起部分表示不同方位的海杂波因船载平台运动引起的多普勒频谱展宽效应。对于对海雷达而言，海杂波是不可避免的，会一直存在，而且覆盖面积很大。在图2-8所示展宽的海杂波谱中约 -0.2 Hz 处有一个合作目标，幅度比海杂波要稍强一些，但因为目标面积相对于海面而言，就是沧海一粟，所以仅占有很小的频谱范围。

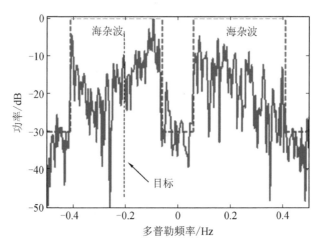

图 2-8　船载高频地波雷达回波多普勒能量分布图

## 2.1.2 基本概念

### 1. 雷达波

在自由空间中，雷达波与我们日常所知的无线电波并无本质区别，前者主要用于目标探测和定位，后者主要用于广播电台和广播电视节目。准确地讲，雷达波是具有一定工作波长的电磁波，它的能量存储于电磁场中，并通过电场和磁场的频率交替变换，以光速（自由空间的情况）向着同时垂直于电场和磁场的行进方向进行传播，如图2-9所示。

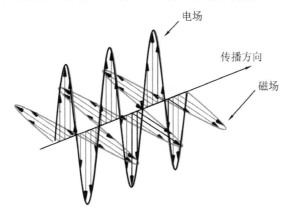

图 2-9　电磁波在自由空间传播的示意图

在介绍电磁波性质时，一般以电场为对象，而不是磁场。因为电场是以 V/m（伏特/米）为单位，在物理上可以表示信号强度。当我们沿着电磁波传播方向对电场进行距离积分时，很容易得到一个电压值。该电压与普通电路中的电压具有相同的物理意义。

值得注意的是，电磁波在自由空间传播过程中，电场和磁场的强度比值是个常数，其值为 377 Ω。有时我们也把这个比值称为电磁波在自由空间传播的阻抗。实际上，它与我们常见的电阻抗存在着本质的区别。在电路中由于电流做功不断产生热量，电阻抗是会消耗电路能量的，该现象也称为电阻抗的热效应或者焦耳定律；而自由空间的阻抗在电磁波传播过程中不做功，因此不会损耗电磁波的能量。

习惯上我们常采用正弦波的形式来表示雷达波，如图2-10所示。图中，$A$ 为雷达波

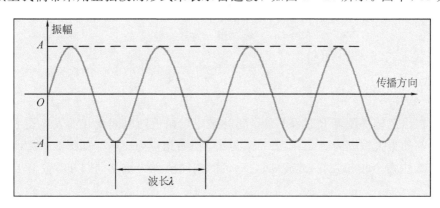

图 2-10　雷达波的电场传播形式

的最大振幅；λ 为工作波长，定义为两个相邻波谷之间的距离，计算公式为

$$\lambda = \frac{c}{f} \tag{2-1}$$

式中：$c$ 为电磁波在自由空间中的传播速度，即光速；$f$ 为雷达波的工作频率。

事实上，雷达波的电场强度会随着传播距离和时间的变化而发生变化，其关系可表示为

$$a(t) = \frac{A}{R} \sin\left[2\pi f\left(t - \frac{R}{c}\right)\right] \tag{2-2}$$

式中：$a(t)$ 为雷达波电场强度瞬时值；$t$ 为时间；$R$ 为电场的传播距离。显然，雷达波电场振幅会随着传播距离的增大而变小，如图 2-11 所示。

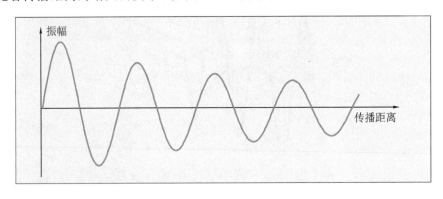

图 2-11　雷达波电场振幅随传播距离变化的关系

对于给定的传播距离，$A/R$ 为常数，表示正弦函数的最大幅度，此时雷达波电场强度仅为时间 $t$ 的函数，准确地说，雷达波电场强度的相位是时间的函数，即

$$\varphi = 2\pi f\left(t - \frac{R}{c}\right) \tag{2-3}$$

令

$$\varphi_R = 2\pi f \frac{R}{c} \tag{2-4}$$

则有

$$\varphi = 2\pi ft - \varphi_R \tag{2-5}$$

将式（2-5）代入式（2-2），可得

$$a(t) = A_R \sin(2\pi ft - \varphi_R) \tag{2-6}$$

式中，$A_R = A/R$。

显然，在给定传播距离 $R$ 的条件下，雷达波电场幅值随时间变化而发生正弦振荡。其中，正弦振荡的最大振幅为 $A_R$，振荡频率为 $f$，初始相位为 $-\varphi_R$，如图 2-12 所示。

图 2-12 中两个相邻波谷（或波峰）之间的时间间隔称为重复周期 $T$，数值上等于频率倒数，即

$$T = \frac{1}{f} \tag{2-7}$$

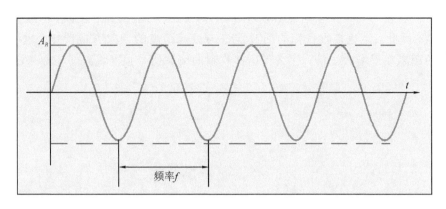

图 2 - 12 雷达波电场振幅随时间的变化

虽然电场强度随传播距离的增大而衰减，但在给定距离上具有恒定的峰值强度。例如向平静的水面抛入一块石头后，水面会被激起波纹，波纹的疏密和起伏强度与投石点的距离有关，越靠近石头落水点，波纹振荡起伏越频繁，振荡峰值强度也越大；但随着不断向外传播，波纹振荡的峰值强度会逐渐减弱，慢慢消失在远处水面。

相比于水波振荡向四周传播，雷达波则是根据发射天线的方向性指向把电磁波能量集中在某个方向向外传播，如图 2 - 13 所示。也就是说，雷达波传播具有一定的方向性和能量聚集性。由电磁学理论可知，半径为 $R$ 的金属球，其所带电荷为 $q$，放在均匀无限大的介质中，介质的介电常数为 $\varepsilon$，则金属球面处的电场强度可以表示为

$$E(R) = \frac{q}{4\pi R^2 \varepsilon} \qquad (2-8)$$

式中，分母 $4\pi R^2$ 为球面面积。这说明雷达波的电场强度与目标距离的平方成反比。

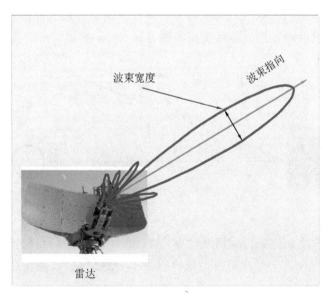

图 2 - 13 雷达波具有一定的方向性和能量聚集性

当雷达波照射到空间目标后，部分电波能量会沿着雷达波束照射方向反射回雷达。假

设从空间目标反射的能量按全向传播，如图 2-14 所示，则反射波能量亦将随着目标距离的平方衰减。因此，雷达接收目标的回波能量与目标距离的四次方成反比。也就是说，雷达与目标的距离如果增大一倍，那么雷达接收到的回波信号强度将减弱为原来的 1/16。

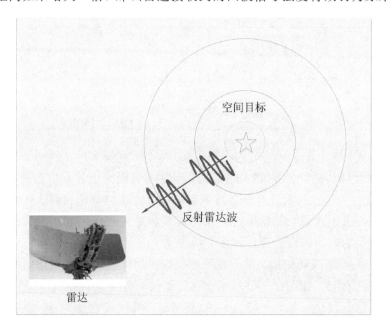

图 2-14　空间目标反射雷达波示意图

### 2. 雷达截面积

对于雷达而言，其接收到的在距离 $R$ 处目标的回波能量大小与目标的雷达截面积 $\sigma$（单位为 $m^2$）有关。$\sigma$ 表示目标拦截并向各个方向反射的雷达波前截面积，也可以认为是雷达根据接收到目标反射的雷达波能量所推测的目标大小，如图 2-15 所示。

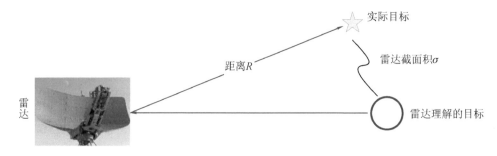

图 2-15　目标的雷达散射截面积 $\sigma$ 示意图

下面从功率的角度来讨论目标回波功率。假设在距离 $R$ 处的目标接收到的雷达波功率密度为 $P_f$（单位为 $W/m^2$），目标的雷达截面积为 $\sigma$，则目标接收到雷达波的功率 $P_{re}$ 可以表示为

$$P_{re} = P_f \sigma \tag{2-9}$$

进一步地，假设目标对雷达回波能量的反射为各向同性的，即反射波朝着空间各个方向辐射，则雷达接收到目标反射回的雷达波的功率密度 $P_{rr}$ 可以表示为

$$P_{rr} = \frac{P_f \sigma}{4\pi R^2} \tag{2-10}$$

需要说明的是，实际目标对雷达波能量的反射在不同方向上会有很大的变化，这与雷达视角以及波长和目标的形状、材料、尺寸等因素有关。因此，目标的实际物理面积并不等于其雷达截面积。当已知雷达在目标处的发射功率密度为 $P_f$、目标距离为 $R$，且雷达接收到目标反射回雷达波的功率通量为 $P_{rr}$ 时，目标的雷达截面积 $\sigma$ 可由式(2-10)求解得到，即

$$\sigma = \frac{4\pi R^2 P_{rr}}{P_f} \tag{2-11}$$

**3. 雷达距离方程**

假设雷达发射机的峰值功率为 $P_t$，雷达波从雷达到目标的传播损耗为 $L_t$，它是输入信号电平与输出信号电平的比值，其数值大于 1，则实际雷达发射的功率为 $P/L_t$，故目标处接收到的雷达波功率密度 $P_f$ 为

$$P_f = \frac{P_t G}{4\pi R^2 L_t} \tag{2-12}$$

式中，$G$ 为天线增益，其值可表示为

$$G = \frac{4\pi A_e}{\lambda^2} \tag{2-13}$$

式中，$A_e = A\eta$，为天线有效孔径面积，其中 $A$ 为天线孔径面积，$\eta$ 为天线效率。

将式(2-13)代入式(2-12)可得

$$P_f = \frac{P_t A_e}{\lambda^2 R^2 L_t} \tag{2-14}$$

将式(2-14)代入式(2-9)可得到目标接收到雷达波的功率 $P_{re}$ 更具体的表达式为

$$P_{re} = \frac{P_t A_e \sigma}{R^2 \lambda^2 L_t} \tag{2-15}$$

同理，将式(2-14)代入式(2-10)可得雷达接收到目标反射回的雷达波的功率密度 $P_{rr}$ 的具体表达式为

$$P_{rr} = \frac{P_t A_e \sigma}{4\pi R^4 \lambda^2 L_t} \tag{2-16}$$

假设雷达波从目标反射回雷达的损耗为 $L_r$，则雷达接收到的功率 $P_r$ 可以表示为

$$P_r = P_{rr} \frac{A_e}{L_r} = \frac{P_t A_e^2 \sigma}{4\pi R^4 \lambda^2 L_t L_r} \tag{2-17}$$

显然，只有当雷达接收到的信号能量高于接收机的噪声功率，雷达才能感知到目标的存在。

令 $f_N$ 为雷达接收机的增益，$k(1.38 \times 10^{-23}\ \text{J/K})$ 为玻尔兹曼常数，$T_0(290\ \text{K})$ 为绝对零度，$B$ 为系统带宽，则雷达噪声功率可表示为

$$P_n = s k T_0 B f_N \tag{2-18}$$

式中，$s$ 为门限系数，用于调节目标发现概率与虚警率之间的平衡关系。

对于单脉冲体制雷达，接收机的系统带宽 $B$ 等于脉冲宽度 $\Delta\tau$ 的倒数，即 $B=1/\Delta\tau$。而对于相参积累体制雷达，将 $N$ 个脉冲宽度为 $\Delta\tau$ 的脉冲进行相参积累后，接收机的系统带宽 $B=1/(N\Delta\tau)$。此时，雷达噪声功率可表示为

$$P_n = \frac{skT_0 f_N}{N\Delta\tau} \qquad (2-19)$$

当 $P_r = P_n$ 时，我们可以推导出雷达最大探测距离 $R_{max}$ 的表达式，即

$$R_{max} = \left(\frac{P_t A_e^{\,2} \sigma N\Delta\tau}{4\pi\lambda^2 L_t L_r s k T_0 f_N}\right)^{\frac{1}{4}} \qquad (2-20)$$

式(2-20)即为著名的雷达距离方程。该表达式表明，雷达的最大探测距离跟多种因素有关。举个简单的例子，当其他参数一定时，若要简单通过提高发射功率来获得探测距离翻倍的效果，则可选择将发射功率增大到原来的 16 倍，也可以选择将相干积累脉冲的数量增大到原来的 16 倍。前者实现难度小，但成本高，后者实现成本较低，但技术复杂。

**4.雷达结构**

典型的现代雷达系统组成框图如图 2-16 所示。图中展示了现代雷达系统的主要功能组成和总体结构。

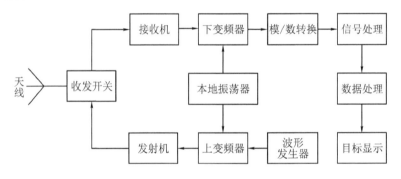

图 2-16　典型的现代雷达系统组成框图

雷达发射脉冲信号由波形产生器产生，但是此时得到的脉冲信号的频率通常较低，不适合直接发射。为了将雷达脉冲信号调制到需要的工作频点上，需要对其进行上变频处理。经上变频器处理后的脉冲信号还需要经多个级联的功率放大器对其进行功率放大处理，使输出功率能够满足发射要求。发射机和天线之间的设备是天线收发开关（双工器），用于将发射机输出的大功率信号导向天线，同时防止发射信号过多泄漏到接收机。雷达信号通过天线发射出去，如果天线是机械转动扫描，天线发射能量的方向与其实时指向相一致。

沿着雷达方向返回的目标回波或杂波信号由雷达天线接收，经收发开关送至接收机前端。信号在接收机中先经放大，再下变频成基带频率信号，最后通过模数转换器（Analog to Digital Converter，ADC）将这些模拟信号转换为可由数字计算机处理的数字信号。信号处理器的主要功能是滤波、脉冲积累以及可能的脉冲压缩。

经信号处理后的数据被送入数据处理模块，形成点迹和航迹报告。被记录下来的点迹通常带着距离、方位、高度以及可能的速度标记。经过比对进入雷达的点迹，将可能由同

一目标产生的点迹生成一条临时航迹，用于估计目标移动的位置和方向。数据处理模块中的航迹处理功能也可预测某一目标在天线的下一个扫描周期雷达再次照射时可能出现的位置。如果建立的目标航迹已符合要求，则称为航迹确认，之后进入航迹管理维护阶段，在此阶段接收新的点迹数据用于维护之前建立的航迹。最终雷达操作员可以按照实际任务需要在目标显示终端(显控台)上选择要观察的目标点迹或航迹信息。

### 2.1.3 脉冲多普勒雷达及指标

#### 1. 脉冲多普勒雷达

图 2-17 所示为雷达与运动目标之间的多普勒效应产生过程示意图。

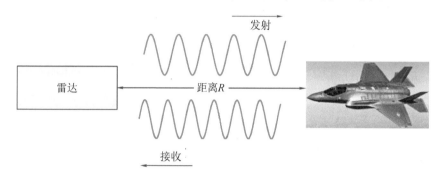

图 2-17 多普勒效应产生过程示意图

图 2-17 中雷达发射的信号经自由空间传播后，在距离雷达 R 处被朝向雷达运动的目标所反射。此时，由于雷达和目标之间存在相对运动关系，雷达接收到的反射回波的振荡频率与发射信号的振荡频率会出现频率差，这个频率差即为多普勒频率。多普勒频率计算公式如下：

$$f_d = \frac{2v}{\lambda} \qquad (2-21)$$

式中：$v$ 为相对运动速度，其正负取决于目标与雷达的相对运动方向(若目标朝向雷达运动，则 $f_d$ 取正；若目标背离雷达运动，则 $f_d$ 取负)；$\lambda$ 为雷达工作波长。

显然，多普勒频率 $f_d$ 不仅取决于目标与雷达的相对运动速度 $v$，还与雷达工作波长 $\lambda$ 有关。当波长 $\lambda$ 不变时，相对运动速度 $v$ 越大，多普勒频率 $f_d$ 越大；而当相对运动速度 $v$ 不变时，波长 $\lambda$ 越大，多普勒频率 $f_d$ 越小。换言之，当雷达参数不变时，若目标朝着雷达方向运动，如图 2-17 中的飞机，则目标回波的频率会高于雷达波的发射频率，而多出来的那部分恰好是多普勒频率 $f_d$。这可以理解为目标与雷达的相向运动，导致目标回波波前的两个相邻波峰(或波谷)的时间差变短了，即波长变短。而波前相邻两个波峰(或波谷)的时间差 $\Delta\tau$ 与频率 $f$ 的对应关系为

$$f = \frac{1}{\Delta\tau} \qquad (2-22)$$

所以当目标朝向雷达运动时，目标回波频率会升高。反之，当目标背向雷达运动时，目标回波频率会降低。这种多普勒效应在我们日常生活中也很常见。例如，人站在火车轨道旁

边，火车鸣笛并朝向人运动，这时人会觉得笛声频率升高，而当火车驶离时，人会觉得笛声频率降低。

多普勒效应在雷达中的应用非常广泛，尤其是在强杂波环境中检测运动目标。采用多普勒效应进行目标检测的雷达通常被称为相干脉冲多普勒雷达。

相干脉冲多普勒雷达为了能从回波信号中检测出目标的多普勒频率，必须使用稳定的基准频率源，因为雷达接收机需要通过混频器比较基准信号和含有多普勒频率的回波信号，以确定接收到的回波信号的多普勒频率。一般来说，雷达工作频率较高，通常在几兆赫至几千兆赫范围，而雷达探测的运动目标，如飞机、汽车和舰船等，速度不会太快，它们在雷达回波中对应的多普勒频率也将远小于雷达工作频率。所以，相干脉冲多普勒雷达需要有很高的频率分辨率才能可靠地检测出因目标运动而引起的多普勒频率成分。多普勒雷达工作原理如图 2-18 所示。

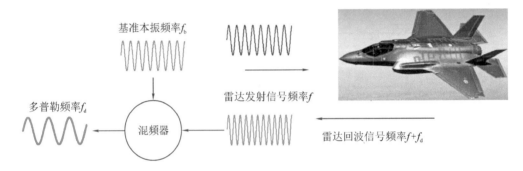

图 2-18　多普勒雷达工作原理图

需要说明的是，相干脉冲多普勒雷达与普通雷达的区别在于其需要对多个连续的雷达脉冲串而不是单个脉冲进行多普勒频率分析处理。多普勒频率分析处理过程如图 2-19 所示。图 2-19(a)所示为雷达发射的参考脉冲串信号，脉冲串重复周期为 $T_r$，脉冲宽度为 $T_p$，脉冲内连续波频率为 $f$；图 2-19(b)所示为雷达接收的含多普勒频率分量的回波脉冲串信号；图 2-19(c)所示为经过混频器后得到的目标多普勒频率为 $f_d$ 的脉冲串信号；图 2-19(d)所示为目标回波的多普勒频率信号的完整波形。在这个例子中，多普勒频率相对较低，且任何单一脉冲中只能看到多普勒频率信号周期中的一小部分。为了检测出并测量到这些多普勒频率信号，需要利用整个脉冲串中的每个脉冲。

假设雷达接收到目标回波多普勒频率信号的 $N$ 个连续脉冲为

$$[f_s(t_0)\quad f_s(t_1)\quad \cdots\quad f_s(t_n)\quad f_s(t_{N-1})] \tag{2-23}$$

式中，$t_n$ 为第 $n$ 个采样时间。对式(2-23)进行离散傅里叶变换可得

$$F_s(f_k) = \sum_{n=0}^{N-1} f_s(t_n)\mathrm{e}^{-i2\pi f_k t_n} \tag{2-24}$$

式中，$f_k$ 为第 $k$ 个离散频率分量，$F_s(f_k)$ 为时域信号 $f_s(t_n)$ 对应的频域信号。

式(2-24)的傅里叶变换利用雷达接收到的 $N$ 个连续的时域脉冲串信号，获得雷达回波在频域上的能量分布情况。由于多普勒频率对应着目标的运动速度，因此经过傅里叶变换后，具有不同运动速度的目标会在其对应的多普勒频率点上具有较大的能量峰值，这个特征对目标的检测和参数的估计很有帮助。

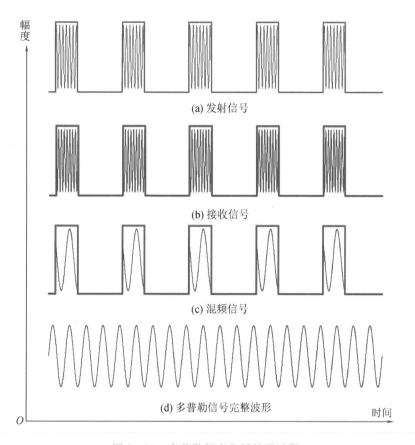

(a) 发射信号

(b) 接收信号

(c) 混频信号

(d) 多普勒信号完整波形

图 2 - 19　多普勒频率分析处理过程

### 2. 雷达指标

距离分辨率是雷达系统最为常见的指标之一，其含义是指雷达可分辨的目标最小间距，如图 2 - 20 所示。

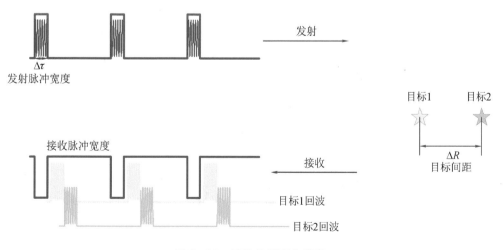

图 2 - 20　雷达的距离分辨率

图 2 - 20 中，$\Delta\tau$ 为雷达发射脉冲宽度，$\Delta R$ 表示两个目标的最小间距。不难发现，只

有当两个目标的回波时延差大于等于发射脉冲宽度时，雷达才能将两个目标正确地区分开来。通常，我们把回波时延差等于发射脉冲宽度时所对应的目标间距称为雷达距离分辨率。因此，雷达距离分辨率可表示为

$$\Delta R = \frac{c\Delta\tau}{2} \qquad (2-25)$$

式中，分母表示雷达接收的回波时延不仅包含了雷达波从雷达到目标的传播时间还包含了雷达波从目标返回雷达的传播时间，即在求解实际目标间距时要除以2。

考虑到发射脉冲宽度 $\Delta\tau$ 与发射信号带宽 $B$ 存在倒数关系，式(2-25)也可以表示为

$$\Delta R = \frac{c}{2B} \qquad (2-26)$$

该公式表明，雷达距离分辨率的取值与发射信号带宽成反比，若要提高雷达距离分辨率，则最直接有效的方法就是增加发射信号带宽。

雷达横向分辨率也称为方位分辨率，它表示雷达在方位向上区分两个邻近目标的最小距离，如图 2-21 所示。

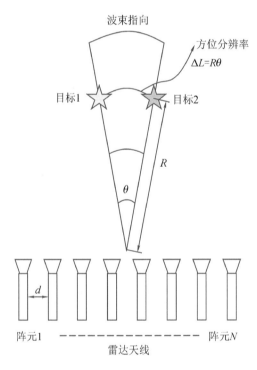

图 2-21　雷达的距离门

图 2-21 中 $\theta$ 为天线波束宽度，其大小与天线孔径 $D$（图中均匀线阵的天线孔径 $D=(N-1)d$，$d$ 为阵元间距，$N$ 为阵元数）和雷达工作波长 $\lambda$ 有关，计算公式如下：

$$\theta = a\frac{\lambda}{D} \qquad (2-27)$$

式中，$a$ 为常数，取值与波束宽度的定义有关。当我们以波束峰值点下降 3 dB 时对应的带宽定义波束宽度时，则 $a=0.886$；而以波束峰值点下降 4 dB 时对应的带宽定义波束宽度

时，则 $a=1$。因此，雷达方位分辨率可以表示为

$$\Delta L = R\theta = \frac{aR\lambda}{D} \qquad (2-28)$$

与距离分辨率相比，雷达方位分辨率最大的特点就是随目标距离变化而变化，且为正比例关系，也即是说，在给定雷达参数条件下，目标距离越远，雷达方位分辨率越差。考虑到雷达的探测距离为几公里至几千公里范围，即使雷达波束宽度非常窄，其方位分辨率相对于距离分辨率也相当"粗糙"。

为了解决雷达方位分辨率差的问题，学者们提出了许多方法，例如单脉冲雷达技术、合成孔径雷达(SAR)技术等。前者利用天线能够同时形成若干个波束，将接收到的多个回波信号进行振幅和相位比较，当所得的信号差为零时，说明目标位于天线波束中心，所有回波信号的振幅和相位相等；当所得的信号差不为零时，说明目标偏离天线波束中心，通过调整天线波束指向，直至信号差为零，便可测出目标的方位角。后者是利用飞机或卫星平台载着雷达沿基线运动，通过时间换空间，虚拟出远大于雷达真实天线孔径的等效孔径，使其在方位向获得较好的分辨率。

### 2.1.4　数据结构

雷达数据主要由脉冲—距离两个维度数据构成，其生成过程如图2-22所示。在图2-22(a)中，雷达天线绕方位轴转动，在每一个波位 $\theta_A$ 上至少发射一组雷达脉冲并接收其反射回波。图2-22(b)所示是将雷达每个波位接收的脉冲数据按照距离进行两维数据编组的过程。需要指出的是，雷达数据通常是以复数形式表示的，即每个数据点均包含有实部和虚部信息，对应于雷达数据的幅度和相位，因此在存储雷达数据时，需要为每个数据元素分别保存实部和虚部。

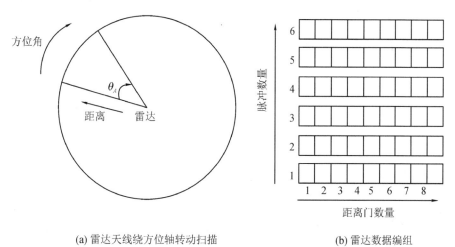

(a) 雷达天线绕方位轴转动扫描　　　　　　(b) 雷达数据编组

图 2 - 22　雷达数据构成示意图

为后续处理方便，雷达数据通常还需要进行"转置"操作，其过程如图2-23所示。

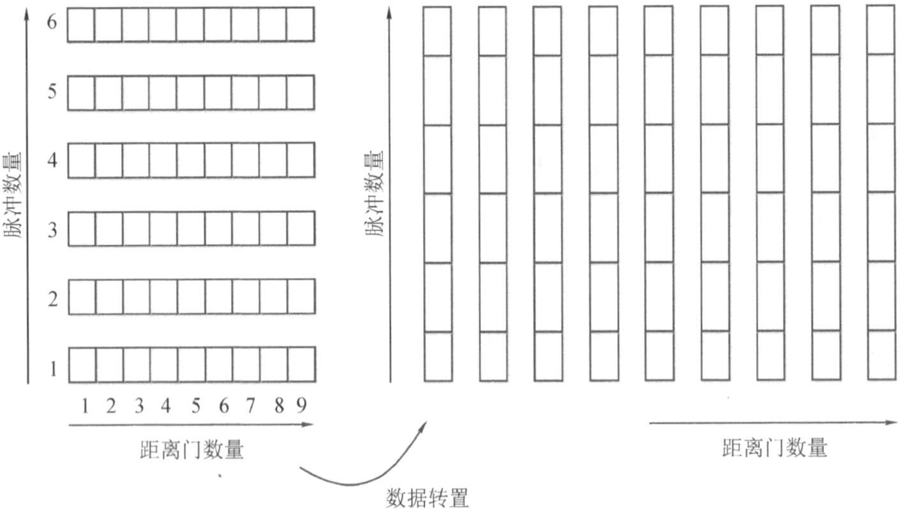

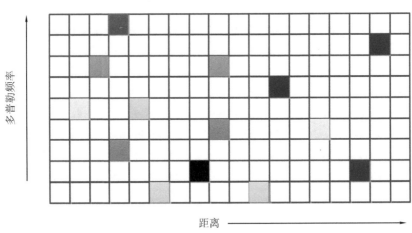

图 2-23　距离门-脉冲数据"转置"示意过程

　　"转置"是为了以距离门为单位对同一距离门内的所有脉冲数据进行离散傅里叶变换处理，以获得目标在不同距离门内的频域能量分布情况，即距离-多普勒频谱，如图 2-24所示。

图 2-24　距离-多普勒频谱图

　　图 2-24 中色彩明暗度表示信号在频域的能量强弱程度，能量越强对应的颜色越深。当然，大部分单元的色彩明暗度变化主要由随机噪声引起，并不一定存在目标或杂波在其中，因此仅从这些色彩的变化情况难以直接推断出目标存在与否。

## 2.1.5　目标检测

　　在目标存在的情况下，雷达回波表现为噪声和目标信号矢量叠加的结果，此时在给定的检测门限下会出现两种检测结果：第一种是两者叠加具有增强效果，得到正确的检测结果，发现了目标，如图 2-25(a)所示；第二种是两者叠加产生抵消效果，得到错误的检测结果，即目标存在却没被正确检测到，该现象称为漏检，如图 2-25(b)所示。在无目标存在的情况下，雷达回波仅为噪声，幅度起伏较大的噪声也会出现超过检测门限的情况，导致其被误认为是目标信号，该现象被称为虚警，如图 2-25(c)所示。

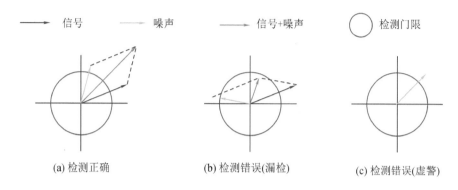

图 2-25　目标检测示意图

由图 2-25 所示可以看出，检测门限对目标的检测结果有着至关重要的影响，因此在设定检测门限时必须小心谨慎，既要保证正确检测到所关注的目标，又不会因检测门限过低造成频繁出现虚警。

为了在各距离-多普勒单元中统计出实际的噪声电平，以设定合适的检测门限电平，一项名为"恒虚警率(CFAR)"的处理技术被提出来用于计算相邻单元噪声的平均值。虽然检测门限电平的设定随着距离-多普勒频谱图中各数据单元的幅度起伏而变化，但对于目标检测来说，其噪声统计特性应保持稳定。此外，CFAR 技术在设置检测门限电平时也考虑到了杂波的影响。

下面对 CFAR 检测器的工作原理进行说明。

当环境噪声服从高斯分布时，经过雷达天线这个窄带线性系统后，其幅度(包络)的概率密度函数将服从瑞利分布，即

$$f(x) = \frac{x}{\sigma^2}\exp\left(-\frac{x^2}{2\sigma^2}\right), \quad x \geqslant 0 \tag{2-29}$$

式中，$\sigma$ 表示噪声的标准差。设检测门限为 $x_0$，则虚警率 $P_f$ 可以表示为

$$P_f = \int_0^{+\infty} f(x)\,\mathrm{d}x = \int_{x_0}^{+\infty} \frac{x}{\sigma^2}\exp\left(-\frac{x^2}{2\sigma^2}\right)\mathrm{d}x = \exp\left(-\frac{x_0^2}{2\sigma^2}\right) \tag{2-30}$$

当给定 $P_f$ 时，只要知道 $\sigma$ 就可以算出所需的检测门限 $x_0$，即

$$x_0 = \sigma\sqrt{2\ln\left(\frac{1}{P_f}\right)} \tag{2-31}$$

然而，噪声的标准差 $\sigma$ 在实际工程应用中是难以直接获取的。考虑到瑞利分布的特点，其期望值 $E(x)$ 与标准差 $\sigma$ 存在如下关系：

$$E(x) = \sigma\sqrt{\frac{\pi}{2}} \tag{2-32}$$

此时，CFAR 处理的关键变为求统计量的期望值。根据求取噪声期望值的方式不同，CFAR 一般可以分为单元平均(Cell Average，CA)CFAR、单元平均选大(Greatest of Cell Average，GOCA)CFAR 和单元平均选小(Smallest of Cell Average，SOCA)CFAR 等

几类。

图 2-26 为典型的 CFAR 检测器的原理框图，图中脉压信号一般为复信号，即

$$S(t) = s_r(t) + is_i(t) \tag{2-33}$$

式中，$s_r(t)$ 为实部，$s_i(t)$ 为虚部。经平方律检波器后输出的是脉压信号的幅度的平方，将其按接收时间先后排列构成检测统计量。

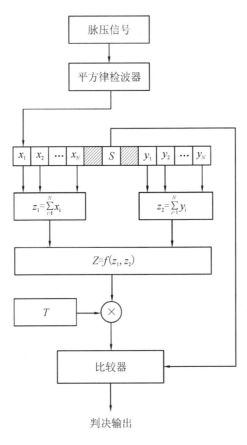

图 2-26　CFAR 检测器原理框图

待检测单元为

$$S = (s_r)^2 + (s_i)^2 \tag{2-34}$$

紧邻待检测单元两边的是保护单元，主要用于防止目标能量泄漏，影响噪声平均值的估计，$x_i$ 和 $y_i(i=1,2,\cdots,N)$ 为用于噪声期望值统计的参考单元，$z_1 = \sum_{i=1}^{N} x_i$ 和 $z_2 = \sum_{i=1}^{N} y_i$ 分别为待检测单元两边统计量的单元平均值，$Z = f(z_1, z_2)$ 表示求取噪声期望值的计算模型，对 CA-CFAR 而言，$Z$ 的取值为

$$Z = \frac{z_1 + z_2}{2N} = \frac{\sum_{i=1}^{N} (x_i + y_i)}{2N} \tag{2-35}$$

图 2-26 中，$T$ 代表门限系数。由上述推导不难得到其表达式为

$$T = 2\sqrt{\frac{1}{\pi}\ln\left(\frac{1}{P_f}\right)} \qquad (2-36)$$

假设 $H_0$ 表示目标不存在，$H_1$ 表示目标存在，则是否存在目标可由二元假设检验判决为

$$H = \begin{cases} H_0, & S \leqslant TZ \\ H_1, & S > TZ \end{cases} \qquad (2-37)$$

### 2.1.6　目标跟踪

根据检测门限得到的目标检测结果通常被称为点迹，也叫报警点。对雷达连续产生的每幅距离-多普勒频谱图进行目标检测，会得到一组按时间排序的点迹集合。利用点迹的距离、频率及角度等参数信息可以开展对雷达的下一步操作，即目标跟踪。

需要指出的是，如果雷达发射脉冲使用的是高重频，在进行目标跟踪处理前必须解决距离-多普勒频谱模糊的问题，特别是在机载火控雷达等应用场景。解模糊的方法有很多种，最常用的方法是在天线指向下一角度前的照射（驻留）周期内采用多种重频来探测目标。当模糊的距离-多普勒频谱图被解析清楚之后，便可获得各个检出目标的正确位置和速度等信息。

雷达目标跟踪示意图见图 2-27。

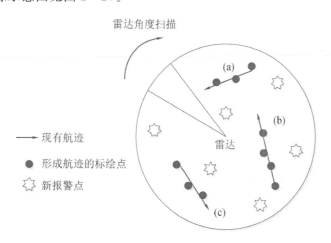

图 2-27　雷达目标跟踪示意图

图 2-27 中有三条已经形成具有典型目标运动特征的航迹。雷达的目标跟踪功能可以理解为对已确认为同一目标的点迹进行线性拟合，从而得到目标的航迹估计结果。由于测量噪声是不可避免的，因此雷达测得的点迹与其真实目标位置存在一定偏差。习惯上可以采用卡尔曼滤波器对点迹数据进行数据融合处理，这有助于得到航迹的最优估计。在形成目标航迹后，还需要不断对新产生的目标点迹进行航迹关联判断，以确定其是否属于现有目标航迹，因为新出现的报警点，除了属于已形成航迹的目标，还有可能是新发现的目标或者噪声。

航迹起始是目标跟踪过程中的第一个步骤，也是非常重要的一个环节，它既要求目标

跟踪算法能根据已出现的点迹信息快速建立目标的航迹档案，又不能频繁产生虚假的目标航迹信息。常用的目标航迹起始方法有三选二法和五选三法。以三选二法为例，若连续出现的三个点迹中至少有两个点迹落在航迹关联门限内，则建立新的目标航迹。图2-28所示为建立一个新目标航迹起始的示意图。

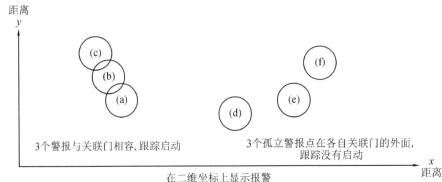

图 2 - 28　目标航迹起始示意图

图2-28中的圆代表航迹关联门限，它的大小由雷达分辨率、目标信噪比以及观测对象的速度等级等因素共同决定。如果点迹(a)、(b)、(c)是因雷达天线扫描而相继出现的，且它们各自的关联门限一致并有交汇，那么可以判断这三个点迹为同一目标在不同扫描时刻的标绘点。根据三选二法，我们应该为该目标建立一条跟踪航迹。作为对比，点迹(d)、(e)、(f)相互独立，各自的关联门限不存在交汇，因此目标跟踪没有被启动。

目标跟踪航迹起始后，它们会以线条的形式维持下去，但随着航迹长度的增加，其关联门限会随之缩小。雷达中通常采用卡尔曼滤波器来维持航迹，这样可以保证目标突然改变速度或方向时还能维持不丢失跟踪目标。简单来说，目标跟踪的整个过程，包括持续标绘出新的报警点、航迹起始、航迹维持及航迹撤销，这些功能都需要重复进行。需要注意的是，在整个跟踪过程中，一旦出现在较近范围内有多个目标或目标航迹交叉，必定会使目标跟踪过程出现紊乱。因此，雷达的高分辨率工作模式可提高目标识别能力，对于改善目标跟踪质量并解决从杂波中分离出目标具有潜在的帮助。

### 2.1.7　目标识别

传统的雷达目标识别过程如图2-29所示。首先，设计雷达时就需要考虑测量对象和工作观景，例如对空的飞机目标和对海的舰船目标等，从而选择合适的雷达波形；其次，雷达应具备无失真发射和接收雷达脉冲的能力；然后，雷达对接收信号进行相关的信号处理以生成典型的信号特征；最后，利用先验目标信号数据库训练得到目标特征的数学模型，并通过识别算法根据该特征数学模型对雷达生成的目标信号特征进行分类识别，最终得到目标识别估计结果。

识别算法是一种数学技术或规则，用于比较测得的目标特征与集成的目标数学模型。算法用于评价特定的特征信号与其目标数学参考模型之间的匹配程度，特别是当存在和其

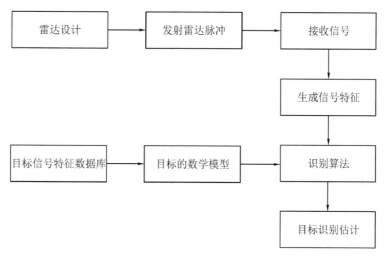

图 2 - 29　传统雷达目标识别过程

他信号是同一目标的可能性时，更需设计完善的算法来区别易混淆的目标信号。图 2 - 30 所示为一个高分辨率测量信号特征与参照信号特征的比较。

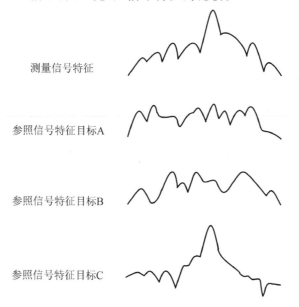

测量信号特征

参照信号特征目标A

参照信号特征目标B

参照信号特征目标C

图 2 - 30　一个高分辨率测量信号特征与参照信号特征的比较

　　图 2 - 30 中所示信号是典型的飞行器距离像。识别算法将获得的特征信号与 3 幅参考特征信号相比较，并评估了对未知目标特征信号来说最匹配的候选参考信号。在图 2 - 30 中，通过两两比较特征信号的形状和尺寸，可看出目标 C 与测得的特征信号最为匹配。

　　从图中可以看出，就像目标探测一样，目标识别有一个识别正确的概率和一个识别错误的概率。这些概率取决于雷达测量的质量、两个目标的相似程度、目标数学模型的质量以及识别算法的有效性等。雷达测量的质量取决于信噪比、气象杂波、某些情况下产生的干扰或干涉，以及测量期间目标方向角或加速的改变等。例如，对高距离分辨率测量来说，在某些环境下目标机动或加速都可能模糊高分辨率图像，从而降低识别过程的效能。

### 2.1.8 小结

本小节从雷达原理讲起，对雷达技术中一些常见的基本概念进行了简要介绍，如雷达波、雷达截面积、雷达距离方程、雷达结构等，使读者能对雷达有个直观的认识。其中以脉冲多普勒雷达为例讲解了雷达的常见指标，并分析了影响它们的因素，这些因素对于雷达设计者来说是非常重要的，尤其是雷达分辨率。通过对雷达数据进行排序，形成方便处理的数据结构，并在此数据结构基础上，对目标检测、跟踪和识别进行了说明，使读者对雷达的整个工作过程有个大概的了解。

## 2.2 无人机载 SAR 技术

### 2.2.1 概述

自从 20 世纪 50 年代初提出 SAR 的概念至今，许多国家先后开展了星载和机载 SAR 的研究工作，取得了不少重要成果，雷达波段覆盖了 L 波段、C 波段、X 波段、Ku 波段、8 mm 波段直到 3 mm 波段，20 世纪 70 年代初已成功研制出机载 L 波段 SAR。20 世纪 70 年代末美国突破了星载 SAR 关键技术并成功发射了星载 SAR 系统。无人机载 SAR 的研究工作始于 20 世纪 70 年代末 80 年代初，到了 20 世纪 90 年代才真正形成产品。在 20 世纪 90 年代发生的 4 场局部战争(海湾战争、波黑冲突、中东战争和科索沃战争)中，采用了大量的装载红外、光电侦察设备的无人侦察机，为高技术条件下实现"无伤亡"现代战争提供了有力工具。但由于光电侦察设备不能在恶劣气候条件下工作，缺乏实时大面积连续成像能力，受气候条件限制，存在飞行高度过低、生存力有限等严重缺陷，因此无人机载合成孔径雷达必将成为未来战场中实现"无伤亡"侦察的重要手段。

目前无人机按照其飞行高度划分，有高空高速长航时无人机，其飞行高度大多在万米以上，有效载荷达 100 kg 以上，配装的 SAR 大多选用 X 频段；而对于飞行高度在万米以下的中小型无人机，其有效载荷通常在 50～100 kg，这种无人机适于搭载毫米波和 Ku 频段的 SAR。由于中小型无人机有效载荷小，因此对 SAR 的重量、体积、功耗有严格的要求，而毫米波雷达在轻重量、小体积、低功耗方面具有较大的优势。

调频连续波(Frequency-Modulated Continuous Wave, FMCW)技术与合成孔径雷达(SAR)技术的结合，促成了重量轻、成本低、功耗低的高分辨率成像雷达的诞生，这种雷达易于安装在小型无人机甚至航模飞机上。由于其接收端采用了 Dechirp 接收体制，对回波信号与参考信号进行混频，产生了较小的差频带宽，从而降低了对视频接收通道、后端 A/D 采集设备和信号处理速度的要求。常规的 SAR 以脉冲方式工作，发射峰值功率较高，作用距离较远，由此带来的问题就是整个系统对发射系统、馈线系统要求较高，整个系统重量、功耗、成本较高，对适装平台的要求也较高。调频连续波 SAR，顾名思义，即它在一个脉冲重复间隔内连续发射信号，这样就不需要很高的峰值功率，用较低功率的固态放大器就可以满足要求，较低的发射功率也使其具有隐蔽性好的特点，而低成本的特点也决定了其在民用市场有用武之地。总之调频连续波 SAR 有着诸多的优点，对它的研究也将越来越深入、广泛。

由于运动误差将导致SAR成像的散焦和几何形变,因此对机载高分辨率SAR成像,运动补偿必不可少。利用载机惯性导航系统(Inertial Navigation System,INS)和全球定位系统(Global Positioning System,GPS)同步记录的平台位置和运动信息实现机载SAR运动补偿是较为可靠的方法。现代高精度导航系统精度可达到厘米级,可有效补偿回波数据中绝大部分运动误差,但中等或低精度导航系统则无法实现机载SAR的高精度运动补偿。在高分辨率SAR成像中,获取高精度的平台运动和位置信息成本很高。实际处理中,通常利用中等精度惯导数据对运动误差进行粗补偿,而精补偿则通常采用基于数据自聚焦技术完成。

相位梯度自聚焦(Phase Gradient Autofocus,PGA)是当前SAR成像处理中最通用的自聚焦算法之一,它是针对聚束式SAR成像提出的,通过改进已广泛应用于各种成像场景的高精度运动误差补偿中,具有很强的鲁棒性和精确性。有学者提出的QPGA对传统PGA算法样本选择过程进行优化处理,它考虑了相位误差的距离和方位二维冗余性,在距离和方位二维进行样本选择,可以增加几倍的高SCR样本数量,大大提升相位梯度估计的精度和效率。此外,有学者建立了加权极大似然PGA的相位估计算法,该算法考虑到不同SCR样本对估计的贡献不同,通过加权增强高SCR样本对估计的贡献,同时抑制低SCR样本的扰动。

条带模式是SAR成像应用最广泛、最重要的工作模式之一。标准PGA算法通常不能直接应用于条带SAR成像,因为在条带模式下,不同方位目标对应的孔径时间相互错开,即不同目标点孔径仅对应长时间相位误差函数的一部分,这将导致在PGA相位梯度估计中,部分重叠的样本孔径间有不同的局部线性分量,难以相干叠加得到高信噪比的相位梯度估计。针对这点,有学者提出了相位曲率自聚焦(Phase Curvature Autofocus,PCA)算法。由于相位曲率的二次差分特性,PCA算法的稳健性和精度要差于PGA,对样本数量和质量的要求也更高。条带PGA和相位匹配自聚焦对PGA改进以适应条带SAR处理,其思路是利用对每个样本点进行高精度多普勒中心估计并补偿重叠孔径处的局部线性相位。相位加权估计PGA针对相位误差的空变性提供了较好的自聚焦建模和估计思路。

## 2.2.2 距离徙动

距离徙动对于合成孔径雷达成像是一个重要问题,距离徙动差是选择距离徙动矫正算法的重要参考指标。

距离徙动的情况对不同的波束指向会有所不同,这里讨论正侧视的情况,距离徙动如图2-31所示。

所谓距离徙动是雷达直线飞行并对某一点目标(如图2-31中的$P$)观测时的距离变化,即相对于慢时间系统响应曲线沿快时间的时延变化。如图2-31所示,天线的波束宽度为$\theta_{BW}$,当载机飞到$A$点时波束前沿触及$P$点,而当载机飞到$B$点时,波束后沿离开$P$点,$A$到$B$的长度即有效合成孔径$L$,$P$点对$A$、$B$的转角即相干积累角,它等于波束宽度$\theta_{BW}$。$P$点到飞行航线的垂直距离(或称最近距离)为$R_B$。这种情况下的距离徙动通常以合成孔径边缘的斜距$R_e$与最近距离$R_B$之差表示,即

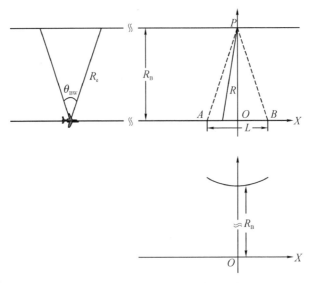

图 2-31　正侧视时距离徙动的示意图

$$R_q = R_e - R_B = R_B \sec\frac{\theta_{BW}}{2} - R_B \tag{2-38}$$

对于合成孔径雷达，波束宽度 $\theta_{BW}$ 一般较小，$\sec\frac{\theta_{BW}}{2} \approx 1 + \frac{1}{2}\theta_{BW}^2$，而相干积累角 $\theta_{BW}$ 与横向距离分辨率 $\rho_a$ 有以下关系：

$$\rho_a = \frac{\lambda}{2\theta_{BW}} \tag{2-39}$$

利用这些关系，式(2-38)可近似写成：

$$R_q \approx \frac{1}{8}R_B\theta_{BW}^2 = \frac{\lambda^2 R_B}{32\rho_a^2} \tag{2-40}$$

假设条带场景的幅宽为 $W_r$，则场景近、远边缘与飞行航线的垂直距离分别为 $R_s - \dfrac{W_r}{2}$ 和 $R_s + \dfrac{W_r}{2}$，其中 $R_s$ 为场景中心点与航线的垂直距离，由此得场景内外侧的距离徙动差为

$$\Delta R_q = \frac{\lambda^2 W_r}{32\rho_a^2} \tag{2-41}$$

距离徙动 $R_q$ 和距离徙动差 $\Delta R_q$ 的影响表现在它们与距离分辨率 $\rho_r$ 的相对值，如果 $R_q$ 比 $\rho_r$ 小得多，则可将二维的系统响应曲线近似看作与飞行航线平行的直线，作匹配滤波时，就无须对二维回波作包络移动补偿，这是最简单的情况。如果 $R_q$ 和 $\rho_r$ 近似，甚至比 $\rho_r$ 更大，但 $\Delta R_q$ 比 $\rho_r$ 小得多，则对二维响应曲线(因而对二维回波)必须作包络移动补偿，但不必考虑场景中目标点到航线垂直距离导致的响应曲线的空变性，这也要简单一些。因此，相对距离徙动差($\Delta R_q / \rho_r$)成为衡量距离徙动的指标。

通过上面的讨论可以看出，距离徙动与合成孔径雷达诸因素的关系是明显的，从图 2-31 和式(2-40)可知，对距离徙动直接有影响的是相干积累角 $\theta_{BW}$，$\theta_{BW}$ 越大则距离徙动也越大。需要大相干积累角的因素主要有两点：一是要求高的横向分辨率(即 $\rho_a$ 要小)，另一点是雷

达波长较长。在这些场合要特别关注距离徙动问题。此外，场景与航线的垂直距离 $R_B$ 越大，距离徙动也越大。这里我们要特别关注场景条带较宽时的相对距离徙动差，它决定是否要考虑场景响应曲线的空变性，从而是否要将场景沿垂直距离作动态的距离徙动补偿。

由于无人机作用距离近，距离徙动小，可以在要求的技术指标下，对场景不考虑响应曲线的空变性，成像算法可以直接选择距离-多普勒（Range-Doppler，RD）算法。

### 2.2.3 RD算法

对雷达接收的任意一点目标 $Q$，设此点目标到飞行航线的垂直距离（或称最近距离）为 $R_B$，到雷达天线相位中心的瞬时斜距为 $R(t_m; R_B)$（函数里的 $R_B$ 为点目标到飞行航线的最近距离，在这里为常数，但它对距离徙动有影响，故在函数里注明），雷达接收的基频信号在距离快时间-方位慢时间域（$\hat{t} - t_m$ 域）可写为

$$S(\hat{t}, t_m; R_B) = a_r\left(\hat{t} - \frac{2R(t_m; R_B)}{c}\right) a_a(t_m, Q) \cdot$$
$$\exp\left[j\pi k_r\left(\hat{t} - \frac{2R(t_m; R_B)}{c}\right)^2\right] \exp\left[j2\pi f_c\left(t - \frac{2R(t_m; R_B)}{c}\right)\right] \quad (2-42)$$

式中 $a_r(\cdot)$ 和 $a_a(\cdot)$ 分别为雷达线性调频（LFM）信号的距离窗函数和方位窗函数，前者在未加权时为矩形窗，后者除滤波加权外，还与天线波束形状有关，$k_r$ 是发射的线性调频信号的调频率，$c$ 为光速。

由于回波信号是 dechirp 接收，用一时间固定而频率、调频率相同的 LFM 信号作为参考信号和式（2-42）进行差频处理。设参考距离为 $R_{ref}$，则参考信号为

$$S_{ref}(\hat{t}, t_m) = \text{rect}\left(\frac{\hat{t} - \frac{2R_{ref}}{c}}{T_{ref}}\right) \exp\left[j2\pi f_c\left(t - \frac{2R_{ref}}{c}\right) + \pi\gamma\left(\hat{t} - \frac{2R_{ref}}{c}\right)^2\right] \quad (2-43)$$

差频输出信号为

$$S_r(\hat{t}, t_m) = A\text{rect}\left(\frac{\hat{t} - \frac{2R}{c}}{T_P}\right) \exp\left[-j\frac{4\pi}{c}\gamma\left(\hat{t} - \frac{2R_{ref}}{c}\right)R_\Delta\right] \cdot$$
$$\exp\left(-j\frac{4\pi}{c}f_c R_\Delta\right) \exp\left(-j\frac{4\pi\gamma}{c^2}R_\Delta^2\right) \quad (2-44)$$

其中，$R_\Delta = R - R_{ref}$，$A$ 为信号包络。

将式（2-44）对快时间（以参考点的时间为基准）作傅里叶变换，由此得到在差频域的表达式：

$$S_{if}(f_r, t_m) = AT_p \text{sinc}\left[T_p\left(f_i + \frac{2\gamma R_\Delta}{c}\right)\right] \exp\left(-j\frac{4\pi f_c}{c}R_\Delta\right) \cdot$$
$$\exp\left[-j\left(\frac{4\pi\gamma}{c^2}R_\Delta^2 + \frac{4\pi f_r}{c}R_\Delta\right)\right] \quad (2-45)$$

对式（2-45）进行去斜操作，即

$$S_c(f_r) = \exp\left(-\frac{j\pi f_r^2}{\gamma}\right) \quad (2-46)$$

得到去斜结果:

$$S_{\text{if}}(f_r, t_m) = AT_p \, \text{sinc} \left[ T_P \left( f_i + \frac{2\gamma R_\Delta}{c} \right) \right] \exp \left( -j \frac{4\pi f_c}{c} R_\Delta \right) \qquad (2-47)$$

对式(2-47)进行距离向逆傅里叶变换:

$$S_{\text{if}}(\hat{t}\,', t_m) = A \, \text{rect} \left( \frac{\hat{t}}{T_p} \right) \exp \left( -j \frac{4\pi \gamma R_\Delta}{c} \hat{t} \right) \exp \left( -j \frac{4\pi f_c}{c} R_\Delta \right) \qquad (2-48)$$

变量替换 $f_r' = \hat{\gamma} t$，$\hat{t} = [-N_m/2, N_m/2-1]/F_s$，$F_s' = \dfrac{\gamma N_m}{F_s}$，$\hat{t}\,' = [-N_m/2, N_m/2-1]/F_s'$，$N_m$ 为距离向采样点数，则有

$$S_{\text{if}}(f_r', t_m) = A \, \text{rect} \left( \frac{f_r'}{\gamma T_p} \right) \exp \left( -j \frac{4\pi R_\Delta}{c} f_r' \right) \exp \left( -j \frac{4\pi f_c}{c} R_\Delta \right) \qquad (2-49)$$

将式(2-49)看作伪距离频域方位时域信号，进行方位向傅里叶变换，得到二维频域表达式:

$$\begin{aligned}
S(f_r', f_a) &\approx A \, \text{rect} \left( \frac{f_r'}{\gamma T_p} \right) \exp \left( -j \frac{2\pi R_B}{v} \sqrt{f_{am}^2 - f_a^2} \right) \exp \left( -j 2\pi f_a \frac{X_n}{v} \right) \cdot \\
&\quad \exp \left[ -j \pi \frac{f_r'^2}{\gamma_e(f_a; R_B)} \right] \exp \left[ -j \frac{4\pi}{c} \left( R_B - R_{\text{ref}} + \frac{R_s}{2} \left( \frac{f_a^2}{f_{am}^2} \right) \right) f_r' \right]
\end{aligned} \qquad (2-50)$$

其中，$\dfrac{1}{\gamma_e(f_a, R_B)} = \dfrac{1}{\gamma} - R_B \dfrac{2\lambda \sin^2 \theta}{c^2 \cos^2 \theta}$。

二维去耦项:

$$H_{21} = \exp \left( j \frac{2\pi}{c} R_s \left( \frac{f_a^2}{f_{am}^2} \right) f_r' \right) \qquad (2-51)$$

距离脉压项:

$$H_{22}(f_r', f_a; R_s) = \exp \left( j \pi \frac{f_r'^2}{\gamma_e(f_a; R_B)} \right) \qquad (2-52)$$

将式(2-50)和式(2-51)、式(2-52)相乘后，变换到距离时域，则距离徙动校正后的信号为

$$S(\hat{t}\,', f_a; R_B) = B \, \text{sinc}_r \left[ T_p \gamma \left( \hat{t}\,' - \frac{2(R_B - R_{\text{ref}})}{c} \right) \right] a_a(\bullet) \exp \left( -j \frac{2\pi}{v} R_B \sqrt{f_{am}^2 - f_a^2} \right) \qquad (2-53)$$

方位脉压项

$$H_3(\hat{t}\,', f_a; R_B) = \exp \left( j \frac{2\pi R_B}{v} \sqrt{f_{am}^2 - f_a^2} \right) \qquad (2-54)$$

将式(2-53)和式(2-54)相乘，并变换到方位时域，就可以实现方位向的脉压，方位脉压后的信号可以写为

$$S(\hat{t}\,', t_m; R_B) = C \, \text{sinc}_r \left[ T_p \gamma \left( \hat{t} - \frac{2(R_B - R_{\text{ref}})}{c} \right) \right] \text{sinc} \left[ \Delta f_a \left( t_m - \frac{X_n}{v} \right) \right] \qquad (2-55)$$

可见，通过距离和方位的二维处理，就可实现对场景的二维成像。

## 2.2.4　基于数据的多普勒参数估计

在机载 SAR 中，由于载机速度变化和气流的影响，使机载雷达的多普勒参数（包括多普勒中心和调频率）随时间不断变化。表征载机运动的多普勒参数一方面可以从惯导得到，另一方面也可以从录取的数据中估计出来。根据已往载机飞行经验，惯导参数通常需要 1 s 更新一次。从惯导计算多普勒参数比较简单，直接计算即可。从惯导计算得到的速度和偏流角精度相对比较低，有时能满足较低分辨率和单视处理成像要求，但往往很难满足高分辨率成像要求，需要从数据中精确估计出运动参数。下面主要介绍从数据估计多普勒参数方法。

### 1. 多普勒参数和成像几何的关系

对于条带式成像，由于波束斜视而使多普勒中心频率有一定偏移，瞬时斜距的变化产生方位多普勒调频率变化。方位多普勒调频率与距离有关，为此应先估计出条带中心线上的调频率。

雷达收集信号的几何平面模型如图 2 - 32 所示，若时间用 $t$ 表示，距离快时间用 $\hat{t}$ 表示，方位慢时间用 $t_m$ 表示，则快时间 $\hat{t} = t - mT$，$m$ 为整数，$T$ 为脉冲重复周期，慢时间为 $t_m = mT$。短时间内载机沿 $x$ 轴飞行，飞行速度为 $v$，轴上的粗黑线表示采集数据所相应的航线段，其时间区间为 $[-T_a/2, T_a/2]$，$A$ 为其中心，也为方位慢时间的原点，这时波束中心线与场景中心线相交于 $P_0$，将 $P_0$ 作为场景中心线上慢时间的起点，等效地建立圆锥坐标系。天线波束的倾斜角为 $\vartheta$，波束中心线扫过目标时的斜距为 $R_0$，场景中心线到飞行航线的最近距离为 $r_0$。

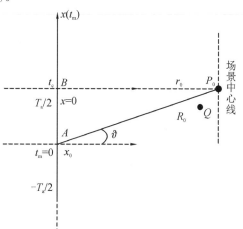

图 2 - 32　雷达收集信号的几何平面模型

设回波信号已变换到基频，并已进行过距离压缩，则在 $t_m$ 时刻散射点 $P_0$ 的回波信号可表示为

$$a_r\left[\hat{t} - \frac{2R(t_m; R_0)}{c}\right] \cdot \exp\left[-\frac{\mathrm{j}4\pi R(t_m; R_0)}{\lambda}\right] \tag{2-56}$$

式中，$a_r[\hat{t} - 2R(t_m; R_0)]/c$ 为沿距离的脉压包络，延时变化为距离徙动（未考虑天线波束对回波信号的幅度调制）；$\exp[-\mathrm{j}4\pi R(t_m; R_0)/\lambda]$ 为散射点的相位历程，那么 $t_m$ 时刻散射点 $P_0$ 到雷达的瞬时斜距为

$$R(t_m; R_0) = \sqrt{R_0^2 + (vt_m)^2 - 2R_0 vt_m \sin\vartheta} \tag{2-57}$$

在 $t_m = 0$ 时刻附近对式(2-57)作泰勒级数展开，得

$$R(t_m; R_0) = \sqrt{R_0^2 + (vt_m)^2 - 2R_0 vt_m \sin\vartheta}$$
$$\approx R_0 - v\sin\vartheta t_m + \frac{v^2\cos^2\vartheta}{2R_0}t_m^2 + \frac{v^3\sin\beta\cos^2\vartheta}{2R_0^2}t_m^3 + \cdots \tag{2-58}$$

得到散射点回波的多普勒中心频率为

$$f_{dc} = -\frac{2}{\lambda}\frac{dR}{dt_m}\bigg|_{t_m=0} = \frac{2v\sin\vartheta}{\lambda} \tag{2-59}$$

多普勒调频率与斜距有关，其为

$$k_d = -\frac{2}{\lambda}\frac{d^2R}{dt_m^2} = -\frac{2v^2\cos^2\vartheta}{\lambda R_0} \tag{2-60}$$

由式(2-59)和式(2-60)可以由 $v$、$\vartheta$ 和 $R_0$ 求得 $f_{dc}$ 和 $k_d$，同样，已知 $f_{dc}$、$k_d$ 和 $R_0$，由式(2-59)和式(2-60)也可以求得 $v$ 和 $\vartheta$：

$$v = \sqrt{\left(\frac{f_{dc}\lambda}{2}\right)^2 - \frac{k_d R_0}{2}\lambda} \tag{2-61}$$

$$\vartheta = \arcsin\left(\frac{f_{dc}\lambda}{2v}\right) \tag{2-62}$$

由于用导航仪器测得的 $v$ 和 $\vartheta$ 精度不高，天线阵面指向也有误差，不能用它们计算出精确的 $f_{dc}$ 和 $k_d$，下面我们讨论基于实测数据的多普勒中心频率和多普勒调频率估计方法。

**2. 多普勒中心频率估计**

多普勒中心频率的估计方法很多，这里只介绍两种方法：一是频域估计的能量均衡法，二是时域估计的相关函数法。

1）频域估计方法——能量均衡法

把合成孔径雷达的方位原始数据通过傅里叶变换成为方位功率谱，对数条相邻方位线的功率谱进行平均以改善信噪比。平均后的功率谱具有类似于天线方位功率方向图的形状，该功率谱的对称轴就是多普勒中心频率的估值。使用原始数据进行估值的优点是该方法在方位压缩之前有效，因而与预先设置的处理器频率值 $f_{DP}$ 无关。但是当强目标响应只有部分被分析窗口覆盖时，方位功率谱将出现失真，估计误差将明显增大。也就是说，利用原始数据进行估值对场景的非均匀性很敏感，要求采用很长的分析窗口。

克服上述缺点的一个方法是利用方位压缩后的数据进行估值，这时使用不同的 $f_{DP}$ 值对原始数据进行处理，每次处理都计算低于和高于 $f_{DP}$ 值的两个频带能量之差 $\Delta E$：

$$\Delta E = \frac{E_1 - E_2}{E_1 + E_2} \tag{2-63}$$

绘出 $\Delta E$ 作为 $f_{DP}$ 的函数关系，如图 2-33 所示。

使 $\Delta E = 0$ 的 $f_{DP}$ 值就是多普勒中心频率 $f_D$ 的估值，因此，把这种估值法称为能量均衡法或 $\Delta E$ 法。因为在 $\Delta E = 0$ 附近，$\Delta E$ 是 $f_{DP}$ 的线性函数，只要能得到多普勒中心频率的合理初值，就能改善该算法的效率。首先，通过实验或理论计算求出微分系数：

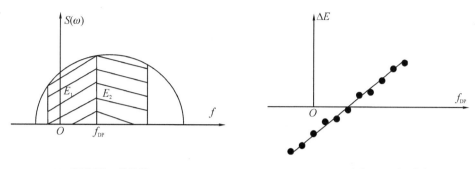

(a) 对不同的$f_{DP}$值计算$\Delta E$　　　　　　　　(b) 决定$\Delta E=0$时$f_{DP}$的位置

图 2-33　能量均衡法的多普勒中心频率估计

$$\left|\frac{\partial \Delta E}{\partial f_{DP}}\right|_{\Delta E=0}=\varepsilon \tag{2-64}$$

然后按下式得到多普勒中心频率的估值：

$$\hat{f}_D=f_{DP}-\frac{\Delta E(f_{DP})}{\varepsilon} \tag{2-65}$$

2) 时域估计方法——相关函数法

在时域对多普勒中心频率估计的理论基础是：信号的功率谱与其相关函数之间呈傅里叶变换对关系。这种时域估计的方法叫作相关函数法，这种方法的最大优点是计算量小，而且估计精度高。设在多普勒中心频率没有偏移时，回波在方位向的功率谱为 $S_0(f)$，它和天线方向图相同，以零频对称，功率谱对应的相关函数 $R_0(\tau)$ 为实函数，则在多普勒中心频率有偏移时，功率谱 $S(f)$ 为 $S_0(f-f_{dc})$，其相关函数变为

$$R(\tau)=\mathrm{e}^{\mathrm{j}2\pi f_{dc}t}R_0(\tau) \tag{2-66}$$

于是从 $R(\tau)$ 的相角可以估计出 $f_{dc}$。

由于方位回波是离散采样的，所以 $R(\tau)=R(kT)$，$T=1/\mathrm{PRF}$，$k$ 为整数，取 $k=1$，可得多普勒中心频率精估计为

$$f_{dc\,corr}=\frac{1}{2\pi T}\arg\{\hat{R}(T)\} \tag{2-67}$$

如果设方位向回波为 $s(r,t_a)$，则有

$$\hat{R}(T)=\sum_{r,a}s(r,t_a)s^*(r,t_{a-1}) \tag{2-68}$$

但由指数求得的相位范围为 $[-\pi,\pi]$，如果 $f_{dc}T>1$（有时远大于 1），则估计的 $f_{dc}$ 存在 $1/T$ 的模糊问题，即由于 SAR 系统发射信号所固有的脉冲特性，SAR 回波的方位谱是以脉冲重复频率(Pulse Repetition Frequency，PRF)为周期的。如果 $f_{dc}$ 超过了 PRF，则只能得到它在主周期中的映射值，即由上述相关函数法估计出来的多普勒中心频率 $f_{dc\,corr}$，它与实际的多普勒中心频率可能相差若干个 PRF，即实际的多普勒中心频率应该包括两部分：

$$f_{dc}=f_{dc\,corr}+n\cdot\mathrm{PRF} \tag{2-69}$$

其中 $n$ 为模糊数。当波束有一定的斜视角时，$n$ 往往不为 0。利用惯导数据，由式(2-69)可知，多普勒中心频率可以由运动速度 $v$ 和斜视角 $\beta$ 来估计。

3) 多普勒调频率估计

由于 SAR 是依靠雷达与场景的相对运动获得线性调频回波，从而进行通过多普勒域

的处理得到高分辨率的,所以多普勒参数和雷达平台运动参数之间有着密切的对应关系。常用的多普勒质心估计方法多是基于方位频谱对称,多普勒质心是 SAR 成像的关键参数之一,所以多普勒质心的估计受到场景的影响较大,估计精度不够高。而多普勒调频率的估计方法较为稳健,精确。多普勒调频率的估计主要有影像偏移算法/子孔径相关方法(Map-Drift,MD)、对比度方法(Contrast optimization)和最小熵方法等。

4)MD 方法

MD 算法是将全孔径时间分成不交叠的两部分孔径,从而利用二次相位在前后两部分孔径中不同的函数形式进行估算的。每部分孔径可分解成常量、一次分量和二次分量,其中常量和二次分量相同,一次分量使两部分孔径像平移。MD 算法就是通过估计两部分孔径之间的平移量来估计整个孔径的二次项系数的。通过取能量大的距离单元、去坏值、减小估计均方误差等处理提高了算法的可靠性和稳健性。当前实际应用中,MD 算法仍然是主要的调频率估计算法。

设原始数据某距离单元 $R_0$ 所对应的方位信号 $s(t_m) = a(t_m) e^{j\pi k_d t_m^2}$,若 $T = T_a/2$,则有 $-T \leqslant t_m \leqslant T$。由于调频率 $k_d$ 比较大,通常是对此方位信号用初始调频率大小值 $k_{d0} = -2v^2 \cos^2\phi / (\lambda R_0)$ 补偿,我们可将此距离单元方位信号写成如下形式:

$$s(t_m) = a(t_m) e^{j\pi(k_d - k_{d0})t_m^2} = a(t_m) e^{j\pi k t_m^2} \tag{2-70}$$

其中,$k = k_d - k_{d0}$。

MD 算法将此信号分成前后两部分孔径,即

$$s_1(t_m) = s\left(t_m - \frac{T}{2}\right) = a\left(t_m - \frac{T}{2}\right) e^{j\pi k t_m^2 - j\pi k T t_m + j\pi \frac{T^2}{4}}, \quad -\frac{T}{2} \leqslant t_m \leqslant \frac{T}{2} \tag{2-71}$$

$$s_2(t_m) = s\left(t_m + \frac{T}{2}\right) = a\left(t_m + \frac{T}{2}\right) e^{j\pi k t_m^2 + j\pi k T t_m + j\pi \frac{T^2}{4}}, \quad -\frac{T}{2} \leqslant t_m \leqslant \frac{T}{2} \tag{2-72}$$

前半部分孔径信号 $s_1(t_m)$ 经傅里叶变换后,其多普勒频谱为

$$S_1(f) = \int_{-T/2}^{T/2} s_1(t_m) e^{-j2\pi f t_m} dt_m = \hat{S}_1\left(f + \frac{kT}{2}\right) \tag{2-73}$$

其中,

$$\hat{S}_1(f) = \int_{T/2}^{-T/2} a\left(t_m - \frac{T}{2}\right) e^{j\pi k t_m^2 + j\pi \frac{T^2}{4}} e^{-j2\pi f t_m} dt_m \tag{2-74}$$

后半部分孔径信号 $s_2(t_m)$ 经傅里叶变换后,其多普勒频谱为

$$S_2(f) = \int_{-T/2}^{T/2} s_2(t_m) e^{-j2\pi f t_m} dt_m = \hat{S}_2\left(f - \frac{kT}{2}\right) \tag{2-75}$$

其中,

$$\hat{S}_2(f) = \int_{T/2}^{-T/2} a\left(t_m + \frac{T}{2}\right) e^{j\pi k t_m^2 + j\pi \frac{T^2}{4}} e^{-j2\pi f t_m} dt_m \tag{2-76}$$

MD 算法基于

$$|\hat{S}_1(f)|^2 = |\hat{S}_2(f)|^2 \tag{2-77}$$

为使式(2-77)成立,距离单元方位信号孔径时间通常取半个波束宽度雷达平台飞过的时间,即 $T_a/2$。

如果前半部分与后半部分孔径的频谱重合，则初始调频率 $k_{d0}$ 等于 $k_d$。如果两频谱之间有移动量，则由两频谱之间的频率差 $\Delta F$，可得到 $k$ 的估计值 $\hat{k}=\Delta F/T$。由此可得该距离单元方位信号的估计调频率 $\hat{k}_d=k_{d0}+\hat{k}$。实际信号是离散的，假设方位重复频率为 PRF，方位信号采样点数为 $N$，前半部分与后半部分孔径的频谱之间移动为 $\Delta n$ 点，由于有

$$T=\frac{T_a}{2}=\frac{N}{PRF}\cdot\frac{1}{2} \tag{2-78}$$

则 $k$ 的估计为

$$\hat{k}=\frac{\Delta F}{T}=\frac{PRF}{N/2}\cdot\Delta n\cdot\frac{2PRF}{N}=\frac{4\cdot PRF^2}{N^2}\Delta n \tag{2-79}$$

图 2-34 所示为多普勒调频率估计算法流程。

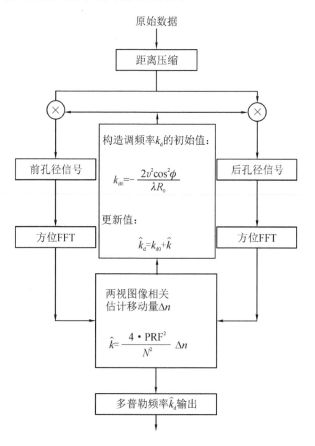

图 2-34 多普勒调频率估计算法流程

方位处理中必须考虑的一个重要问题是聚焦深度，就是可以在多宽的距离间隔之内使用相同的方位滤波器。如果不考虑多普勒调频率随距离的变化，那么将导致方位滤波器失配，从而严重影响方位向分辨力（造成方位散焦）。一般认为，如果在多普勒频带边缘由失配造成的相位误差小于 $\pi/4$，则失配是可以忽略的，即聚焦深度要求

$$\pi\hat{k}T^2<\frac{\pi}{4} \tag{2-80}$$

因而我们估计的 $\hat{k}$ 要满足 $\hat{k} < \dfrac{1}{4T^2}$，这就要求两部分孔径频谱之间的偏移量不能过大，否则就要扔掉。

为了提高调频率的估计精度，我们将全孔径分成几个子孔径甚至几十个子孔径，然后分别对每个子孔用上述方法来估计多普勒调频率，最后再用曲线拟合的方法估计整个孔径的调频率。

实际上，多普勒调频率是随距离变化而变化的，以上算法只是对单个距离单元估计多普勒调频率，那是不是必须对所有距离单元都要用此种算法估计调频率呢？答案是并不需要。因为

$$k_{d}R_0 = -\frac{2v^2\cos^2\phi}{\lambda} \tag{2-81}$$

我们只需将多个(通常是十多个)距离单元估计的调频率乘以该距离单元斜距后平均，获得 $-\dfrac{2v^2\cos^2\phi}{\lambda}$ 的估计，再对它除以各距离单元的距离，即可获得该距离单元的调频率估计，即

$$k_{di} = -\frac{2v^2\cos^2\phi}{\lambda\left[R_0 + \left(i - \dfrac{N_m}{2}\right)\Delta r\right]} \tag{2-82}$$

式中：$\Delta r$ 是距离采样间隔，即 $\Delta r = C/(2/F_s)$，$F_s$ 是距离采样率；$N_m$ 是距离向采样点数。

对于 SAR 一般都必须考虑多普勒调频率随距离的变化，因为其聚焦深度往往比较小，在十几米甚至几米的量级，SAR 的聚焦深度可计算为

$$\Delta R = \frac{2\rho_a^2}{\lambda} \tag{2-83}$$

5) 最大对比度算法

我们知道，雷达回波数据经过距离压缩后再经过方位压缩，就可以得到雷达影像，在方位压缩中的多普勒调频率不准确将引起多普勒频谱展宽、峰值增益减小，致使影像聚焦不好，如果多普勒调频率准确，则多普勒频谱变得尖锐，使影像聚焦好。我们引入影像的对比度这个概念来评价方位压缩后影像的聚焦性能。

对于 $M \times N$ 的雷达影像，其方位向有 $M$ 点，距离向有 $N$ 点，若任意一点的值为 $\{x_{m,n}\}$（其中 $m$ 为方位单元号，$n$ 为距离单元号），则该影像的对比度定义为

$$D = \frac{1}{M \times N}\sum_{m=1}^{M}\sum_{n=1}^{N}\left|\frac{x_{m,n}}{\text{Mean}} - 1\right| \tag{2-84}$$

式中，Mean 表示影像的均值，其计算公式为

$$\text{Mean} = \frac{1}{M \times N}\sum_{m=1}^{M}\sum_{n=1}^{N}x_{m,n} \tag{2-85}$$

如果影像的对比度较大，则说明其聚焦性能比较好，也说明在这幅影像的方位压缩过程中，使用的多普勒调频率较为接近真实的多普勒调频率，那么，该多普勒调频率的值就是我们估计出的多普勒调频率。这样，对雷达回波数据使用不同的多普勒调频率进行压缩，求出不同调频率压缩出来的影像的对比度，然后，找出对比度的最大值，它对应的多普勒调频率就是我们估计出来的调频率，它和真正的调频率是最接近的。如果用搜索的方

法确定多普勒调频率，则需要搜索整个多普勒调频率空间，这样的计算量是很大的；如果能预先知道多普勒调频率的搜索范围，则可大大减少搜索的时间。因此我们可以根据惯导提供的参数，计算出多普勒调频率的一个初始值，然后在这个初始值附近进行搜索即可。如果要提高搜索精度，则可以减小每次搜索时多普勒调频率的改变量，但这将增加多普勒调频率的搜索次数，从而增加运算量。当然，为了减少运算量和取得较高的估计精度，可以采用二级搜索或三级搜索的方法，最大对比度法估计多普勒调频率的流程图如图 2-35 所示。

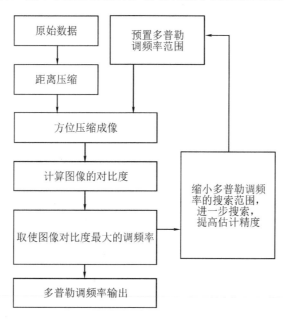

图 2-35　最大对比度算法的流程图

6）子孔径相关法

子孔径相关法是常用的一种自聚焦方法，这种方法可以与多视处理结合使用。多视处理是将方位谱分成相互独立的几个部分，每个部分分别成像，通过非相干叠加获得多视影像。若多普勒调频率估计不准确，则会发生各子影像位置偏移，造成叠加后的影像出现散焦。

首先根据 SAR 数据计算多普勒调频率初值 $f_{dc}$，在多视处理中用中心频率分别为 $f_{d1}$、$f_{d2}$ 的两段独立的频谱分别成像，获得两幅子影像，多普勒调频率存在偏差 $\Delta k$ 时，两幅子影像相对位置偏移量为 $\Delta x$，于是有

$$\Delta k = \frac{k_d^2 \Delta x}{v_g (f_{d2} - f_{d1})} \qquad (2-86)$$

式中，$v_g$ 为载机地速。$\Delta x$ 可以通过检测两幅子影像的方位相关峰值的位置来确定。$\Delta f_{dc}$ 一定时，$|f_{d2} - f_{d1}|$ 越大，$|\Delta x|$ 就越大，也越容易检测。因此在 $N$ 视处理中，通常选取第 1 视与第 $N$ 视子影像进行相关。

通过多个距离门数据的叠加，可以减少噪声的影响。因为 $k_d$ 随斜距不同而不同，所以用于叠加的距离门数也不能太大。计算 $\Delta k$ 时，式（2-86）中的 $k_d$ 用 $k_{d0}$ 代入，以（$k_{d0} + k_d$）作为新的 $k_{d0}$ 再进行多视成像，几次迭代后，可以得到多普勒调频率的精确估计。

7）最小熵方法

雷达回波数据经过距离压缩后再经过方位压缩（这里采用解调频压缩）就可以得到雷达

影像。在方位压缩中的多普勒调频率不准确将引起多普勒频谱展宽、峰值增益减小，从而致使影像聚焦不好，如果多普勒调频率准确，则多普勒频谱变得尖锐，使影像聚焦好。我们引入信息熵来衡量方位压缩后影像的聚焦的程度。

对于 $M \times N$ 的雷达影像中任意一点 $\{x_{m,n}\}$（$m$ 为方位单元号，$n$ 为距离单元号），令 $P_{m,n} = \dfrac{x_{m,n}^2}{\| X_n \|}$，其中 $\| X_n \| = \displaystyle\sum_{m=1}^{M} x_{m,n}^2$，则雷达影像的任意一点 $\{x_{m,n}\}_{M \times N}$ 的信息熵定义为

$$H_{M \times N} = -\sum_{n=1}^{N} \sum_{m=1}^{M} P_{m,n} \lg P_{m,n} \tag{2-87}$$

多普勒调频率越精确，影像聚焦越好，熵也越小。如果多普勒调频率准确，则影像完全聚焦，熵最小。这样我们对前面包络已对齐的小区域，利用最小熵准则对不同的多普勒调频率进行搜索，使影像熵最小的多普勒调频率即为正确的多普勒调频率。基于最小熵的估计多普勒调频率的流程如图 2-36 所示。

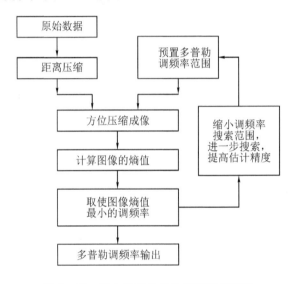

图 2-36　最小熵方法估计调频率的流程

用搜索的方法确定多普勒调频率，若对它已有粗略估计，则可将估计值作为初始值，以缩短搜索时间。当有运动传感器时，可将调频率初始值按式(2-60)设定，速度 $v$ 由运动传感器提供，场景中心的距离 $R_0$ 由录取的高分辨率回波的时延确定。

### 2.2.5　运动误差补偿

载机的运动误差可以分为两类：第一类是转动误差，指载机进行偏航、俯仰和横滚的角运动，使得天线平台的姿态发生变化而产生的波束指向误差，它会影响 SAR 影像的信杂比、对比度、影像强度的均匀性等，现有的雷达天线伺服系统已能够较准确地控制天线的波束指向，因而运动补偿时可以不考虑该误差；第二类是平动误差，指载机非匀速直线运动造成的雷达天线相位中心的位置误差。平动误差可以分为沿航向运动误差、垂直航向（水平面内）运动误差和高度向运动误差，这些运动误差均会使回波信号的相位发生畸变。其中一次相位误差将造成影像的平移，影响目标的准确定位；二次相位误差将造成主瓣展

宽及旁瓣电平升高，使得影像轮廓模糊、分辨率下降；三次及更高次的相位误差将使压缩波形产生非对称畸变，旁瓣电平升高，造成虚假目标。为了保证成像质量，一般要求相位误差不超过 $\pi/4$，在此限制条件下容易推导得出 SAR 平动误差的允许范围。

运动误差补偿方法通常可分为两类：第一类是基于运动传感器的运动误差补偿，这类方法主要依靠安装在载机上的各种传感器（包括惯性导航系统、惯性测量单元和全球定位系统等）来直接测量各种运动参数，从而计算出载机的运动误差，这类方法的最大优点是可用于高速实时处理，但缺点是对传感器的测量精度有严格的要求；第二类是基于数据的运动误差补偿，其优点是估计精度高，对传感器的测量精度没有严格要求，但缺点是算法复杂，运算量大，不利于实时实现。

考虑到目前国产惯导系统测量精度普遍不高的情况，本小节针对正侧视 SAR 提出了一种基于回波数据进行运动参数提取和运动误差补偿的方法。该方法首先利用从回波数据估计的多普勒调频率对载机运动参数进行联合解算，再利用估计的运动参数对视线方向和沿航向的运动误差分别进行补偿。

### 1. 运动误差模型

载机运动误差的几何模型如图 2-37 所示，其中 $X$ 轴向为理想航迹，实线为实际航迹。假设雷达正侧视工作，实际雷达天线相位中心的位置为 $[Vt+\Delta X(t),\ \Delta Y(t),\ \Delta Z(t)]$，其中 $t$ 为方位慢时间，$V$ 为理想飞行速度，$\Delta X(t)$、$\Delta Y(t)$ 和 $\Delta Z(t)$ 分别是载机在 $X$、$Y$、$Z$ 方向的运动误差分量。

实际雷达天线相位中心到点目标 $P_n$ 的斜距可表示为

$$R(t)=\sqrt{(Vt+\Delta X(t)-X_n)^2+(\Delta Y(t)-Y_n)^2+(\Delta Z(t)-Z_n)^2} \qquad (2-88)$$

考虑到雷达的方位波束一般较窄，式(2-88)可近似为

$$R(t)\approx\sqrt{(Vt+\Delta X(t)-X_n)^2+R_B^2}-\Delta Y(t)\sin\beta-\Delta Z(t)\cos\beta \qquad (2-89)$$

其中，$R_B=\sqrt{Y_n^2+Z_n^2}$，是目标 $P_n$ 到航线的最短斜距；$\beta=\cos^{-1}(Z_n/R_B)$，是侧偏角。结合图 2-37 所示的几何关系可以看出，式(2-89)的第一项反映了载机的沿航向运动误差，后两项反映了载机航线法平面上对斜距有影响的运动误差（视线方向的误差），记为

$$r_{\mathrm{LOS}}(t)=\Delta Y(t)\sin\beta+\Delta Z(t)\cos\beta \qquad (2-90)$$

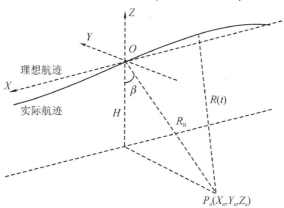

图 2-37　载机运动误差的正侧视 SAR 几何关系

视线方向加速度为

$$a_{\mathrm{LOS}}(t) = a_Y(t)\sin\beta + a_Z(t)\cos\beta \tag{2-91}$$

其中 $a_Y(t)$ 和 $a_Z(t)$ 分别为 $Y$ 和 $Z$ 方向的加速度，下面介绍如何从回波数据估计得到载机的运动参数。

### 2. 基于回波数据的运动参数解算

从式(2-89)可得点目标 $P_n$ 的瞬时多普勒调频率为

$$\gamma_n(t) = -\frac{2}{\lambda}\frac{\mathrm{d}^2 R}{\mathrm{d}t^2} = -\frac{2v^2(t)}{\lambda R_{\mathrm{B}}} - \frac{2[X(t) - X_n]a_x(t)}{\lambda R_{\mathrm{B}}} - \frac{2}{\lambda}a_{\mathrm{LOS}}(t) \tag{2-92}$$

其中，$X(t) = Vt + \Delta X(t)$ 为存在运动误差时 $t$ 时刻雷达的方位位置，$v(t)$ 为载机的实际飞行速度，$a_x(t)$ 为沿航向加速度，$a_{\mathrm{LOS}}(t)$ 为视线方向加速度。式(2-92)的第二项与目标的方位位置有关，已知在合成孔径边缘处该项达到最大值，限定该项引起的相位误差小于 $\pi/4$，可得该项影响可以忽略的条件为

$$L_{\max} \leqslant \left(\frac{6\lambda R_{\mathrm{B}} V^2}{a_{\max}}\right)^{\frac{1}{3}} \tag{2-93}$$

其中，$a_{\max}$ 是沿航向加速度绝对值的最大值，$L_{\max}$ 为最大合成孔径长度。由于载机机械惰性大，沿航向的速度变化一般较慢，因而 $a_{\max}$ 很小，条件式(2-93)容易满足。

忽略式(2-92)右边第二项，并假定地面的地形起伏可以忽略，即所有目标到雷达的垂直距离均为常数，令 $Z_n = H$，有

$$\gamma_n(t) \approx -\frac{2v^2(t)}{\lambda R_{\mathrm{B}}} - \frac{2}{\lambda}\left[a_Y(t)\left(1 - \frac{H^2}{2R_{\mathrm{B}}^2}\right) + a_Z(t)\frac{H}{R_{\mathrm{B}}}\right]$$

$$= -\frac{2v^2(t)}{\lambda R_{\mathrm{B}}} - \frac{2}{\lambda}a_{\mathrm{I}}(t) - \frac{2}{\lambda}a_{\mathrm{II}}(t)\Delta r \tag{2-94}$$

其中，

$$\begin{cases} a_{\mathrm{I}}(t) = a_Y(t)\left(1 - \frac{H^2}{2R_0^2}\right) + a_Z(t)\frac{H}{R_0} \\ a_{\mathrm{II}}(t) = a_Y(t)\frac{H^2}{R_0^3} - a_Z(t)\frac{H}{R_0^2} \end{cases} \tag{2-95}$$

式中，$R_0$ 是场景中心距离，$a_{\mathrm{I}}(t)$ 为收发平台 $Y$、$Z$ 方向加速度相对场景中心的投影，$a_{\mathrm{II}}(t)$ 则表征了视线方向加速度随距离 $\Delta r$ 的空变性的大小。这里利用了 $R_{\mathrm{B}} \gg H$，$R_{\mathrm{B}} = R_0 + \Delta r$，$\frac{1}{R_{\mathrm{B}}} \approx \frac{1}{R_0}\left(1 - \frac{\Delta r}{R_0}\right)$ 和 $\frac{1}{R_{\mathrm{B}}^2} \approx \frac{1}{R_0^2}\left(1 - \frac{2\Delta r}{R_0}\right)$ 的近似关系(场景宽度一般远小于场景中心到飞行航线的最近距离，有 $\Delta r \ll R_0$)。式(2-94)表明，存在运动误差时，回波的多普勒调频率与目标的方位位置无关，同一距离单元的散射点子回波将具有相同的多普勒调频率，这为利用多普勒调频率估计运动参数提供了方便。

具体估计过程如下：

首先对回波数据划分子孔径，划分的原则是要求在该时间段内载机的多普勒参数基本不变(可以根据载机的类型及飞行的平稳度来大致确定，根据经验，一般较大型的载机飞

行平稳度高，参数估计的时间段可稍长，而直升机和小型无人机一般飞行平稳度不高，参数估计的时间段不能太长，如可取 0.5 s，当飞行状况较差时，也可考虑采用重叠子孔径的方式来提高估计精度），接着对各子孔径数据分距离段进行多普勒调频率估计（目前比较成熟的方法有 MD 方法、对比度方法等，为了节省运算量，只要间隔一定距离单元估计一次即可，每次估计时用上附近若干个距离单元以减小估计方差）。

假设 $R_n$ 为第 $n$ 个距离单元至雷达航线的最近距离，$\Delta r_n$ 为第 $n$ 个距离单元相对场景中心的距离，$\gamma_n(t)$ 为对应距离单元的多普勒调频率估计值。实际情况受信噪比以及场景特性的影响，多普勒调频率一般会存在估计误差，假设第 $n$ 个距离单元的估计误差为 $e_n$。将式(2-94)写成向量形式，有

$$b(t) = A\boldsymbol{\theta}(t) + e \qquad (2-96)$$

其中，$A = [-2/\lambda, \ -2\Delta r_1/\lambda; \ -2/\lambda, \ -2\Delta r_2/\lambda; \ \cdots; \ -2/\lambda, \ -2\Delta r_N/\lambda]$，$\boldsymbol{\theta} = [a_{\mathrm{I}}(t),$ $a_{\mathrm{II}}(t)]^{\mathrm{T}}$，$b = [\gamma_1(t) + 2v^2(t)/\lambda\Delta r_1, \ \gamma_2(t) + 2v^2(t)/\lambda\Delta r_2, \ \cdots, \ \gamma_N(t) + 2v^2(t)/\lambda\Delta r_N]^{\mathrm{T}}$，T 表示转置，$e = [e_1, \ e_2, \ \cdots, \ e_N]^{\mathrm{T}}$，$N$ 为估计多普勒调频率的距离段的数目，假设 $e_n$ 的方差为 $\sigma_n^2$，由于各距离段多普勒调频率的估计过程相互独立，$e$ 的协方差矩阵可表示为

$$\boldsymbol{R}_e = \mathrm{diag}[\sigma_1^2, \ \sigma_2^2, \ \cdots, \ \sigma_n^2] \qquad (2-97)$$

根据加权最小二乘原理，从 $e^{\mathrm{T}}Pe = \min$ 的条件出发，可得运动参数向量 $\boldsymbol{\theta}$ 的最佳加权最小二乘估计为

$$\hat{\boldsymbol{\theta}}_{\mathrm{opt}}(t) = (A^{\mathrm{T}}W_{\mathrm{opt}}A)^{-1}A^{\mathrm{T}}W_{\mathrm{opt}}b(t) \qquad (2-98)$$

其中，最优权值 $W_{\mathrm{opt}} = \boldsymbol{R}_e^{-1}$。实际上，很难得到多普勒调频率估计误差的方差值，因而最优权值是得不到的。作为替代，我们可以将多普勒调频率估计中得到的聚焦最好时影像的对比度作为权值。其合理性在于：影像的对比度在一定程度上反映了多普勒调频率的估计精度。如果某距离单元影像的对比度较低，那么可能是多普勒调频率估计值还存在误差，造成了影像散焦；也可能是该距离单元的场景本身对比度就不高（如农田、水域等情况）。现有的多普勒调频率估计方法通常要求场景对比度较高，因而当场景对比度不高时，多普勒调频率的估计性能也将下降。

将影像对比度作为一种准最优权值，可得运动参数向量 $\boldsymbol{\theta}(t)$ 的准最优加权最小二乘估计为

$$\hat{\boldsymbol{\theta}}(t) = (A^{\mathrm{T}}WA)^{-1}A^{\mathrm{T}}Wb(t) \qquad (2-99)$$

其中，$W = \mathrm{diag}[C_1, \ C_2, \ \cdots, \ C_n]$，$C_n$ 为对第 $n$ 个距离单元影像聚焦最好时的对比度，定义为

$$C_n = \frac{\sqrt{E\{[I^2(n) - E\{I^2(n)\}]^2\}}}{E\{I^2(n)\}} \qquad (2-100)$$

其中，$I(n)$ 为第 $n$ 个距离单元聚焦后的影像幅度，$E(\cdot)$ 表示求平均。$C_n$ 越大，一定程度上表明调频率的估计精度越高，因而该估计值的加权也越大。容易证明，采用这种准最优权值时，$\boldsymbol{\theta}(t_{\mathrm{m}})$ 的估计误差的方差为

$$\sigma_\varepsilon^2 = (A^{\mathrm{T}}WA)^{-1}A^{\mathrm{T}}WR_eWA(A^{\mathrm{T}}WA)^{-1} \qquad (2-101)$$

该运动参数估计方法充分利用了多个距离单元的多普勒调频率信息，并且根据不同距离单元的估计精度分别给予不同的权值，从而使得该方法在多普勒调频率存在一定估计误

差时仍然较为稳健。对该方法补充说明以下几点：

（1）系数矩阵 $A$ 是一阶 Vandermonde 矩阵，Vandermonde 矩阵的条件数随阶数升高而迅速变大，但在阶数较低时，参数估计的精度和方程的稳定性可以保证。

（2）适当增加估计多普勒调频率时所用的距离单元数目（也就是 $A$ 的行数 $N$）可以提高参数估计精度。但同时运算量会有所增加，因而需要综合考虑。

（3）多普勒调频率估计时的子孔径长度与成像所用的孔径长度是不同的，前者的时间较短，以反映出载机运动状态的变化，后者时间较长，其时间长度与方位分辨率要求有关。

（4）运动参数估计的精度和更新率同样重要，当载机的飞行平稳度不高时，可以使运动参数估计的时间间隔小一些，以提高更新率。

### 3. 视线方向和沿航向运动误差的补偿

#### 1）视线方向运动误差的补偿

从式（2-91）可知视线方向加速度是随距离（侧偏角）变化而变化的，由于场景宽度一般远小于场景中心到雷达的距离，我们在式（2-94）中将其分解为相对场景中心线的分量 $a_{\mathrm{I}}(t)$ 和剩余分量 $a_{\mathrm{II}}(t)\Delta r$。因而，从回波数据中估计得到 $a_{\mathrm{I}}(t)$ 和 $a_{\mathrm{II}}(t)$ 后，经二次积分可得相对场景中心线的视线方向运动误差分量（一阶运动补偿分量）：

$$r_{\mathrm{LOS\_I}}(t) = \int_0^t \int_0^s a_{\mathrm{I}}(u)\mathrm{d}u\mathrm{d}s \qquad (2-102)$$

以及剩余的视线方向运动误差分量（二阶运动补偿分量）：

$$r_{\mathrm{LOS\_II}}(t) = \int_0^t \int_0^s a_{\mathrm{II}}(u)\Delta r\mathrm{d}u\mathrm{d}s \qquad (2-103)$$

从运动误差的数量级上看，$r_{\mathrm{LOS\_I}}(t)$ 一般在米级，它不仅会造成相位误差，而且对包络移动的影响也不能忽略。$r_{\mathrm{LOS\_II}}(t)$ 一般较小，对包络移动的影响可以忽略，只造成相位误差。因而可以采取分两步补偿的方式来完成视线方向运动误差的校正：第一步是对原始数据进行一阶运动补偿，即相对场景中心的补偿，一方面要进行距离采样调整以校正包络误差，另一方面要补偿相位 $\exp[\mathrm{j}4\pi r_{\mathrm{LOS\_I}}(t)/\lambda]$；第二步是对完成距离压缩和距离徙动校正后的数据进行二阶运动补偿，即与距离有关的剩余视线方向运动误差的补偿。该步骤只需补偿相位 $\exp[\mathrm{j}4\pi r_{\mathrm{LOS\_II}}(t)/\lambda]$ 即可。

#### 2）沿航向运动误差的补偿

回波数据经过视线方向的运动误差补偿后，可认为载机已沿航线直线飞行，只是前向速度不一致，还需要补偿沿航向的运动误差。该问题一般采取根据载机速度变化实时调整雷达脉冲重复频率 PRF 的方式来解决，但目前试飞的部分 SAR 系统并未实时调整 PRF，这种情况下要进行沿航向运动补偿，可以通过对数据进行插值的方式来校正，但插值运算量较大，而且插值误差会影响影像质量。我们采取利用多普勒调频率构造相位补偿函数的方式来校正。由式（2-90）可知，补偿视线方向运动误差后，回波的多普勒调频率可写为

$$\gamma_n(t) = -\frac{2[V + \Delta v(t)]^2}{\lambda R_s} = K_n + \Delta k_n(t) \qquad (2-104)$$

其中：$\Delta v(t) = v(t) - V$，为前向速度的扰动量；$K_n = -2V^2/\lambda R_B$，为理想情况下的多普勒调频率；$\Delta k_n(t) = -2[2V\Delta v(t) + \Delta v^2(t)]/\lambda R_B$，为前向速度波动引起的多普勒调频率扰

动项，该项与目标的方位位置无关，因而对于处于同一距离单元的目标，其沿航向运动误差可以统一补偿。

由式(2−104)把目标的相位历程表示为瞬时多普勒调频率的二次积分形式：

$$\phi(t)=2\pi\int_{t_n}^{t}\int_{t_n}^{s}\gamma_n(u)\mathrm{d}u\,\mathrm{d}s=\pi K_n(t-t_n)^2+2\pi\int_{t_n}^{t}\int_{t_n}^{s}\Delta k_n(u)\mathrm{d}u\,\mathrm{d}s \quad (2-105)$$

其中，$t_n$ 是雷达波束中心正对点目标 $P_n$ 的时刻。式(2−105)中第二个等号右边的第一项是要保留的理想情况的相位历程，第二项为需要补偿的相位误差项。

利用从回波数据中估计得到的 $\Delta k_n(t)$，以方位时刻 $t_b$ 为参考点($t_b$ 一般取作 0)构造相位补偿函数，得

$$\phi_{\mathrm{cmp}}(t)=2\pi\int_{t_b}^{t}\int_{t_b}^{s}\Delta k_n(u)\mathrm{d}u\,\mathrm{d}s \quad (2-106)$$

用式(2−106)补偿式(2−105)可得

$$\phi(t)-\phi_{\mathrm{cmp}}(t)=\pi K_n(t-t_n-\tau_n)+\phi_n \quad (2-107)$$

其中，

$$\begin{cases}\tau_n=\dfrac{1}{K_n}\int_{t_b}^{t_n}\Delta k_n(u)\mathrm{d}u\\[2ex]\phi_n=-2\pi K_n t_n\tau_n-\pi K_n\tau_n^2-2\pi\int_{t_b}^{t_n}\int_{t_b}^{s}\Delta k_n(u)\mathrm{d}u\,\mathrm{d}s+2\pi t_n\int_{t_b}^{t_n}\Delta k_n(u)\mathrm{d}u\end{cases} \quad (2-108)$$

从式(2−107)可知扰动项已得到补偿，常数相位 $\phi_n$ 不影响压缩。整个基于回波数据的运动参数估计和运动补偿流程如图 2−38 所示。其中的距离压缩和距离徙动校正部分可以采用距离−多普勒算法或者是 Chirp-Scaling 算法等。当成像算法采用距离−多普勒算法时，为了提高运算效率，一阶运动补偿可以和距离压缩在同一个步骤中实现，即对每次回波的数据在频率域与 $P^*(f_r)\exp[\mathrm{j}4\pi(f_r+f_c)r_{\mathrm{LOS\_I}}(t)/c]$ 相乘，其中 $f_r$ 为距离频率，$P^*(f_r)$ 为发射信号频谱的共轭。$\exp[\mathrm{j}4\pi(f_r+f_c)r_{\mathrm{LOS\_I}}(t)/c]$ 中的线性相位因子和常数相位可分别完成时移和相位补偿。

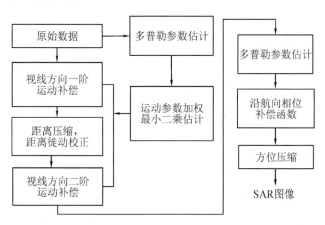

图 2−38　基于回波数据的运动参数估计和运动补偿流程

3) 运动补偿算法

在 2.2.4 节中我们对基于回波数据的运动参数估计和运动补偿流程进行了介绍，实时

处理时，对于飞行较稳的平台，通常采用更为简化的操作，并且认为径向加速度不随距离单元变化而发生变化。

载机非平稳运动引起的误差补偿包括两个部分的补偿，即包络补偿和相位补偿。由于载机在运动过程中的运动误差会引起距离向压缩信号的包络移动，因此在运动补偿的第一步是进行包络补偿，包络补偿是利用子孔径技术估计瞬时调频率来实现的。

在利用子孔径技术进行包络补偿时，首先要估计子孔径的多普勒中心频率，估计出多普勒中心频率后利用子孔径的 RD 进行距离弯曲、距离压缩以及二次距离压缩处理，然后对子孔径进行瞬时调频率估计，从瞬时调频率中分离出径向的加速度和沿航向的速度分量。径向加速度和沿航向速度误差都会引起方位向调频率的变化，而它们的影响是不同的，径向加速度对不同距离单元的影响大致是相同的，而沿航向速度误差对不同距离单元的影响是不同的，因此可以采用曲线拟合的方法将它们分离。

若沿径向的加速度 $a(t)$ 引起的调频率为

$$K_{a1} = \frac{2}{\lambda} a(t) \qquad (2-109)$$

沿航向的速度 $v$ 引起的调频率为

$$K_{a2} = -\frac{2v^2(t)}{\lambda R} \qquad (2-110)$$

则对子孔径估计的瞬时调频率为

$$K_{a\_all} = \frac{2}{\lambda} a(t) - \frac{2v^2(t)}{\lambda R} \qquad (2-111)$$

对每个方位向的子孔径在距离向上也分成不同的子块来估计不同距离块的瞬时调频率。在此基础上，利用最小二乘法估计出径向加速度分量 $a(t)$ 和沿航向速度分量 $v(t)$。

可以根据由子孔径技术估计的前向速度 $v(t)$ 求出该段数据的平均速度，即方位压缩时采用的速度为

$$v_{mean} = \mathrm{mean}(v(t)) \qquad (2-112)$$

此时可以求出由径向加速度和沿航向速度误差引起的包络偏移量为

$$R_{err} = \iint a(t)\,\mathrm{d}t - \iint \left( \frac{v^2(t)}{R_{ref}} - \frac{v_{mean}^2}{R_{ref}} \right)\mathrm{d}t \qquad (2-113)$$

包络补偿后还需要进行相位的补偿，包括径向加速度引起的相位补偿和沿航向速度偏差引起的相位补偿，而且径向加速度引起的相位误差对不同距离单元的影响是相同的，沿航向速度偏差引起的相位误差是随距离单元空变的，相应的径向补偿因子 $\phi_r$ 和方位向补偿因子 $\phi_a$ 分别为

$$\phi_r = -\frac{4\pi}{\lambda} \iint a(t)\,\mathrm{d}t$$

$$\phi_a = \frac{4\pi}{\lambda} \iint \left( \frac{v^2(t)}{R} - \frac{v_{mean}^2}{R} \right)\mathrm{d}t \qquad (2-114)$$

以上处理就是传统的运动补偿算法。实际上对于实时成像处理，为了减小运算量，增强实时性，在飞行平台飞行较稳时，我们可以将径向加速度的常数分量转嫁到方位速度

上，则此时可以不需要补偿包络，而只需要补偿相位。

相应的方位压缩时采用的速度变为

$$v_{\text{new}} = \text{sqrt}\left[ -\left( a_{\text{mean}} - \frac{v_{\text{mean}}^2}{R_{\text{ref}}} \right) \times R_{\text{ref}} \right] \qquad (2-115)$$

其中，$a_{\text{mean}}$ 为径向加速度的均值，$v_{\text{mean}}$ 为沿航向速度的均值。

对应的相位补偿因子为

$$\phi = -\frac{4\pi}{\lambda}\iint \left[ a(t) - a_{\text{mean}} \right] \mathrm{d}t + \frac{4\pi}{\lambda}\iint \left[ \frac{v^2(t)}{R} - \frac{v_{\text{mean}}^2}{R} \right] \mathrm{d}t \qquad (2-116)$$

4）相位梯度自聚焦技术（PGA）

PGA 算法利用了相位误差在距离向的冗余性，即对于不同的距离门数据，方位向相位误差完全一致。其基本思想是从距离向压缩的数据中构造一个方位向的点目标，使此点目标的响应完全由方位向的相位误差所决定。因此，针对这个点目标的相位进行分析即可求出方位向的相位误差。

理想情况下对一单个点目标或信号强度相对于周围像素点比较强的孤立点来讲，由于相位误差函数对该点的调制现象不会受到相邻其他信号强度的影响，因此可以得到完整的或较多的误差函数信息。在实际处理过程中，需通过圆周移位将信号幅度最强的点移至中心零频处，同时通过加窗去除同距离门上其他散射点信号的影响。而对于周围散射点信号强度比较大的情况，需要更多次迭代。因而 PGA 算法对场景有一定要求，更适用于存在大量孤立散射点的情况。

在较长的影像里，要找到只有一个孤立散射点的距离单元几乎是不可能的，但在影像里找到一段周围相对空阔的、单个信号较强的特显点则完全可能。对数据在每个距离门选取幅度最大的散射点作为中心进行圆周移位，目的是构造一个信号较强的点目标。此时影像中的强散射点都位于影像中心处。移动后的影像和移动前的影像所包含的相位误差除了一次相位误差外无任何差别，因此 PGA 算法不能估计一次相位误差。

记圆周移位后的影像数据为 $g(x,k)$，$x$ 为方位向数据索引，$k$ 为距离门。根据影像对比度特征选取合适的窗函数对方位向数据加窗以去除强散射点周围的弱目标对相位误差估计的影响。计算圆位移后的数据在距离向的总能量为

$$s(x) = \sum_k |g(x,k)|^2 \qquad (2-117)$$

由于影像的最大幅值点位于方位中心处，因此在 $x=0$ 时得到 $s(x)$ 的最大值。可将 $s(x)$ 下降到 $s(0)$ 的 $10\%$ 时记作 $W_1$，然后向两边扩展 $0.5$ 倍，得到实际窗宽 $W$。随着影像的聚焦，窗宽自动减小。

对加窗后的数据作方位向傅里叶变换，得到频域数据 $G_W(X,k)$。可以根据计算相位误差的导数连续域或差分离散域来估计相位误差。估计相位误差常用的方法有线性无偏最小方差（Linear Unbiased Minimum Variance，LUMV）估计和最大似然（Maximum Likelihood，ML）估计。

LUMV 估计的表达式为

$$\Delta\hat{\Phi}_e(X) = \frac{\sum\limits_k \mathrm{Im}\{d(X, k) \cdot G_W^*(X, k)\}}{\sum\limits_k |G_W(X, k)|^2} \tag{2-118}$$

其中，$\Delta\hat{\Phi}_e(X)$ 为相位误差的差分，$d(X, k)$ 为 $G_W(X, k)$ 的差分。

ML 估计的表达式为

$$\Delta\hat{\Phi}_e(X) = \arg\left\{\sum_k G_W^*(X-1, k) \cdot G_W(X, k)\right\} \tag{2-119}$$

由此可得到相位误差估计 $\hat{\Phi}_e(X)$ 为

$$\hat{\Phi}_e(X) = \sum_{l=1}^X \Delta\hat{F}_e(l) \tag{2-120}$$

由于估计的相位误差不含有一次相位，所以应对得到的相位误差估计值去除线性分量。

将未作圆周移位的影像数据作方位向傅里叶变换，乘以 $\exp\{-\mathrm{j}\hat{\Phi}_e(X)\}$，反变换到时域后得到误差校正后的影像。重复上述步骤，直到满足设定的条件迭代终止。将最后得到的误差估计值对原始雷达影像数据进行相位校正，得到聚焦影像。

### 2.2.6　影像自动拼接

在条带 SAR 运动补偿中，需要将全孔径条带数据进行重叠子孔径划分，然后对子孔径估计的误差相位进行拼接得到全孔径相位误差函数。虽然加权相位梯度自聚集（Weighed Phase Gradient Autofocus，WPGA）和局部最大似然加权相位梯度自聚集（Local Maximum Likelihood-Weighed Phase Gradient Autofocus，LML-WPGA）中对样本都进行循环移位以尽量避免在估计中引入附加的线性相位，但相邻子孔径间仍存在线性相位差异，拼接时需要对其滤除。相邻子孔径间的线性相位差异可通过子孔径部分重叠进行估计。全孔径拼接中，对相邻子孔径的重叠部分相位误差估计进行相减，确定它们之间的线性相位差，然后在后一子孔径估计中减去这一线性相位，则前后子孔径可以连续拼接。图 2-39 所示为利

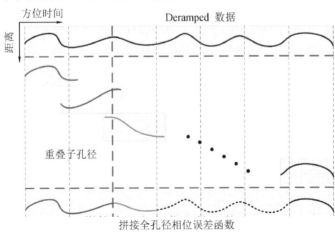

图 2-39　利用重叠子孔径进行全孔径相位误差函数拼接

用重叠子孔径进行全孔径相位误差函数拼接的示意图。全孔径相位拼接完成后，需要通过线性拟合方法减去全孔径相位误差函数中的整体线性分量，以避免成像方位整体偏移。

因为数据中存在杂波和噪声，所以通过相位梯度估计得到的运动相位误差存在高频噪声。由于存在运动惰性，因此实际 SAR 平台运动误差应该是连续缓变的，即使存在平台震动，相位梯度通常也表现为低频特性。基于运动误差和估计噪声的差异，可对估计的相位误差进行函数滤波。这里给出一种简单有效的滤波方法。第一步，将全孔径相位误差函数进行高阶多项式拟合，由于运动误差的连续性，因此高阶多项式可有效提取相位误差的大部分低频分量，剩余部分仅包含运动误差中的高频分量和估计噪声；第二步，将多项式拟合剩余的运动误差相位进行离散余弦变换（Discrete Cosine Transform，DCT）滤波或小波变换（Wavelet Transform，WT）滤波，进行噪声滤波后得到剩余运动相位误差，DCT 或 WT 将剩余相位误差投影到频率域或时频域，运动误差往往表现为低频分量中的较大分量，很容易和噪声分量区分开，因此可以仅保留若干大值而将其余分量设为零，并进行逆 DCT 或逆 WT 变换；第三步，将拟合得到的多项式和经过滤波相位相加完成滤波过程，图 2 - 40 为相位滤波流程示意图。

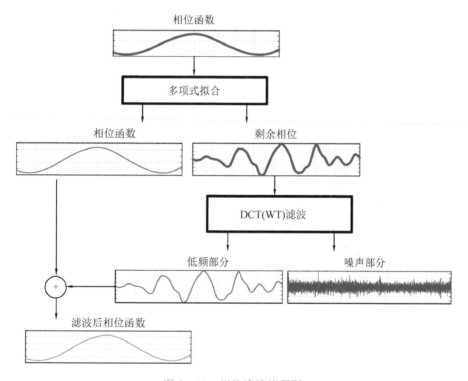

图 2 - 40 相位滤波流程图

依据上面相位拼接的方法，为了实现相邻影像之间的拼接，可以考虑采用相位级拼接的方式实现。在得到一个影像的全孔径相位误差后，求出当前的相位误差和前一个影像的全孔径相位误差重叠部分的线性相位差，进而消除当前全孔径相位误差的多余线性项，得到当前用于误差补偿的全孔径相位误差，并对当前的全孔径数据进行运动补偿，经过距离脉冲压缩、距离徙动校正和方位匹配滤波得到 SAR 影像。当前得到的 SAR 影像由于和相邻的前一个 SAR 影像存在二分之一的重叠，且重叠部分具有相同的相位误差，因此重叠部分的影像存在近似相同的形变情况，即相关性很高，可以通过简单的相关得到两个相邻影像的偏移，实现影像之间的无缝拼接。

### 2.2.7 结合运动补偿的距离–多普勒 RD 成像算法

**1.** **结合运动补偿的 RD 成像算法处理流程**

结合运动补偿的 RD 算法处理流程如图 2-41 所示。

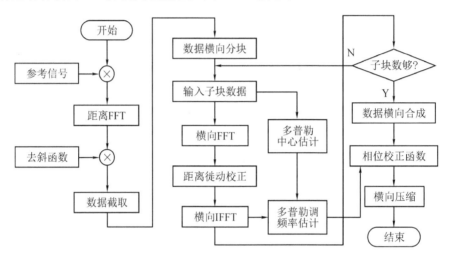

图 2-41　RD 算法处理流程图

其中运动误差通过对回波数据估计得到，具体步骤如下：

（1）对回波数据进行距离压缩，然后截取数据中间的有效点，即保留场景宽度对应的有效点数。

（2）对脉压截取后的数据进行方位分块，然后对每一个子孔径数据进行距离徙动校正。

（3）假定在短时间内载机速度、雷达视角不变，根据多普勒中心频率和多普勒调频率与斜视角、速度、场景中心距离的关系，可从每个短时间段内估计的瞬时多普勒参数中获得对应的短时间段内载机前向速度和径向加速度等运动误差信息；通过差值获得瞬时径向加速度估计和沿航向速度的估计。

（4）对方位子块进行合并，然后根据估计的径向运动误差信息对距离维数据进行由径向加速度引起的相位误差校正。

（5）根据沿航向误差进行沿航向相位误差校正。

（6）对合并后的数据进行方位脉冲压缩。

（7）经过方位匹配滤波即可得到运动误差补偿后的 SAR 影像。由于 SAR 的方位分辨率通常是高于距离分辨率的，最后可以通过多视处理得到高质量的 SAR 影像。

需要注意的是，以上对距离徙动的校正不需要多普勒中心信息，这是因为在正侧视或小斜视的情况下，尽管多普勒中心频率的存在会使得频域距离徙动曲线发生偏移，造成多普勒频谱不以零频对称分布，但是距离徙动校正曲线占据整个多普勒带宽，采用盲操作时仍能对偏移的距离徙动曲线完成校正，只要不发生多普勒模糊即可。

**2.** **结合运动补偿的 RD 成像算法实测数据处理结果**

采用结合运动补偿的距离-多普勒算法对某平台录取数据进行处理，该雷达系统工作在 X 波段，发射信号带宽为 600 MHz，采样频率为 800 MHz，处理结果如图 2 - 42 所示，影像中高压线塔、高架桥墩等特征明显，目标清晰可辨，证明了结合运动补偿的距离-多普勒成像算法的有效性。

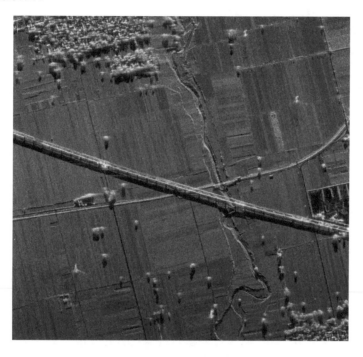

图 2 - 42　某平台 0.3 m×0.3 m 分辨率成像结果

**3.** **结合运动补偿的 RD 后处理算法处理成像流程**

下面介绍如何把基本 SAR 成像算法和运动补偿有效结合，从而得到高分辨率 SAR 后处理成像算法。图 2 - 43 是结合运动补偿的条带式 RD 后处理成像流程。

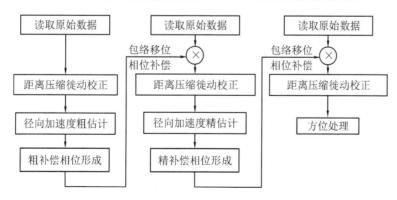

图 2 - 43　结合运动补偿的条带式 RD 后处理成像流程

结合运动补偿的 RD 后处理算法和实时处理算法最主要的区别是在 RD 后处理算法中运动补偿可以进行多次迭代,而实时处理算法只进行一次运动补偿。我们先介绍第一次运动补偿的算法流程,具体内容如下:

(1) 读取 SAR 原始回波数。

(2) 按 RD 算法对原始数据进行距离脉压和徙动校正。

(3) 按照前面提到多普勒参数估计方法进行多普勒参数估计,得到多普勒参数后,进行运动参数解算,形成运动补偿误差补偿量。

(4) 第二次读取 SAR 原始回波数据,对该数据进行包络和相位补偿。接着重复第(2)步骤。

以上四个步骤是结合运动补偿的 RD 算法进行第一次运动补偿的过程,对于高分辨率 SAR 成像需要进行多次运动补偿,只要反复进行这四个步骤即可。需要指出的是,在进行第一次运动补偿时,由于对多普勒参数精度要求不高,因此可以利用惯导信息计算多普勒参数,且由于多普勒参数估计算法运算量比较大,这样可以减少运算量。而对于最后一次运动补偿,由于前面已经进行了多次运动补偿,故此时运动误差量较小,加上 SAR 成像中相位误差比包络误差敏感,此时我们可以在前面一次运动补偿的基础上只进行相位补偿而不进行包络补偿。对实测数据的处理经验告诉我们,一般运动补偿进行二至三次就可以得到比较理想的聚焦效果。

**4. 结合运动补偿的 RD 后处理成像算法实测数据处理结果**

为检验运动补偿和成像效果,对分辨率为 0.5 m 的数据进行分析。图 2-44 所示为运动误差曲线,可以看出载机运动误差较大,说明平台比较不平稳。图 2-45 所示为没有进行运动补偿直接成像结果,图 2-46 所示为进行运动补偿后成像的结果。

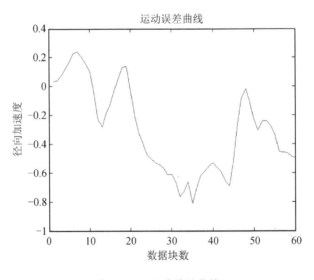

图 2-44 运动误差曲线

从图 2-45 和图 2-46 中可以看出,我们所采用的运动补偿算法可以有效提高成像质量,这体现了运动补偿算法的优越性。

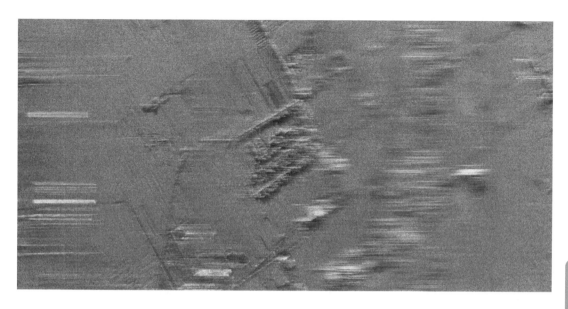

图 2-45　没有进行运动补偿成像图

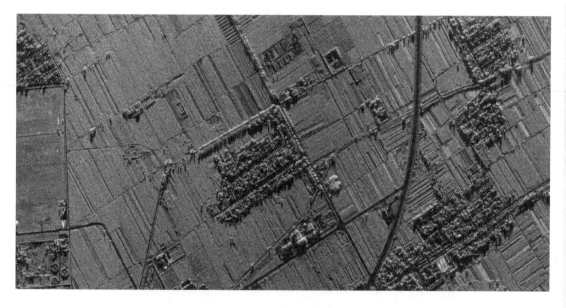

图 2-46　进行运动补偿后成像图

　　对于分辨率为 0.3 m 的数据来说，由于其分辨率较高，我们不仅要进行运动补偿，而且要进行多次运动补偿。图 2-47 所示为一次运动补偿的运动误差曲线，图 2-48 所示为二次运动补偿运动误差曲线图。从图 2-47 和图 2-48 所示的两次运动误差曲线可以看出运动补偿可以明显改善运动误差。

　　图 2-49 所示为进行一次运动补偿成像结果，可以看出影像中角反射存在散焦现象，而图 2-50 所示为进行二次运动补偿后成像结果。

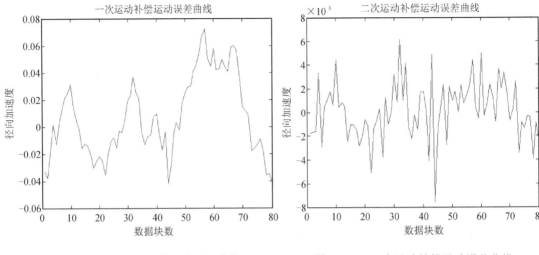

图 2-47　一次运动补偿运动误差曲线　　　　　图 2-48　二次运动补偿运动误差曲线

　　从图 2-49 和图 2-50 所示结果对比可以看出聚焦效果有所改善，所以对于高分辨率的 SAR 成像要进行多次运动补偿。

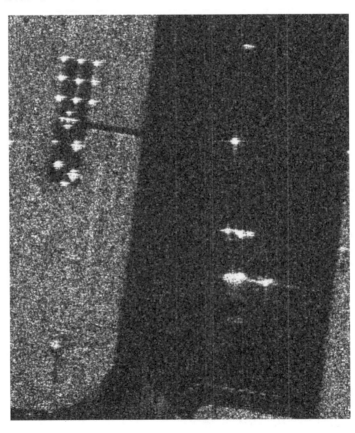

图 2-49　一次运动补偿成像结果

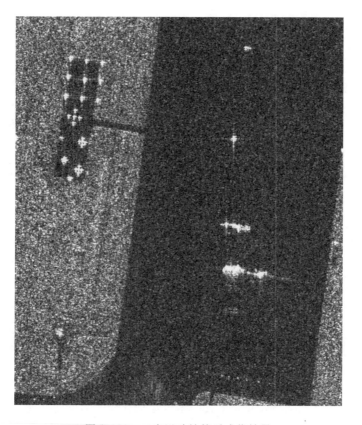

图 2-50    二次运动补偿后成像结果

图 2-51 所示是分辨率为 0.5 m 的 RD 后处理整体成像结果，图 2-52 所示是分辨率为 0.3 m 的 RD 后处理整体成像结果。

图 2-51    分辨率为 0.5 m 的 RD 后处理整体成像结果

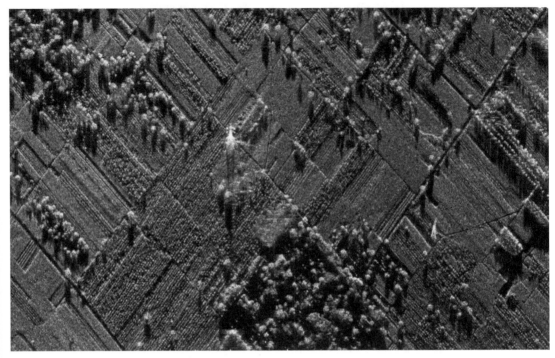

图 2 - 52  分辨率为 0.3 m 的 RD 后处理整体成像结果

从图 2 - 51 和图 2 - 52 所示可以看出，结合运动补偿的 RD 后处理算法聚焦效果良好，成像结果清晰，说明该成像算法具有较好的性能。

### 2.2.8  小结

本小节结合无人机平台对全天时全天候成像监视能力的迫切需求，介绍了无人机载 SAR 成像及自聚焦技术以及 SAR 影像自动拼接等内容，形成一套操作简单、可靠性强，且具备运动补偿、自聚焦和自动影像拼接能力的小型多旋翼无人机毫米波雷达成像软件系统，支撑小型多旋翼无人机在真实场景下对感兴趣区域和目标进行 SAR 成像。

特别致谢西安电子科技大学孙光才教授团队提供的素材。

## 2.3  雷达技术发展趋势及其面临的问题

### 2.3.1  概述

英国是世界上最早将雷达投入实战的国家，第二次世界大战时期，它利用部署在英伦海峡沿线上的 Chain Home 海岸警戒雷达（如图 2 - 53 所示），准确地捕捉到了德军有大量战机升空的重要信息，英军指挥部由此快速推断出敌机来袭的意图，为空中拦截计划的制定争取到了宝贵的时间。

雷达技术的成功应用，使得英国飞机不必在空中巡逻，却可以在敌机来袭的时候有针对性地派出空中拦截力量，达到以逸待劳的目的，最终英国取得了英伦保卫战的胜利。丘

(a) 发射塔                                    (b) 发射机

图 2-53　Chain Home 海岸警戒雷达

吉尔事后对此有如下评价："凭借当时只有极少数人知道的雷达设施，我们成功挫败了德军对大不列颠的入侵计划。"此役之后，雷达在军界的名声大震，在后续的战争中更是得到了广泛的应用，成为二战时期战胜"法西斯"名副其实的法宝。因此，也有人把雷达和原子弹并称为二战的两大神器，其战略地位和作用不言而喻。

　　经过数十年的不断发展和完善，雷达技术已经实现了多种平台的测试和应用，包括地面雷达、舰载雷达及机载雷达等，如图 2-54 所示，能够对地面车辆、海上舰船、空中飞机等目标进行大范围的远程探测和跟踪。此外，随着半导体技术水平的进步，使得研制更高性能的固态微波组件和高速低成本计算机成为可能，硬件条件的升级和换代，也让雷达在更为复杂和恶劣的环境中，能够快速、准确地发现与跟踪更多的目标。

(a) 地面雷达-萨德           (b) 舰载雷达-宙斯盾           (c) 机载雷达-AN/APG-77

图 2-54　多种雷达平台应用实例

　　虽然雷达的诞生具有浓厚的军事应用背景，但是随着科技的不断成熟和硬件成本的逐步降低，雷达已经在民用领域得到了快速发展和广泛应用，例如用于汽车避障的毫米波雷达、卫星遥感与测绘的合成孔径雷达以及海洋遥感探测的高频地波超视距雷达等，民用雷达的几种典型应用场景如图 2-55 所示。这些雷达技术在民用领域中的成功应用，既有效保障了汽车的安全性能，又大幅提高了地形测绘和资源探测的效率，还很好地解决了大范围海洋环境监测的实时性和持续性问题，民用雷达已经成为人们日常生活的重要传感器设备。

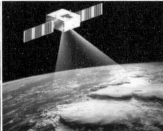

(a) 汽车自动驾驶　　　　　　　　(b) 地形遥感测绘　　　　　　　　(c) 海洋遥感测绘

图 2-55　民用雷达的几种典型应用场景

受软硬件技术水平的限制，早期的雷达一般只能从反射回波中提取有限的目标信息，如距离、方位、高度及速度等，例如英国 Chain Home 的海岸警戒雷达目标探测结果反映在用户端则表现为光点在显示屏中的位置和运动速度，如图 2-56 所示。由于这些信息中缺乏目标细节特征，充其量也就能实现判断目标何时出现和消失、出现时以何种速度及往哪个方向运动、最后在哪里消失不见等传统的目标探测和跟踪功能，不管以何种角度或什么方式来看待此类信息，都不适合把它看作是目标的细节特征。

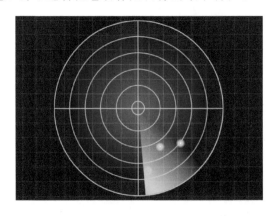

图 2-56　早期雷达目标探测结果显示

从系统参数上看，早期雷达在距离向的分辨率一般在几十米至数百米范围，而方位向分辨率则更差，往往会超过人们感兴趣目标的尺寸大小。也就是说，早期雷达尤其是远程防空预警雷达，几乎不具备高分辨率工作模式。随着时间的推移和研究的不断深入，人们发现可以根据目标反射的回波能量大小，利用雷达方程中雷达散射截面积与接收功率的关系，粗略估算出目标的大概尺寸。这些信息为雷达操作员判断目标的类型提供了一定的帮助，但是无法评估进而识别目标到底是敌、是友还是其他中立方。

### 2.3.2　雷达发展趋势

从发展趋势上看，人们对雷达的性能和功能的要求越来越高，世界各国都希望己方雷达能探测更远距离的目标，获得更多的目标信息，进而能够更快、更准确地完成目标的识别任务。然而，在未来冲突中，雷达所处的环境会非常复杂，而人们所感兴趣的目标基本都是来自视距之外，目标分布上又存在全时空的特点，在反射回波中敌、友、中立三方的目标均是混杂在一起的，加之目标的性质各异，空间上可能出现在地面、海上或空中等不同位置，很难由此辨识出它们是哪一方的目标，或者哪些是军用目标，哪些是民用目标。

从军事战略上讲，如果雷达发现了目标但不能对发现的目标进行有效识别，则在联合作战行动中就容易发生误击友军或民用设施的事件，造成人员的伤亡。伊朗军方误击乌克兰客机就是一次典型的误击事故，造成机上 176 名乘员无辜丧生，被误击的乌克兰波音 737-800 客机残骸如图 2-57 所示。数次战争的统计数据表明，战场上不低于一成的伤亡数量是来自友军的误击造成的。这种误击事件不仅在政治上难以给公众一个交代，还将严重打击盟军的士气，轻则导致作战效率低下，重则引起同盟的分崩离析。因此，如何能在复杂环境中快速、准确地对雷达目标进行识别，充分发挥武器的效能以及减少误伤友军及误击民用设施等不必要伤亡事件的发生，已经成为目前雷达技术领域研究的重要课题。

图 2-57　被伊朗军方误击的乌克兰波音 737-800 客机残骸

虽然雷达的目标识别功能是由军事需求产生，但随着该技术的不断完善和推广，其在民用领域也有很多应用的场景，例如采用具有目标识别功能的传感器，包括毫米波雷达、激光雷达等，对行人、车辆、路标、建筑等目标进行识别，可实现汽车和无人飞行器的自动驾驶功能，极大地提高人们出行的安全性和便利性，此外，机场和港口等交通枢纽监管部门可利用具有目标识别功能的雷达，实时掌握进出港航班和货轮的运行动态，对违规、突发等情况作出快速反应。雷达的目标识别功能在民用领域中的应用实例如图 2-58 所示。

目标距离、速度估计以及目标识别

(a) 汽车雷达目标识别　　　　　　　(b) 航管雷达目标识别

图 2-58　雷达的目标识别功能在民用领域中应用实例

目前，雷达的目标识别方法大多是基于统计模式识别理论提出的，通过采用统计学、概率论、博弈论、机器学习等手段，从回波数据中提取目标的有效特征信息，进而推理出目标的类别和型号，其过程大致如下：

（1）对雷达回波信号进行分析，包括幅度、相位、频谱、极化等。

（2）在各种域变换中提取目标的大小、形状及表明的物理特征等参数。

（3）根据大量的训练样本所确定的鉴别函数，在分类器中进行识别判决。

在统计模式识别理论中，对于给定的一个模式识别或分类任务，可选用的分类器有两种类型：有监督分类器和无监督分类器。两者的区别在于是否有训练样本用于分类器的学习。有监督分类器有训练样本用于训练，从而得到一个稳定模型，利用这个模型可以迅速地将待识别的目标数据归结到与之最匹配的已知类别中，例如决策树（如图 2-59 所示）、支持向量机（Support Vector Machines，SVM）等。无监督分类器事先无任何训练样本数据，直接对数据进行建模，例如 K-均值聚类算法（结果如图 2-60 所示）、主成分分析（Principal Components Analysis，PCA）法等。

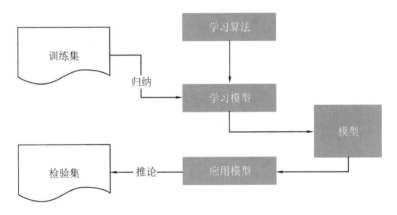

图 2-59　有监督决策树算法结构示意图

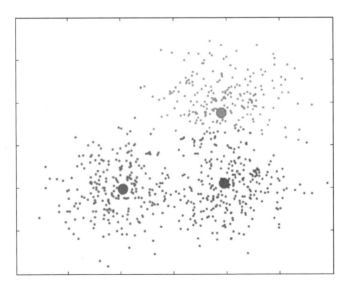

图 2-60　无监督聚类结果示意图

## 2.3.3 雷达目标识别问题

现有的雷达目标识别方法,先通过采用大量的先验知识和专业技能,对雷达回波数据进行数字信号处理,提取待识别目标的有效特征,再参照目标特征模板库对已提取的特征进行特征匹配,最后依据分类器对目标进行识别,传统雷达目标识别过程如图2-61所示。

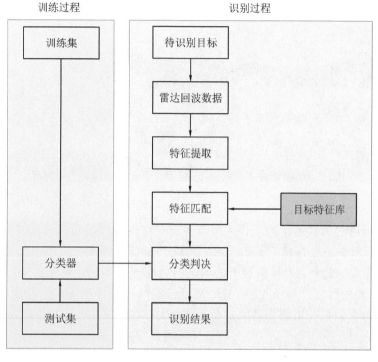

图 2-61 传统雷达目标识别过程

传统雷达的目标识别方法已经在许多雷达系统中得到验证,例如机场运行控制中心利用雷达的目标识别能力可以强化机场终端区的监视和控制飞机精确进场,机场场面监视雷达如图2-62所示。

图 2-62 机场场面监视雷达

通过将雷达的高精度测量功能结合其他高分辨率传感器感知的信息，例如光学影像，可精确测量飞机和车辆的位置和速度，甚至识别各类飞机和车辆的类型，机场通勤车辆识别结果如图 2-63 所示。

图 2-63　机场通勤车辆识别结果

由于在机场塔台负责调度的工作人员需要面对众多的进出港航班及频繁穿梭于机场间的通勤车辆，有时候也会混淆它们的型号，因此具备独立目标识别能力的雷达对于机场运行的安全非常重要。此外，大量往返于机场间的地面通勤车辆，还是需要稳定性和可靠性更好（光电传感器的性能容易受光照、雨、雾及云等气象条件的影响，稳定性和可靠性差）的雷达来实时对它们进行识别和精确定位，以便加以控制和引导，防止出现碰撞危险。

### 2.3.4　小结

本小节对雷达的发展趋势以及面临的问题进行了分析。随着科技的发展，雷达在未来冲突中所处的环境会非常复杂，而人们所感兴趣的目标基本都来自视距之外，目标分布上又存在全时空的特点，在反射回波中敌、友、中立三方的目标均是混杂在一起的，加之目标的性质各异，空间上可能出现在地面、海上或空中等不同位置，因此很难由此辨识出它们是哪一方的目标，或者哪些是军用目标，哪些是民用目标。为了解决这些问题，目标识别技术成为未来雷达的重点关注技术之一。

**本章参考文献**

[1]　SKOLNIK M. Introduction to Radar Systems，New York [M]. 3rd ed. New York：McGraw-Hill，2001.

[2]　STEVEN A H. Missile Defense：Theater High Altitude Area Defense（THAAD）Flight Testing [R]. USAGov：Congressional Research Service（CRS），1999.

[3]　丁鹭飞，耿富禄，陈建春. 雷达原理[M]. 4 版. 西安：西安电子科技大学出版社，2020.

[4]　张光义. 相控阵雷达原理[M]. 北京：国防工业出版社，2009.

[5] 何明. 现代雷达信号处理技术的发展趋势[J]. 电子世界, 2021(15): 17-18.

[6] 杨世海. 相控阵雷达低空目标探测与跟踪技术研究[D]. 长沙: 中国人民解放军国防科学技术大学, 2002.

[7] 陈立, 潘谊春, 郑凯. 相控阵雷达的发展[J]. 舰船电子工程, 2009, 29(05): 13-17.

[8] 邵春生. 相控阵雷达研究现状与发展趋势[J]. 现代雷达, 2016, 38(06): 1-4+12.

[9] 吴曼青, 靳学明, 谭剑美. 相控阵雷达数字 T/R 组件研究[J]. 现代雷达, 2001(02): 57-60.

[10] 王震. 国外相控阵雷达发展综述[J]. 科技与企业, 2015, (14): 235.

[11] 郭高峰. 雷达技术发展综述及多功能相控阵雷达未来趋势[J]. 价值工程, 2014, 33(31): 219-220.

[12] 陈立, 潘谊春, 郑凯. 相控阵雷达的发展[J]. 舰船电子工程, 2009, 29(05): 13-17.

[13] 王岩飞, 刘畅, 詹学丽, 等. 无人机载合成孔径雷达系统技术与应用[J]. 雷达学报, 2016, 5(04): 333-349.

[14] 张荣涛, 杨润亭, 王兴家, 等. 软件化雷达系统技术综述[J]. 现代雷达, 2016, 38(10): 1-3.

[15] 王俊, 保铮, 张守宏. 无源探测与跟踪雷达系统技术及其发展[J]. 雷达科学与技术, 2004(03): 129-135.

[16] 徐艳国, 李国刚, 倪国新. 雷达系统未来发展趋势探析[J]. 中国电子科学研究院学报, 2013, 8(05): 474-480.

[17] 王建明. 面向下一代战争的雷达系统与技术[J]. 现代雷达, 2017, 39(12): 1-11.

[18] 黎湘, 范梅梅. 认知雷达及其关键技术研究进展[J]. 电子学报, 2012, 40(09): 1863-1870.

[19] 韩放. 脉冲多普勒雷达信号处理仿真研究[D]. 哈尔滨: 哈尔滨工程大学, 2007.

[20] 杨建宇. 雷达技术发展规律和宏观趋势分析[J]. 雷达学报, 2012, 1(01): 19-27.

[21] 范忠亮, 朱耿尚, 胡元奎. 认知电子战概述[J]. 电子信息对抗技术, 2015, 30(01): 33-38.

[22] 金林. 智能化认知雷达综述[J]. 现代雷达, 2013, 35(11): 6-11.

[23] 魏选平, 姚敏立, 张周生, 等. 脉冲压缩雷达原理及其 MATLAB 仿真[J]. 电子产品可靠性与环境试验, 2008(04): 36-38.

[24] 李仙茂, 董天临, 黄高明. MIMO 雷达信号处理综述[J]. 现代防御技术, 2017, 45(01): 107-112+146.

[25] 张亚坤, 曾凡, 戴全辉, 等. 雷达隐身技术智能化发展现状与趋势[J]. 战术导弹技术, 2019(01): 56-63.

[26] 许道明, 张宏伟. 雷达低慢小目标检测技术综述[J]. 现代防御技术, 2018, 46(01): 148-155.

[27] 王雪松. 雷达极化技术研究现状与展望[J]. 雷达学报, 2016, 5(02): 119-131.

[28] 郑明洁. 合成孔径雷达动目标检测和成像研究[D]. 北京: 中国科学院研究生院(电

子学研究所），2003.

[29] 周峰，邢孟道，保铮. 一种无人机机载 SAR 运动补偿的方法[J]. 电子学报，2006 (06)：1002 - 1007.

[30] 郝慧军. 无人机载 SAR 实时信号处理设计及实现[J]. 科技视界，2015(26)：7 - 8.

[31] 王岩飞，刘畅，詹学丽，等. 一个高精度无人机载多功能 SAR 系统[J]. 电子与信息学报，2013，35(07)：1569 - 1574.

[32] NI C, WANG Y, XU X, et al. SAR motion compensation based on the correction of residual attitude errors [J]. Science China Physics. Mechanics and Astronomy. 2011(54)：1899.

[33] FAN B, DING Z, GAO W, et al. An improved motion compensation method for high resolution UAV SAR imaging[J]. Science China(Information Sciences)，2014 (57)：1 - 13.

[34] LIN Y, ZHANG B, JIANG H, et al. Multi-channel SAR imaging based on distributed compressive sensing [J]. Science China(Information Science)，2012 (55)：245 - 259.

[35] 高许岗，雍延梅. 无人机载微型 SAR 系统设计与实现[J]. 雷达科学与技术，2014，12(01)：35 - 38.

[36] GUMMING I G, WONG F H. 合成孔径雷达成像[M]. 洪文，胡东辉，译. 北京：电子工业出版社，2007.

[37] 保铮，邢孟道，王彤. 雷达成像技术[M]. 北京：电子工业出版社，2005.

[38] 朱明城. 基于无人机群的 SAR 三维成像方法研究[D]. 成都：电子科技大学，2021.

[39] 洪文. 圆迹 SAR 成像技术研究进展[J]. 雷达学报，2012，1(02)：124 - 135.

[40] 邢孟道，林浩，陈溅来，等. 多平台合成孔径雷达成像算法综述[J]. 雷达学报，2019，8(06)：732 - 757.

[41] 孟智超，卢景月，谢朋飞，等. 无人机载多普勒分集前视合成孔径雷达成像方法[J]. 电子与信息学报，2019，41(12)：2852 - 2858.

[42] 赵博，钱正祥，黄晓雷. 无人机载 SAR 技术应用研究综述[J]. 安徽电子信息职业技术学院学报，2009，8(01)：24 - 25.

[43] 马彦恒，侯建强. 机动合成孔径雷达成像研究现状与发展趋势[J]. 兵器装备工程学报，2019，40(11)：111 - 115.

[44] 李秋菊. 无人机载微小型 SAR 发展概述[J]. 数字技术与应用，2019，37(06)：197 - 199＋202.

[45] 张玉玲，王鹏，曲长文. 微型 SAR 发展状况[J]. 舰船电子对抗，2008(05)：51 - 55.

[46] 潘勇先，刘丽. 微型 SAR 成像系统分析[J]. 雷达与对抗，2017，37(01)：1 - 4.

[47] 曲长文，何友，龚沈光. 机载 SAR 发展概况[J]. 现代雷达，2002(01)：1 - 10＋14.

[48] 张直中. 合成孔径雷达遥感技术及其应用[J]. 火控雷达技术，2000(01)：1 - 7＋39.

[49] 周长宝，陈夏法. 合成孔径雷达在海洋遥感中的应用[J]. 遥感技术与应用，1992 (03)：49 - 55.

[50] 曲长文,周强,王颖. 无人机载合成孔径雷达遥测技术[J]. 舰船电子工程,2009,29(01):23-27.

[51] 杜兰. 雷达高分辨距离像目标识别方法研究[D]. 西安:西安电子科技大学,2007.

[52] 刘宏伟,杜兰,保铮,等. 雷达高分辨距离像目标识别研究进展[J]. 电子与信息学报,2005(08):1328-1334.

[53] 王晓丹,王积勤. 雷达目标识别技术综述[J]. 现代雷达,2003(05):22-26.

[54] 徐丰,王海鹏,金亚秋. 深度学习在SAR目标识别与地物分类中的应用[J]. 雷达学报,2017,6(02):136-148.

[55] 田壮壮,占荣辉,胡杰民,等. 基于卷积神经网络的SAR影像目标识别研究[J]. 雷达学报,2016,5(03):320-325.

[56] 李明. 雷达目标识别技术研究进展及发展趋势分析[J]. 现代雷达,2010,32(10):1-8.

[57] 孙文峰. 雷达目标识别技术述评[J]. 雷达与对抗,2001(03):1-8.

[58] 马林. 雷达目标识别技术综述[J]. 现代雷达,2011,33(06):1-7.

[59] 郦苏丹. SAR影像特征提取与目标识别方法研究[D]. 长沙:国防科学技术大学,2001.

[60] 戴征坚,郁文贤,胡卫东,等. 空间目标的雷达识别技术[J]. 系统工程与电子技术,2000(03):19-22.

[61] 郁文贤,郭桂蓉. ATR的研究现状和发展趋势[J]. 系统工程与电子技术,1994(06):25-32.

[62] 张群,胡健,罗迎,等. 微动目标雷达特征提取、成像与识别研究进展[J]. 雷达学报,2018,7(05):531-547.

[63] 王虎,韩长喜,薛慧. 美国深空先进雷达发展研究[J]. 飞航导弹,2021(12):122-126+145.

[64] 党弦,江天,成浩. 高精度测量雷达发展趋势[J]. 舰船电子对抗,2021,44(06):22-25+55.

[65] 曹兰英,董晔,郭维娜. 机载火控雷达发展趋势探究[J]. 航空科学技术,2021,32(06):1-8.

[66] 杨建宇. 雷达技术发展规律和宏观趋势分析[J]. 雷达学报,2012,1(01):19-27.

[67] 贲德. 机载有源相控阵火控雷达的新进展及发展趋势[J]. 现代雷达,2008(01):1-4.

[68] 张良,祝欢,杨予昊,等. 机载预警雷达技术及信号处理方法综述[J]. 电子与信息学报,2016,38(12):3298-3306.

[69] 吴峰,顾杰,鲜佩,等. 量子雷达发展趋势及对抗方法[J]. 电子信息对抗技术,2021,36(03):1-6+12.

[70] 陈娟,周晔,高霞,等. 机载气象雷达发展趋势分析[J]. 航空工程进展,2021,12(01):113-120.

[71] 谭怀英,张鹏,贺青,等. 雷达参数级智能化抗干扰研究及应用[J]. 现代雷达,

2021，43(11)：15 - 22.

[72] 刘松涛，雷震烁，温镇铭，等. 认知电子战研究进展[J]. 探测与控制学报，2020，42(05)：1 - 15.

[73] 王沙飞，鲍雁飞，李岩. 认知电子战体系结构与技术[J]. 中国科学：信息科学，2018，48(12)：1603 - 1613＋1709.

[74] 范忠亮，朱耿尚，胡元奎. 认知电子战概述[J]. 电子信息对抗技术，2015，30(01)：33 - 38.

[75] 周伟江，秦大国，刘甲. 复杂电磁环境中智能决策对抗技术的应用[J]. 航天电子对抗，2020，36(02)：45 - 50.

[76] 王杰贵，崔宗国，谭营. 智能雷达干扰决策支持系统[J]. 电子对抗技术，1999(05)：5 - 11.

[77] 母政，王昀. 智能化雷达关键技术的发展[J]. 中国新通信，2021，23(15)：96 - 98.

[78] 杨文，孙洪，曹永锋. 合成孔径雷达影像目标识别问题研究[J]. 航天返回与遥感，2004(01)：38 - 44.

[79] TAIT P. 雷达目标识别导论[M]. 罗军，曾浩，李庶中，等译. 北京：电子工业出版社，2013.

[80] 邓玉辉，孙光才，邢孟道，等. 基于面向对象的视频 SAR 成像方法[C]. 第十五届全国雷达学术年会，广州，2020.

[81] 邓玉辉，孙光才. 一种新的高分辨 SAR 自聚焦方法[J]. 上海航天(中英文)，2021，38(S1)：73 - 77.

# 第三章
## DISANZHANG
# 人脑机智能雷达应用

前面章节主要介绍了雷达基本原理、脑机接口原理以及人脑机混合智能雷达的基本概念等内容。就研制目的而言，研制人脑机智能雷达的出发点是以人为本，因此，本章将以典型应用场景——灾后救援为蓝本，从应用角度出发，结合灾后救援过程中各个阶段的人脑机智能雷达技术的研发，来展现人脑机智能雷达在工程实践应用中的优秀成果。

在受灾区域，搜救的场景及信息设备往往受到大面积、严重程度的破坏，场景的地形、道路条件异常复杂，导致传统救助平台和探测手段效率低下甚至无法正常工作，此外，人员在受伤或被掩埋情况下难以对救助平台进行有效反馈，最佳治疗时间往往消耗在搜救过程中。整体而言，当前国内外在灾后搜救中对伤员的检测定位效率相对低下。因此，在载机平台的大规模救援过程中，如何快速、有效地从大范围复杂场景影像信息中提取目标信息是重要的研究方向。

稳健平台的智能化探测、目标定位和目标识别是提高灾后救援效率的关键技术，而人脑机智能雷达在感知、定位领域具有天然的优势，是进行灾后救援的理想技术手段，但还需要在各个细分领域开展相应的研究。我们围绕这一目标，结合现有技术并借助脑机智能技术突破现有技术的瓶颈，将整体的生物体无源定位系统提升到一个新的层面，有效改善灾后救援的效果。

具体而言，首先在平台应用层面，我们以智能影像的获取和解译为基础，创造性地提出了基于匹配定位技术的机载导航算法，可以在卫星定位系统缺失的情况下实现高精度的本机定位，进而保证伤员定位的平台精度；其次在探测技术层面，我们利用微多普勒技术实现了无源目标的生命体征检测，并结合实际应用场景提出了稳健的检测算法；最后，在影像、目标识别层面，我们探索了脑机接口在智能影像检测方面的应用，为基于影像的目标检测提供了较好的基础。

围绕灾后伤员救助的目标体系，我们通过大量的技术研发，让人脑机雷达系统能够从实验室走出到应用层面，实现了人脑机智能雷达技术为人服务的根本属性。

遥感影像智能解译及地理信息汇聚三体雷达在抗灾救援过程中的基础数据保障工作中的应用，目标是为未来无人救援平台提供灾区地理信息预装载功能，指引救援工作更有效进行。对于三体雷达，面对残缺、未知的受灾环境，我们需要借助其他的探测手段，例如天基遥感、网情搜索等，来完成灾区环境的信息重建。专题地理信息系统可以提供灾区的环境、水文、电磁、历史、人文、社会等各项数据，借助人工智能及计算机视觉技术，可以将搜索、积累的数据进行仿真建模、救援制图，构建灾区环境的动态变化，预测灾情未来发展趋势等。同时，地理信息最大的作用在于向后续的救灾平台提供充足、准确的位置信息，这对于抢险救人至关重要，也是后续空中平台位置匹配定位、伤员探测辅助决策以及灾区损毁目标鉴别的重要技术支撑。在实际使用时，遥感影像的获取、解译是两个相辅相成、不可分割的步骤，在获取影像时通过智能解译的算法分析影像的内容和价值，是高效获取遥感信息的必要技术。随着5G(5th Generation Mobile Communication Technology)、人工智能、互联网甚至是元宇宙技术的发展，我们希望引入更多的前沿手段赋能多源遥感影像智能解译系统，以后，还将运用现实增强技术(Augmented Reality，AR)以及虚拟现实技术(Virtual Reality，VR)为交互接口，配合脑机、肌电等三体雷达其他优势技术完成更高效的抗灾救援。

### 3.1.1　概述

现代航空航天遥感朝着"三多"(多传感器、多平台、多角度)和"四高"(高空间分辨率、高光谱分辨率、高时相分辨率、高辐射分辨率)方向发展。遥感观测数据的极大丰富在提升对地观测能力的同时也对影像解译提出了更高要求。为了提高遥感数据的使用效率，更好地进行遥感数据信息挖掘，充分反演观测地表的地理信息、位置信息、属性信息以及逻辑信息，融入其他模态、时相的探测数据，构建优势信息互补，梳理观测现象后的时间逻辑，已经成为遥感影像智能解译的基础理论要求。我国对地观测卫星梯队式建设已逐渐完善，在抗灾救人应用中实现快速数据清洗、格式转换、目标识别、要素分割、地理编码，生成灾区专题地理信息产品，反演灾区整体态势进而辅助决策，已成为三体雷达系统对遥感影像智能解译技术的迫切需求。研究以星载对地观测数据为主导的多源遥感信息智能解译技术，对于提升灾区各项感知数据的信息自动化处理和多源异构数据处理能力，增强抗灾救援过程中的地理信息的智能化解译与变化的提取能力具有重要的意义。图3-1所示为遥感影像解译应用示例，其中图3-1(a)所示为星载光学影像及其解译，图3-1(b)所示为星载合成孔径雷达(Synthetic Aperture Radar，SAR)影像目标识别，图3-1(c)所示为星载高光谱影像解译。

(a) 星载光学影像及其解译

(b) 星载SAR影像目标识别

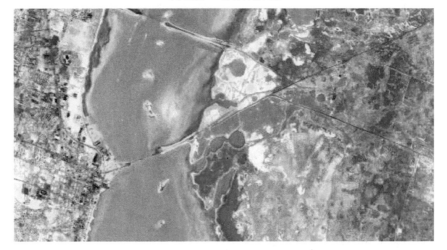

(c) 星载高光谱影像解译

图 3-1 遥感影像解译应用示例

### 1. 常用遥感影像解译方法概述

遥感影像传统的分割方法主要包含监督分类和非监督分类两种。监督分类（supervised classification）又称训练场地法，其核心在于获取分割区域类别的先验知识，进一步构建判别函数。监督分类要求训练样区具有典型性和代表性。常见的监督分类方法包括马氏距离分类、最大似然法等。非监督分类（unsupervised classification）是以群理论为基础，以不同地物在特征空间中类别特征的差别为依据的一种无先验类别标准的影像分类方法，它通过计算影像中的样本特征，将相似特征的地物合并成一个集合来构建决策树进行分类。一般算法有：迭代自组织分类（Iterative Self-Organizing Data Analysis Techniques）、K-均值聚类分类（K-Mean Classification）。

随着计算机影像处理技术的快速发展，遥感影像解译方法也取得了长足进步。以神经元网络分类法、决策树分类法、专家系统分类法、支持向量机（Support Vector Machine，SVM）以及面向对象的分类方法等为代表的新一代机器学习算法迅速在影像解译领域展现出巨大优势，各种模式识别与分类技术也成为机器学习的研究热点。

1）神经元网络分类法

神经元网络（也叫人工神经网络）分类法是借鉴生物神经网络的工作原理，模拟人脑神经元对信息进行加工、处理、储存和搜索的过程。与传统方法相比，神经元网络分类法在用于遥感影像分类时，不必考虑一像元统计分布特征。神经元网络分类法可以广泛应用于多源遥感数据分类。

2）决策树分类法

决策树分类法是一种从无次序、无规则的样本数据集中推理出决策树表示形式的分类方法。适用决策树分类法的遥感影像解译场景是构建的每一类地物的目标函数具有离散的输出值。因此，决策树分类法在目标类别尚未明晰的混合影像上应用度比较局限。

3）专家系统分类法

专家系统分类法是将影像判读专家的先验知识作为机器分类标准的一种方法。判读专家目视解译遥感影像实际上是一个多种知识综合使用的过程，如影像本身的光谱特征、地理信息、空间信息、时间信息以及专家自身的解译经验等。而专家系统就是将这个使用过程数据化，形成判读专家的经验、知识库。专家系统分类法是一种理想的分类方法。

4）支持向量机分类法

支持向量机分类法是一类按监督学习方式对数据进行二元分类的广义性分类法，拥有较强的理论基础。在分类样本信息有限的条件下，它能相对更好地平衡模型中的复杂性和学习能力，极大地避免了"过度学习"等问题。支持向量机是一个有监督的学习模型，它通常应用于对对象进行模式识别、分类以及回归分析。

5）面向对象分类法

面向对象分类法是一种基于目标识别思路的方法，这种方法可以充分利用高分辨率影像的空间信息，综合考虑光谱统计特征、形状、大小、纹理、相邻关系等一系列因素，得到较高精度的信息提取结果，在遥感影像分析中具有巨大应用潜力。

### 2. 深度学习算法在遥感影像解译中的应用

深度学习是近年来机器学习领域备受瞩目的一类算法，其动机在于依靠大量的特征标签和强大的计算机算力实现更复杂的神经网络算法，从而模拟人脑进行分析学习。影像分类要求算法对复杂问题有更好的泛化处理，深度学习可通过学习一种深层非线性网络结构，表征输入数据，实现复杂函数逼近，展现出了强大的从少数样本集中学习数据集本质特征的能力。

相较于一般自然影像，遥感影像通常具有更复杂多样的模式，如不同分辨率、不同载荷等，其包含了更丰富的时空光谱信息。深度学习算法在特征表达尤其是高级特征表达方面优势明显，因此深度学习已经被引入多个遥感应用领域，包括地表覆盖制图、环境参数检索、数据融合与降维以及信息建设与预测等，如图 3-2 所示。

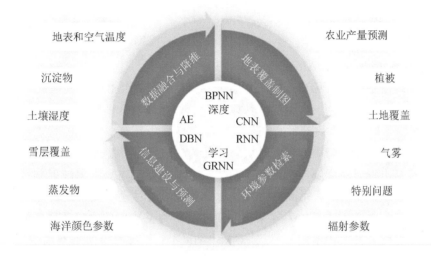

图 3-2　深度学习在遥感中的应用分布图(Qingqiang Yuan et al. , 2020)

深度学习具有特征学习和深层结构两个特点，大量的计算参数可以有效提升遥感影像解译结果的精度，同时使用梯度下降算法可以保证复杂函数的快速收敛，提高了运算效率。特征学习能够根据不同的应用目的，通过相关的样本标注，从海量数据中学习分割必要的高级特征，具备数据深层次信息的表达能力，这将使遥感影像深度信息的挖掘成为可能。深层结构通常拥有多层的隐层节点，包含更多的非线性变换，使得拟合复杂模型的能力大大增强。下面将对深度置信网络(Deep Belief Nets，DBN)、卷积神经网络(Convolutional Neural Network，CNN)、堆叠自编码(Stacked Auto-Encoder，SAE)三种典型方法进行介绍，并分析这几种方法在遥感影像解译中的应用现状。

1）深度置信网络(DBN)

深度置信网络是神经网络的一种，可以作为自编码器用于非监督学习，也可以作为分类器用于监督学习，其本质都是特征学习的过程，为了得到更好的特征表达。DBN 由若干层神经元构成，组成元件是受限玻尔兹曼机(Retricted Boltz Mann Machine，RBM)。

目前深度置信网络(DBN)的遥感数据应用主要有高光谱遥感、合成孔径雷达、高分辨率遥感，但主要是经典数据集，还需要进一步拓展不同遥感数据应用、不同行业应用。DBN 较为典型的研究成果包括：吕启等提出了一种基于 DBN 模型的遥感影像分类方法，并利用 RADARSAT-2 卫星 6d 的极化合成孔径雷达影像进行了验证，实验表明，当网络结构层数为 3、各隐含层节点数为 63 时，SAR 影像的分类精度优于支持向量机(SVM)和传统神经网络算法。针对高空间分辨率遥感影像的分类问题，我们使用 DBN 对高分辨率影像进行了基于光谱-纹理特征的分类，并与基于单光源光谱信息的 DBN 分类方法、SVM 分类方法以及传统神经网络分类方法进行了比较分析，研究结果表明，利用影像的光谱-纹理特征能够有效提高高分辨率遥感影像的分类精度。邓磊等针对极化 SAR 影像分类中存在的海量特征利用率低、特征选取主观性强的问题，提出一种基于深度置信网络的极化 SAR 影像分类方法。该方法首先提取了极化类、辐射类、空间类和子孔径类四类特征构成的特征集，然后在此基础上选取样本构建特征矢量，作为深度置信网络的输入，最后通过网络训练拟合获得有效的分类特征进行影像分类。结果表明，该方法对机载合成孔径雷达(AIRSAR)数据的分类精度可达到 91.06%，说明了深度置信网络在特征学习方面的突出优势。

2) 堆叠自编码(Stacked Auto-Encoder，SAE)

堆叠自编码器是由多层稀疏自编码器组成的深度神经网络模型，其前一层编码器的输出就是下一层编码器的输入。自编码算法是一种无监督算法，可以自动从无标记数据中学习特征，并给出比原始数据更好的特征描述。自编码算法具有稀疏性的特点，因此在数据处理过程中需要进行数据降维和特征选择，并且要求输出尽可能等于输入。

自编码器是由编码器和解码器两部分组成的。编码器将输入数据映射到特征空间，解码器将特征映射回数据空间，完成对输入数据的重建。通过最小化重建误差的约束，学习从输入到特征空间的映射关系。为避免输入简单复制为重建后的输出，对自编码器增加一定的约束条件可将其变换为不同的形式。SAE 是由多个稀疏的自编码器逐层叠加构成的，它通过对观测数据进行编码、解码信息表达，来获得简洁而有效的特征向量，并深度捕获隐藏在数据内部的规则。为了能够充分利用数据类别、模式等隐含信息，一般在实际应用中需要对运算参数进行适当的监督微调。堆叠自编码器在遥感观测领域中的应用主要集中在三个方面：地物特征提取方法(几何特征、光谱特征等)、空间特征研究(地物分布特征、拓扑关系等)以及遥感影像地物分类。近年来，高光谱影像在遥感应用领域越来越受到重视，SAE 可以有效提取高光谱影像的深度光谱信息，以此为输入，有效结合支持向量机、逻辑分类等机器算法，可以得到更好的高光谱影像地物分类结果。在其他遥感影像分类方面，张一飞等针对传统遥感影像分类方法难以取得更高精度的问题，提出了一种基于栈式去噪自编码器的分类方法。该方法将多个去噪自编码器栈式叠加构成深度网络模型，使用无监督的逐层学习(layer-wise)方法由下至上训练每一层网络并在训练数据中加入噪声以得到更稳健的特征表达；然后，通过反向传播神经网络对特征进行有监督学习并利用误差反向传播对整个网络参数进一步优化。该方法使用"高分一号"遥感影像数据进行了实验验证，结果优于传统的支持向量机和反向传播神经网络分类精度。

3) 卷积神经网络(CNN)

卷积神经网络是通过模仿生物视觉的处理过程而构建的多阶段 Hubel-Wiesel 结构(1958 年 Hubel 和 Wisel 研究猫视觉皮层时发现的独特网络结构，进而提出了卷积神经网络)。CNN 的实质是输入到输出的映射关系。在学习之前，输入和输出之间没有明确的数学模型，CNN 通过学习大量的输入与输出之间的映射，对卷积网络加以训练，从而建立模型。CNN 的基本网络结构由输入层、卷积层（convolutional layer）、池化层（pooling layer，也称取样层）、全连接层及输出层构成，其中卷积层、池化层、全连接层有不同的功能。

卷积神经网络同一平面上的神经元权值相等，能够并行学习及高效率处理遥感影像，能够更充分表达遥感影像的样本特征，并且复杂的网络结构可以满足对多地物特点的抽象表示，因此 CNN 在遥感影像解译过程中也起到了重要的技术推进作用。目前在遥感影像分类中比较典型的 CNN 应用算法有 AlexNet 网络模型、Inception-v3 网络模型、VGG-16 网络模型等，比较典型的应用成果包括：使用多光谱遥感影像进行水体提取过程中由于较少使用光谱与空间信息，致使水体提取的可靠性和准确性难以保证；何海清等人将归一化差分水体指数与卷积神经网络相结合，通过迭代运算实现最优化遥感水体提取，实验方法证明该方法显著提升了水体提取精度。

### 3.1.2　遥感影像智能解译技术的主要内容

**1.** 遥感影像智能解译技术内容之———网络地理信息搜集与建库

前文介绍了近年来遥感影像解译方法的总体情况，从本小节开始，将结合当前遥感信息"搜索、评价"这两个实际的应用需求，介绍当前互联网、大数据以及智能算法背景下的遥感影像智能解译方法流程，重点是通过网络信息搜索来解决目标区域受灾后的信息缺失问题，最大限度地提供救灾过程中需要的各项关键信息，同时完成对信息的筛选、梳理、建库等。

遥感影像解译的根本目的是使用影像中包含的丰富地物特征信息，而信息的使用则要置身于其所在的地理环境当中，接下来我们将首先从构建影像属性特征的角度出发，通过获取多源地理信息来确定遥感影像不同地物内包含的地理属性信息，然后，设计一种计算信息的度量价值，将其作为智能影像解译过程中的样本标注、模型训练及输出应用阈值，从而为后续的信息挖掘与逻辑关联奠定基础。

当前，世界已经进入信息化、智能化时代，互联网已经成为全球最大的开放信息源。对于遥感影像而言，互联网已经成为其最大的信息资源宝库。全球范围内大型互联网服务商（如亚马逊、谷歌和苹果）掌握着通过直接销售、商业数据中介商、营销企业及社交媒体搜集并提供的信息，其中蕴含了大量的社会经济、政治及军事等有关的信息；科学联盟和跨国商业投资发射入轨的高重访周期卫星获取了全球的全动态视频和光电影像，揭示了区域与城市的规模及特征；开放网络（互联网）与深层网络（高端商业、工业和学术交流网络）中记录了海量的网络交易信息。如何及时发现、快速汇集、自动清洗这些公开数据，通过位置匹配将属性信息与遥感影像的地物特征进行关联，将是遥感影像智能解译的一次大胆尝试。

然而，互联网地理信息具有显著的分散化、碎片化特征，如何将这些信息有机结合到一起，是当前包括美国在内的全球科技强国、遥感大国正在竞争的战略技术高点，也是全球第三代地理空间信息服务的核心能力之一。全球泛在地理空间数据具有形态多样、来源众多、时空异构、语义复杂、更新频繁、质量参差不齐等特点，是一个真正意义上的异构大数据。要对庞杂无序的数据进行有序管理，使其变成高质量的地理空间信息产品，完成有效的遥感影像位置匹配，就必须解决大数据统一存储、时空统一组织、语义动态关联、多维高效排序、高性能管理调度、持续动态更新等一系列技术难题。

1）网络公开地理信息获取的技术流程及实现方法

网络公开地理信息获取的总体技术流程以公共地图服务平台（如百度、腾讯等）为主要参考信息源，通过网络信息采集、属性信息清洗等自动化处理步骤，形成以地名、地址为核心的地理要素数据和更新变化线索，如图3-3所示。

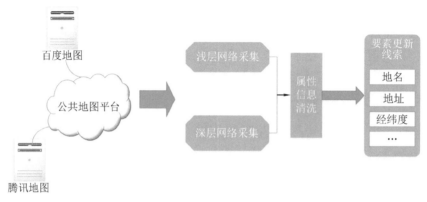

图3-3　网络公开地理信息获取技术流程

网络公开地理信息获取技术可在获取信息的同时完成选取信息源与构建网址库的工作。为确保获取信息的权威性、全面性和时效性，选取的信息源需要符合以下条件：

① 必须保证内容具有高公信力；

② 网站富含地理要素信息；

③ 有明确更新主体，可确保信息定期更新。

主要地理信息搜索网站/信息源分类及其用途见表3-1。

表3-1　主要地理信息搜索网站/信息源分类及其用途举例

| 数据类型 | 来源网站类型 | 来源网站 | 更新主体 | 信息用途 |
|---|---|---|---|---|
| 兴趣点（Point of Interest，POI）数据 | 公共地图 | https：//map.baidu.com | 百度地图、腾讯地图 | POI线索更新 |
| | | https：//map.qq.com | | |

网络公开地理信息获取技术可完成对网络信息的获取与清洗，利用网络搜索引擎，自动发现和持续获取与教育、医疗、房产小区有关的POI更新信息。对于这三类实体的变化信息，主要通过公共地图平台和垂直行业平台网站进行深度采集。具体获取流程将通过以下技术方法实现：

（1）基于浅层网络信息获取要素信息。基于浅层网络信息，融合网页爬虫、中文分词、中文信息提取、地名地址编码等技术，可以快速发现与地理要素有关的线索。其技术流程如图3-4所示。

在网络信息搜集过程中采用"元搜索＋垂直搜索"的方式，开发收录引擎，实现从互联网网站中收录与地名地址及其变化有关的网页信息，再通过中文分词引擎，形成支撑后续应用需求的"分词词典"；然后利用"时空分析＋主题特征"的匹配抽取方法，面向网络新闻中的地理要素变化事件信息，对事件类型、时间、地点、主体等关键信息进行抽取，形成信息库。

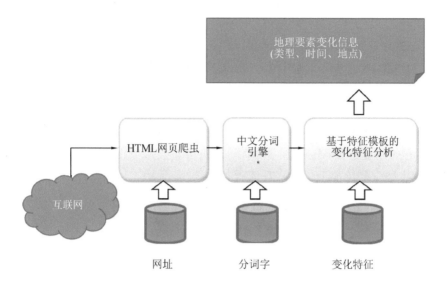

图 3-4 基于浅层网络信息获取要素信息的技术流程示意图

（2）基于深度网络信息获取矢量位置信息。公共地理信息服务中富含大量的 POI 信息。但是，由于该信息并非以超文本标记语言（Hyper Text Markup Language，HTML）超链接的形式进行组织和关联，尤其是无法利用超链接分析技术对地理信息进行采集和获取，故必须采用深度网络信息获取技术对其进行采集和获取。

如图 3-5 所示，基于检索词优化与空间自适应的深网数据获取技术主要通过以下五个步骤实现对 POI 数据要素的深层次获取：① 信息模板构建；② 潜在检索词生成；③ 贪

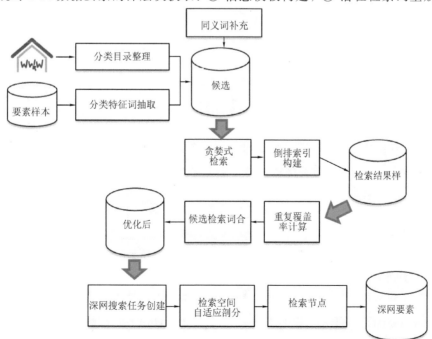

图 3-5 基于检索词优化与空间自适应的深网数据获取流程示意图

婪式探测查询；④ 基于重复覆盖迭代计算的检索词优化；⑤ 范围自适应剖分与节点动态迁移的空间爬行。

2）网络公开地理信息获取技术工程实现

在实际信息搜集过程中，工程化实现需要具备的主要功能包括信息采集、信息监听、信息存储；能够实现对国内外敏感信息的搜索与获取；具备自动采集能力，完成对谷歌地图POI数据的自动搜索；利用采集监听功能对浏览器搜索到的POI数据进行拦截，通过设置白名单实现对搜索过程中冗余及不相关数据的自动过滤；将通过筛选获取的有效数据进行缓存；使用存储功能连接 MySQL 数据库，用户可直接从数据库中获取所需的存储数据。网络公开地理信息获取技术工程化实现流程如图 3-6 所示。

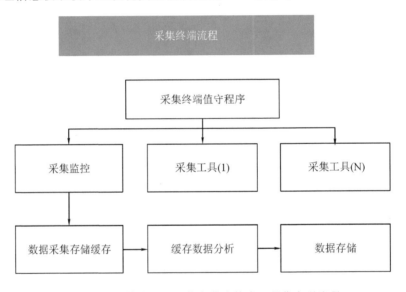

图 3-6　网络公开地理信息获取技术工程化实现流程

我们在实现搜索模块时，设计了开放式、可扩展的元搜索引擎架构，从而能够完成对国内外主流搜索引擎的整合，构建地理信息元搜索技术框架；然后，根据互联网泛在地理信息的内容特征、结构特征与宿主特征，设计基于语义的信息遍历模型和内容匹配模型，实现对国内外地理信息网站的自动、持续和精确收录。面向矢量、影像、地名、地址、位置信息、地理标注、地理数据服务等多模式互联网地理信息，开展地理信息类型自动判别、共性特征高效提取、多态属性深度解析与噪声信息过滤等模型与方法研究，实现跨网站、跨语言、跨类型地理信息的动态解析与深度萃取。基于元搜索引擎的技术路线如图 3-7所示。

最后是地理情报数据发现与汇聚技术模块集成。我们通过构建互联网环境下地理情报数据内容与分类体系，设计地理情报数据的数据接口、互操作规范和语义描述标准；通过研究先验知识、自学习预测模型、信息订购机制相结合的地理情报信息源主动探测、成果实体特征标引技术，实现对地理情报数据的自动发现和语义关联；通过研究面向地理信息门户的典型要素数据发现技术，实现元数据、实体数据、数据论文、关联应用案例的自动联结与可用性评估；通过研究面向主题特征海量异构数据形式化描述模型与基于位置的海量异构数据结构化表达方法，在语义和知识层次上，实现海量、连续异构数据的位置关联、主题关联。地理情报数据发现与汇聚技术集成路线如图 3-8 所示。

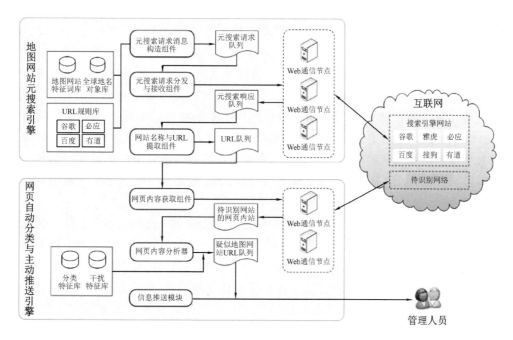

图 3-7　基于元搜索引擎的技术路线图

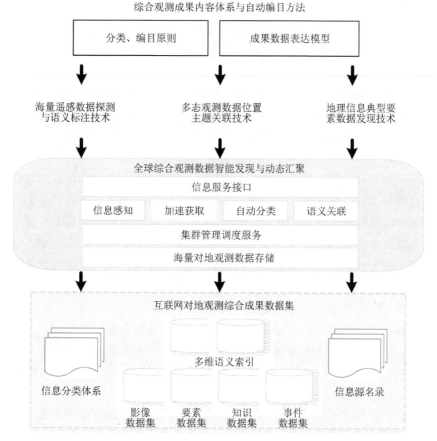

图 3-8　地理情报数据发现与汇聚技术集成路线

**2.** 遥感影像智能解译内容之二——信息价值度量计算

网络公开地理信息的获取、存储、统一基准设置以及后续的调用都是为了能够利用位置关系，将遥感影像上的地物要素与对应的属性信息相关联。在遥感影像智能解译过程中，构筑训练样本除了使用频域和时域的影像特征之外，属性域是更高级的特征空间，通过属性域可与最终的影像使用需求相关联，并且，属性域可为小样本提供更多的特征表示。下面将在前文介绍的地理信息搜集的基础上展开信息价值的相关描述，尝试从繁杂的地理信息中找到信息价值的度量方法，目的是从繁杂的网络信息中提取最关键的抗灾救援信息，鉴别数据真伪，监视舆情动态，从而为后续的抗灾救援关键情报特征阈值提供评价模型和计算方法。

网络公开地理信息的获取实际上就是多源信息融合技术（或者称为多源信息优化融合技术）的第一步。早在很多年前，多源信息融合技术便已经成为信息科学领域中非常重要的技术之一，其主要研究如何综合处理多传感器获得的信息，从而更好地理解所观察到的对象，以便得到更可靠、更准确的结论。信息融合优化也为地理信息及遥感应用技术的研究提供了新的角度，促进了影像解译技术的进一步发展。这里讲的多地理信息融合优化，更多的是指网络公开信息的多样化和复杂化，而不单单指采集信息的传感器种类多。此外，对地观测技术的发展进步，包括机载、车载、人工甚至一些常设的监测站点（如海浪检测浮标、气象监测站点等）都可以通过位置关系完成不同种类信息的融合，此外，这里的信息优选也涉及与观测环境相关的信息获取系统，甚至是人或动物等生物的感知系统。

1）信息价值评价及度量计算的目标和功能设计

当前遥感影像解译过程中，影像信息的价值主要靠人工经验来判断，数据量太大，个性差异太强，难以覆盖包括网络公开信息在内的所有信息来源，且需要耗费大量人力物力，数据价值密度低，有价值信息的提取效率不高，容易漏掉一些有价值的信息。计算信息价值的目的是提供一种基于多源信息融合的信息价值评价与价值度量计算方法，它可以自主提取多源地理信息并融合处理，得到综合信息价值评价。

为了实现上述目标，我们将公开地理信息进行价值计算，进而转化成后续遥感影像智能解译的属性特征空间。我们设计了一种基于多源信息融合的信息价值评价与价值度量计算方法，具体的功能模块包括：人机交互操作模块、多源数据预处理模块、信息价值评价模块和标准特征文本生成模块。人机交互操作模块通过操作界面选择人们感兴趣的地理区域及时间范围，系统预置相关的参数，并设置数据导入范围，导入多源数据并自动提示数据特征，将数据送入多源数据预处理模块；多源数据预处理模块将导入的多源数据处理成标准的结构化数据，分别送入信息价值评价模块和标准特征文本生成模块进行融合处理；信息价值评价模块以所选区域内目标变化为基础，融合其他来源信息得到目标变化带来的信息价值评价；标准特征文本生成模块首先根据数据预处理模块处理后的历史样例文本数据构建与区域相关的标准特征文本格式，然后融合其他来源信息生成标准的特征文本产品。

该方法的设计是基于多源信息融合、自然语言理解、地理信息元搜索技术等智能提取与目标区域相关的多源信息并有效融合，从而得到信息价值评价和高质量的特征文本产品，有效提高实际的解译需求与遥感影像智能解译过程中样本标注、模型选择的匹配效率和质量,大大降低了所需的人力物力财力,最终由多源地理信息获取出发,产生样本属性特征空间,进而推进遥感影像智能解译的实现。

2）信息价值评价模型及信息价值度量计算

信息价值度量是指把多源信息中的价值大小进行数值量化,从而可以完成有效的信息筛选。信息价值度量的计算过程是通过对历史样本的理解和学习,抽离出关键的信息要素。而信息价值评价模型则是模拟判图员对信息的取舍过程,由实际的影像解译需求来找到对应多源地理信息种类的相关关系。信息价值评价和标准特征文本的构建包括要导入的多源数据、人机交互操作模块、多源数据预处理模块、信息价值评价模块和标准特征文本生成模块,如图3-9所示。其中,多源数据包括卫星遥感影像目标解译结果,如目标的数量与位置变化,历史人工生成特征文本以及网络公开信息等。通过融合多源信息输入,解析历史报文产品,提取人们感兴趣区域内重点关注的信息要素,如对地观测中的种类、数量、属性等。根据不同信息输入源中重点信息要素出现的频次以及人工解译过程中的关注程度,设置一定的重要性原则,同时,按照对地观测任务的紧迫程度进行目标排序,将多源信息进行映射互补,将定性的文字分析量化成可供计算的数学模型,批量处理后最终可得到感兴趣区域内长时间序列的有效信息知识库,该知识库可用｛区域：XX省,时间：XX年XX月XX日,重点目标：机场、港口,政府大楼……,一般目标：居民区、商业区、体育馆……,对应的网络公开信息｝的文本格式表达,每个文本要素都有具体的参数价值,而整个知识库的构建就是信息价值要素提取分析和模型量化的结果。

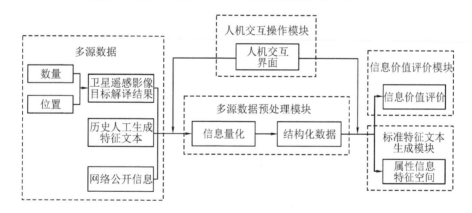

图3-9　信息价值评价及标准特征文本的构建

### 3.1.3　元宇宙对遥感与地理信息发展的影响

元宇宙是一个集合的虚拟共享空间,由虚拟增强的物理现实和物理持久的虚拟空间聚合而成,包括所有虚拟世界、增强现实和互联网的总和。metaverse这个词是由前缀"meta"（意为"beyond"）和"universe"组合而成的,通常用于描述互联网未来迭代的概念,由持久的、共享的、三维虚拟空间连接到一个可感知的虚拟世界中。自2021年年末扎克伯格将自己的公司Facebook更名为Meta之后,元宇宙概念迅速蹿红,加之媒体和资本的青睐,一时间风光无两,2021年也被称为是元宇宙元年。得益于互联网、人工智能、通信、大数据等基础电子信息技术的快速发展,元宇宙已经成为人们对未来世界的美好愿景。

元宇宙之于遥感领域的发展来讲，能够提供更直观的遥感感知能力，这不仅表现在对目标地物的监测，更表现在能够实实在在地看到目标地物的变化情况。例如，在监测农作物生长过程中，通过虚拟技术可以模拟出比如农作物的生长状态，甚至叶绿素含量的变化，让我们的监测技术变得更加科学，更加形象化；同时，遥感结合元宇宙的接口 AR、VR 等技术能够真正反演还原人们感兴趣区域内的数字地理模型，三维建模、影像渲染可以更加科学，我们也能置身于遥感影像内重点关注我们需要的影像解译内容，甚至根据检测结果对未来发展的预测、预警也会变得更加科学。在遥感监测成果的表达方面，我们能够用更加形象化的方式表达遥感检测的结果，使用户有更加深刻的理解。

元宇宙之于地理信息更是相辅相成。从远景描述来看，元宇宙需要构建一个平行于现实世界的虚拟空间，把真实的地理空间映射到虚拟空间里。而地理信息系统（Geographic Information System，GIS）全空间技术的发展正在为这一虚拟空间的构建提供技术储备。并且，元宇宙是数字宇宙，如何管理超巨量的时空数据是未来实现元宇宙健康运行面临的首要难题，而目前地理信息系统（GIS）对海量数据的管理、存储和高效分析，将为元宇宙的发展提供强大引擎。再者，围绕数据的搜集、加工、分析、挖掘过程中释放出的数据生产力，是驱动元宇宙发展的强大动能，在这一过程中，人工智能（Artificial Intelligence，AI）＋GIS 将成为元宇宙的"大脑"，通过 AR/VR 完成更便捷的引导与交互，充分挖掘数据价值，实现元宇宙的自发有机生长。最后，沉浸式体验是元宇宙的基本特征之一，GIS 与 AR/VR 技术的融合，可以创建完整的世界，同时也可以创造新的商业模式，创造新的工作形态，塑造新的社交模式，未来"AR＋GIS"或许会成为连通元宇宙与现实的关键。

### 3.1.4 小结

本小节首先介绍了三体雷达系统开发过程中对地观测数据的应用需求，然后介绍了传统的以及相关机器学习的遥感影像解译方法，同时总结了遥感影像分类中的深度学习原理，最后介绍了深度神经网络对遥感影像解译技术发展的影响。

随着地理信息技术的不断发展，专题地理信息系统成为抗灾救援的重要技术支撑。遥感影像除了在时域和频域可以挖掘特征之外，在与地理信息结合的属性域也可以进行深层次的特征挖掘。随着遥感影像的时间分辨率和空间分辨率的不断提升，产生了大量的多尺度遥感影像，加快了受灾区域内地理信息的获取和存储，使其构建遥感影像属性域的重要手段。

网情搜索的加入在很大程度上完善了影像解译结果，但信息搜集又带来了更大的决策负担，不同的判图专家由于个人认知、工作状态的不同，导致受灾区域的遥感影像属性域的特征未能统一，甚至容易出现信息密度过低、价值挖掘不足等问题。我们使用以往的人工特征文本来提取观测区域内的特征要素，同时根据获取的网络公开地理信息来进行属性特征的价值评价，计算出不同使用目的下的不同地理信息对应的价值度量，从而为后续的智能解译提供更丰富的学习特征，尤其是对小样本的目标识别等。

最后，希望未来元宇宙的发展能对灾区地理信息构建技术的进步带来革命性的变化。经过多年的优化，地理信息情报系统已经大量采用了自动化技术、虚拟仿真技术、数字孪生技术等，无论是情景的逼真度还是信息的准确度都有了跨越式的提升。当然，虚拟的场景或者仿真影像能否完美地还原复杂的灾区形态，我们依然持怀疑态度，因为混乱的灾区环境是无法完全预测的。未来的救援地理信息情报系统可以试着设定一些条件，当无人救灾平台进入那个阶段的时候，就能获得足够的指引。

### 3.2.1　概述

卫星导航是飞机飞行过程中主要的导航定位手段，然而在灾后场景下往往存在导航信号不能有效覆盖飞行空域的问题，使得这一传统方法难以为飞机提供有效的导航信息。机载惯性导航系统(INS)可以计算出飞机的大致位置，但由于工作原理所限，计算结果往往与真实信息之间存在较大的误差，且误差量与飞机的飞行时间成正比，即飞行时间越久，误差越大。

地面基准影像中往往包含大范围的、准确的位置信息，可以将实时机载 SAR 影像与之匹配，从而解算出 SAR 影像与基准影像中相同目标的对应关系，进一步得到 SAR 目标的经纬度信息。随着星载光学遥感技术的发展，各类星载产品已经日趋成熟，例如谷歌、天绘等，得益于平台优势，星载的 SAR 影像覆盖范围更大、实时性更好，所以使用成熟的光学遥感产品作为基准影像并完成与 SAR 影像精准匹配是一种务实的工程方案。并且，针对不同载荷影像之间的差异，使用基于灰度映射矩阵的相似度计算准则可以很大程度上规避异源影像差异带来的匹配误差。利用基准影像获得准确的地面位置后，以此作为控制点可以实现对机载 SAR 平台位置的反向解算。

基于上述理论基础，我们深度探索了影像匹配在平台定位中的应用。基于地面控制点的载机平台解算方法的研究在近几年已经有了一定的进展，如基于欧拉四面体算法的导弹下降轨道位置解算方法等，但这些方法都依赖于一定几何模型的选取。在实际情况中，使用基于广义伪距的平台定位方法也可获得准确的位置结果。伪距是卫星定位中的基本概念，这一概念可以在机载 SAR 影像处理领域推广并应用，地面目标与平台之间的距离(即斜距)可以由机载 SAR 发出和接收回波的时间差测定，这一距离与两者之间的真实距离大致相等，因此可以将其引申为已精确定位的地面目标与未知的平台位置之间的广义伪距。利用这一距离及若干已确定的地面目标位置列出合适的广义伪距观测方程并求解，可以实现对平台位置的反向解算。

### 3.2.2　机载雷达匹配导航定位计算方法

#### 1. 地理坐标

地理坐标系是为唯一表示地球上任一点位置而设置的以经纬度为单位的坐标系，也是在地理学中常用的定位方式。为方便计算距离以求解相关位置，需要将以经纬度为单位的地理坐标系 $Olmh$ 转换为以距离为单位、地心为原点的三维空间坐标系 $Oxyz$。结合相关的地理学知识，这一过程主要涉及地球的三个参数，见表 3-2，其中地球扁率 $f = (a-b)/a$。

表 3 - 2　地球相关参数

| 参数 | 值 |
| --- | --- |
| 地球扁率 $f$ | 1:298.257 |
| 地球长半轴 $a$ | 6 378 137.0 m |
| 地球短半轴 $b$ | 6 356 752.0 m |

转换过程如下：

首先计算地球偏心率：

$$e = \sqrt{\frac{a^2 - b^2}{a^2}} = \sqrt{1 - (1 - f)^2} \qquad (3-1)$$

经纬度坐标系下的坐标位置参数 $(l, m, h)$ 与三维空间坐标系下的坐标位置 $(x, y, z)$ 有如下转换关系：

$$x = (N + h)\cos m \cos l \qquad (3-2)$$

$$y = (N + h)\cos m \sin l \qquad (3-3)$$

$$z = [N(1 - e^2) + h]\sin m \qquad (3-4)$$

其中，$N = a / \sqrt{(1 - e\sin m)e\sin m}$。下文所标注的位置坐标均为此坐标系下坐标。

**②　SAR 影像地面目标定位**

1）绝对定位

SAR 影像地面目标定位方法流程如图 3 - 10 所示。

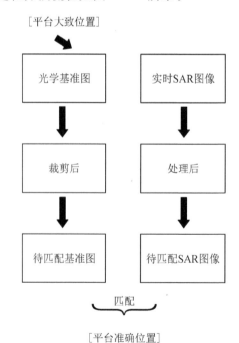

图 3 - 10　SAR 影像地面目标定位方法流程示意图

将机载 SAR 实时影像与大尺度光学基准影像进行匹配，可以将基准影像的地理位置信息对应到 SAR 影像中，实现对 SAR 影像中地面目标的准确定位。

在此之前，需要根据平台相对于成像位置的几何关系（如图 3-11 所示，图中 $P$ 点表示平台位置，$O$ 点表示地心位置，$Q$ 点表示成像中心位置，$R_s$ 表示斜距，$P'$ 表示地球半径，$d$ 表示平台到地心的距离，$\alpha$ 表示 $POQ$ 夹角），并结合成像波束宽度，实现对光学基准影像的裁剪与匹配；并且，需要结合机载 INS 所输出的平台大致位置信息、雷达参数与地面高程信息对地面目标位置进行初步锁定，即绝对定位过程，对于这一技术现已有广泛描述。

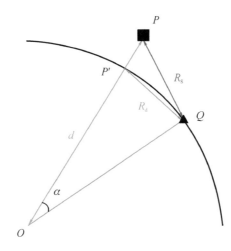

图 3-11　飞机与目标位置示意图

2）影像处理

SAR 由于其独特的成像机制，影像本身存在着先天的复杂性和噪声干扰。为了消除这些噪声，业界已经有了许多成熟且得到工程验证的滤波方法。一般认为除了经典的空域滤波方法（均值滤波、中值滤波等）以外，基于区域统计特性的滤波方法等影像处理技术对于 SAR 影像的相干斑噪声都有工程级别的抑制效果。但对于不同成像质量、噪声干扰的 SAR 影像，需要采取不同的影像处理手段进行操作才能达到符合匹配的要求。

基于光学基准影像的影像匹配中都选取了经过良好矫正和渲染的光学遥感影像产品，因此可以忽略成像质量不足以及噪声干扰造成的误差影响。为了提高运算效率，需要使用绝对定位技术提供的位置信息将大范围的光学基准影像进行适当裁剪。裁剪原则是

$$R_{\text{ref}} \geqslant \max(\Delta r) \tag{3-5}$$

即裁剪区域半径 $R_{\text{ref}}$ 需要大于等于基于绝对定位的物理距离绝对误差范围 $\Delta r$ 的最大值，以保证真实目标点被包含在裁剪区域内。

3）影像匹配

金字塔分解是一种在影像匹配和分类的相关问题中较为常见的影像处理方法。其过程就是对一幅或者多幅影像进行多次的滤波和降低影像采样率，原始影像为金字塔的第 0 层，依次压缩并依次向上堆叠。目的是在不同压缩比率的影像上进行影像处理的操作并将同一操作向下传递。这一技术的优越性已经在不同的工程应用中得到印证。在上述基于光

学基准影像的机载 SAR 影像处理过程中也使用了影像金字塔分解技术，首先在第 1 层金字塔中求解影像变换参数模型，即将压缩后的影像进行匹配并将匹配结果返回至金字塔第 0 层（即未压缩的影像中），然后基于这一结果再次匹配。

传统的相似度度量准则包括平均绝对差（MAD）、绝对误差（SAD）、误差平方（SSD）、平均误差平方和（MSD）和归一化积（NCC）等。为适应机载 SAR 影像与光学影像的灰度差异，采用灰度映射矩阵 $M$ 则更为适宜。以矩阵中颜色亮度表示相似度度量大小。

**3. SAR 载机平台位置反向解算**

由前文所述可知，通过异源影像匹配之后，使用地面目标定位方法可以准确计算 SAR 影像中地面目标位置。下面对载机平台位置解算过程作详细介绍。图 3-12 所示为基于光学基准影像的机载 SAR 位置信息反向解算的方法流程。

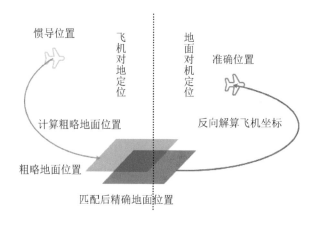

图 3-12 机载 SAR 位置信息反向解算流程

1）伪距观测方程

卫星定位中常常采用伪随机噪声码测定目标与相应卫星之间的距离，这一距离并非其真实距离，故而称为伪距。图 3-13 所示为伪距测定过程的大致流程：某卫星产生一段伪随机噪声测距码并向地面发送，接收机产生与之相同的一段复制码；接收机接收到卫星信号后进行计算，若两组信号的相关系数达到最大，则可以锁定发送卫星，并根据卫星时钟与接收机时钟钟面时间之差确定接收机与该卫星之间伪距为

$$\rho = c \cdot \tau \qquad (3-6)$$

式中，$c$ 为光速，$\tau$ 为卫星与接收机的钟面时间之差。

当接收机在同一时刻锁定多颗卫星时，若已知各卫星位置为 $(x_i, y_i, z_i)$，接收机即待定位目标位置 $(x, y, z)$ 未知，则其间实际距离为

$$\widetilde{\rho} = \sqrt{(x - x_i)^2 + (y - y_i)^2 + (z - z_i)^2} \qquad (3-7)$$

忽略大气折射等其他相关因素对于伪距测定过程的影响，仅有卫星时钟和接收机时钟之间存在误差造成伪距与真实距离之间的差距，考虑这一误差项则有

$$\rho = \widetilde{\rho} + c \cdot \delta t = \sqrt{(x - x_i)^2 + (y - y_i)^2 + (z - z_i)^2} + c \cdot \delta t \qquad (3-8)$$

式（3-8）即为卫星定位中忽略大气折射等已知干扰项后的伪距观测方程。

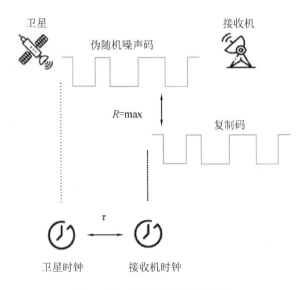

图 3 - 13　伪距测定过程示意

2）广义伪距观测方程

根据前文所述，借鉴卫星定位中的相关理论，机载合成孔径雷达与地面目标点的斜距 $R_s$ 可以视作地面目标与载机之间的广义伪距。与卫星定位不同的是，这一距离可以由机载 SAR 从发出波束到接收回波的时间之差测定，无需考虑卫星定位中的钟差影响。由此可以将伪距与真实距离近似相等，即

$$R_s(i) = \sqrt{(x_i - x)^2 + (y_i - y)^2 + (z_i - z)^2} \tag{3-9}$$

式中，$R_s$ 为飞机与地面点之间的斜距，$(x_i, y_i, z_i)$ 为地面点坐标并且是已经过影像精准匹配后测定的准确值，$(x, y, z)$ 为待解算的平台位置坐标。

式（3-9）即为广义伪距观测方程。

3）INS 误差传递模型

惯性导航系统是载机平台上的重要配置，为平台提供位置和飞行速度等重要信息。其原理是利用惯性元件测定载机平台航行的加速度，并由积分方法求解出位置参数。这一过程不可避免地让 INS 的输出参量与真实值之间出现偏差，因此需要一个数学模型来度量这一误差量，此即 INS 误差传递模型。

4）方程校正

由于载机平台的不断运动，不同的成像时刻对应其自身的不同位置。为适应上述方程（3-9），需要在解算前对平台及对应地面位置进行平移操作。

如图 3-14 所示，飞机在位置 $P_0$、$P_k$ 处通过机载 SAR 对地面成像，经过影像精准匹配后获得地面准确坐标 $A(x_0, y_0, z_0)$ 和 $B(x_k, y_k, z_k)$。若 INS 输出的位置向量的漂移量恒定，则平台在 $P_0$ 与 $P_k$ 处的真实位置之差与相应的 INS 输出位置之差等价。将 INS 输出的位置向量分别表示为 $\boldsymbol{P}_0$、$\boldsymbol{P}_k$，则所需的平移向量，也即位置之差可以表示为

$$\boldsymbol{T}_k = \boldsymbol{P}_0 - \boldsymbol{P}_k \tag{3-10}$$

平移后的地面位置向量为

$$\boldsymbol{A}' = \boldsymbol{A} \tag{3-11}$$

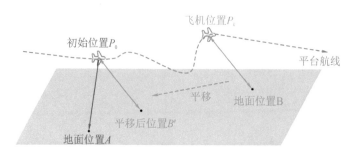

图 3 - 14  平台位置平移

$$\boldsymbol{B}' = \boldsymbol{B} + \boldsymbol{T}_k \tag{3-12}$$

由此可见，广义伪距观测方程仍可写为

$$R_s(i) = \sqrt{(x_i' - x)^2 + (y_i' - y)^2 + (z_i' - z)^2} \tag{3-13}$$

5）方程求解

观察可知，式（3-13）中斜距 $R_s(i)$、地面目标位置 $(x_i', y_i', z_i')$ 以及时差 $\tau_i$ 为已知量，平台位置 $\boldsymbol{X} = (x, y, z)$ 与 INS 输出的速度参量的漂移量 $\mathrm{d}v = (\mathrm{d}v_x, \mathrm{d}v_y, \mathrm{d}v_z)$ 为未知量。

高斯-牛顿迭代法是一种经典的优化方法，也是非线性方程的常用求解方法。其基本思想是用近似的线性回归模型代替非线性回归模型，多次迭代修正回归系数并获得回归参数求最小二乘解，目的是使原模型的残差平方和达到最小。为实现对方程的迭代求解，需要设定初值 $\boldsymbol{X}_0 = (x_0, y_0, z_0, \mathrm{d}v_{x0}, \mathrm{d}v_{y0}, \mathrm{d}v_{z0})$，并有改正量 $\delta\boldsymbol{X} = (\delta x, \delta y, \delta z, \delta v_x, \delta v_y, \delta v_z)$。将方程按麦克劳林级数展开并化简可以得到：

$$L_i = l_i \delta x + m_i \delta y + n_i \delta z + a_i \delta v_x + b_i \delta v_y + c_i \delta v_z \tag{3-14}$$

$$l_i = \frac{x_i - x_0 + \mathrm{d}v_{x0} \cdot \tau_i}{r_{i0}}, \quad m_i = \frac{y_i - y_0 + \mathrm{d}v_{y0} \cdot \tau_i}{r_{i0}}, \quad n_i = \frac{z_i - z_0 + \mathrm{d}v_{z0} \cdot \tau_i}{r_{i0}} \tag{3-15}$$

$$a_i = -l_i \cdot \tau_i, \quad b_i = -m_i \cdot \tau_i, \quad c_i = -n_i \cdot \tau_i \tag{3-16}$$

$$r_{i0} = \left[(x_i - x_0 + \mathrm{d}v_{x0} \cdot \tau_i)^2 + (y_i - y_0 + \mathrm{d}v_{y0} \cdot \tau_i)^2 + (z_i - z_0 + \mathrm{d}v_{z0} \cdot \tau_i)^2\right]^{\frac{1}{2}} \tag{3-17}$$

$$L_i = R_s(i) - r_{i0} \tag{3-18}$$

根据最小二乘原理求得

$$\delta\boldsymbol{X} = [\boldsymbol{A}^{\mathrm{T}}\boldsymbol{A}]^{-1}[\boldsymbol{A}^{\mathrm{T}}\boldsymbol{L}] \tag{3-19}$$

其中，

$$\delta\boldsymbol{X} = \begin{bmatrix} \delta x \\ \delta y \\ \delta z \\ \delta v_x \\ \delta v_y \\ \delta v_z \end{bmatrix}, \quad \boldsymbol{A} = \begin{bmatrix} l_1 & m_1 & n_1 & a_1 & b_1 & c_1 \\ l_2 & m_2 & n_2 & a_2 & b_2 & c_2 \\ \vdots & \vdots & \vdots & \vdots & \vdots & \vdots \\ l_n & m_n & n_n & a_n & b_n & c_n \end{bmatrix}, \quad \boldsymbol{L} = \begin{bmatrix} L_1 \\ L_2 \\ \vdots \\ L_n \end{bmatrix} \tag{3-20}$$

再结合

$$X_1 = X_0 + \delta X_0$$
$$X_2 = X_1 + \delta X_1$$
$$\vdots$$
$$X_{k+1} = X_k + \delta X_k \tag{3-21}$$

将回归系数矩阵 $A_k$ 不断更新，得到

$$\delta X_k = [(A_k)^{\mathrm{T}} A_k]^{-1} (A_k)^{\mathrm{T}} (R_s - r_{0k}) \tag{3-22}$$

### 3.2.3　仿真及实验结果

**1.** **地理坐标计算结果**

使用公开的 sentimel-1A 数据作为待定位影像，使用谷歌的卫星光学地图产品作为基准影像进行影像匹配算法测试，实验目标是找到 SAR 影像的中心点位置在光学影像中的对应位置并准确定位。结果如图 3-15 所示，其中图 3-15(a)所示为光学基准影像，图 3-15(b)所示为 SAR 影像及其中心位置，图 3-15(c)所示为处理后待匹配影像，图 3-15(d)所示为匹配结果，图 3-15(e)所示为定位结果。

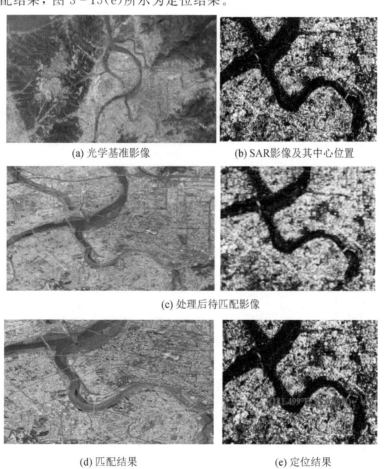

(a) 光学基准影像　　　　　　(b) SAR影像及其中心位置

(c) 处理后待匹配影像

(d) 匹配结果　　　　　　(e) 定位结果

图 3-15　影像匹配定位

实验结果表明，拓展广义伪距概念之后进行机载 SAR 影像目标点位置反向解算可以有效实现光学影像与 SAR 影像的匹配。基于此，光学基准影像的地理位置信息可以传递给 SAR 影像，从而实现对 SAR 影像中地面目标的准确定位。

**2. SAR 载机平台位置解算结果**

我们使用上述方法对载机平台飞行过程以及机载 INS 相关参数进行了仿真，在本次仿真试验模型中，SAR 载机平台飞行高度为 6500 m，以东北天坐标系下速度（−72，−95，0）m/s 飞行，对地成像的时间间隔为（200±50）s。此外，在 6 维 INS 误差传递模型下，仿真模型中 INS 输出速度参量的漂移量为恒定值。

仿真实验首先比较了几组观测方程校正前后的结果差异。如图 3−16 所示，以绝对误差 $\delta \boldsymbol{X} = (\delta x, \delta y)^{\mathrm{T}}$ 评估定位结果，并以 $\|\delta \boldsymbol{X}\|_2$ 比较方程校正前后的结果差异。可以看到，若忽略 INS 漂移误差带来的相关影响，即直接将式（3−13）作为广义伪距观测方程进行解算，则定位结果通常会存在较大偏差。而改进方法后的观测方程对这一偏差存在显著的修正效果。

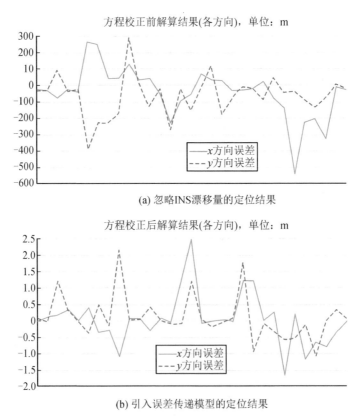

图 3−16　方程校正前后结果对比

另一方面，由于用高斯-牛顿法求解方程时的线性化过程不可避免地带来误差，加上当迭代过程中因非线性回归模型的回归系数矩阵的条件数偏大而导致病态时，定位结果会出现较大的波动。可以通过增加地面控制点个数的方法来降低干扰，提高定位结果精度。

根据前文提出的非线性广义伪距观测方程可知，至少需要 6 个已知的地面位置。实验进一步验证了控制点个数对定位精度的影响，因此在定位结果不佳时，可通过增加控制点改善结果以达到工程要求。如表 3 - 3 所示，实验选取定位一组数据并施以增加控制点的方法，结果表明，通过适当增加控制点个数可以提高定位精度。

表 3 - 3　控制点个数对定位精度的影响

| 控制点个数 | $x$ 方向误差/m | $y$ 方向误差/m |
|---|---|---|
| 6 | $-1.0820$ | 3.1618 |
| 7 | $-0.0163$ | 0.5247 |
| 8 | $-0.0242$ | $-0.0251$ |
| 9 | $-0.0118$ | $-0.0443$ |
| 10 | $-0.0018$ | $-0.0244$ |
| 11 | $-0.0019$ | $-0.0256$ |

不难看出，通过修正改进和广义伪距观测方程，可以有效地提高定位精度，再结合选取多个地面控制点的方法就可以获得较准确的定位结果。

### 3.2.4　小结

本节介绍了在机载卫星导航失效的情况下，如何使用公开的星载光学遥感产品为飞机提供有效的导航定位信息。通过对机载 SAR 影像中的地面目标准确定位，获取地面准确位置信息，并以此实现对载机平台位置的反向解算。

在实现对 SAR 影像中地面目标准确定位的过程中，首先应用绝对定位方法粗略地计算目标点的坐标位置。为了弥补绝对定位方法自身存在的固有误差，需要引入异源影像匹配技术。将基准影像与待匹配影像进行压缩，使用影像的金字塔分解方法可以很好地提高运算效率以及提高匹配准确率。对 SAR 影像进行必要的滤波、反转、旋转等相应操作之后，将待匹配影像与光学基准影像压缩到统一的分辨率下，并基于实际物理距离对影像进行相应的裁剪后进行匹配。区别于传统的影像匹配方法，使用基于灰度映射矩阵的匹配方法，既可以很好地适应 SAR 影像与光学影像的灰度差异，又在大部分地物目标之间都有很好的适用性。实验结果表明，这一定位方法可以极大地提高匹配精度。

在对机载 SAR 的地面高清实时影像中地面目标位置准确定位的前提下，利用这一地面信息可对飞机所在位置实现反向解算。将广义伪距定位方法推广至机载 SAR 平台，有效实现了这一解算过程。为解决飞行过程中 INS 漂移所带来的误差，通过增加地面控制点的方法能够有效提高定位的准确性。仿真实验结果表明，可以实现对机载 SAR 平台进行有效定位。

### 3.3.1　概述

利用微多普勒雷达技术对无源目标进行检测和体征识别是雷达智能化发展过程中的一项重要应用，并与灾后救援系统紧密相关。早在 20 世纪 70 年代，人们就已经利用非接触生命探测雷达对人体胸腔振动信号进行研究，美国佛罗里达大学的 J. C. Lin 课题组和夏威夷大学的 V. M. Lubeke 课题组进行了深入的研究。在雷达系统设计方面，从单载频连续波（CW）雷达、频率调制连续波（FMCW）雷达、频率步进连续波（SFCW）雷达发展到脉冲超宽带雷达（UWB）；雷达接收机结构从单一通道发展为正交双通道，并采用反正切解调和复向量解调法处理正交数据；考虑雷达探测灵敏度和穿透性，雷达载频涵盖 L、S、X、Ka 等多种波段。在雷达探测方面，从单目标探测发展到 MIMO 技术运用下的多目标探测，从静止目标探测发展到随机摆动目标探测，从估计目标呼吸和心跳的平均频率发展到目标的瞬时频率。

市面上的雷达生命探测仪中，国外产品生产商主要集中在美国、英国、日本等发达国家，其中美国的产品最为先进。图 3 - 17 所示为四种国外商用穿墙雷达，图 3 - 17(a)～(c) 为脉冲雷达，可利用人体呼吸、心跳以及肢体摆动对人进行定位，图 3 - 17(d) 为调频连续波雷达，针对不同障碍物，最大穿透深度为 20 ～25 cm，探测距离为真空下数十米，而在障碍物下探测距离在几米之内。

(a) 美国莱福雷达生命控测仪

(b) ReTWis 穿墙雷达

(c) 英国 psim200 便携式穿墙雷达

(d) 英国 Scope 便携式穿墙雷达

图 3 - 17　四种国外商用穿墙雷达

我国人体生命探测方面，空军军医大学基础医学院军事生物医学工程学系王健琪教授课题组较早对连续波和超宽带生命探测雷达技术进行了研究，成功研制出我国首台雷达式生命探测仪，该生命探测仪可以在 $30 \sim 50$ m 范围内穿透 $2.3$ m 厚的实体砖墙并检测到人体的呼吸信号。浙江大学信息学院的冉立新教授领导的课题组设计了一种具有数字中频结构的连续波多普勒雷达系统，该雷达接收机采用两次下变频技术，并且该雷达的载频可变，可以有效避免"零点"问题。电子科技大学孔令讲教授团队对人体胸腔振动幅度估计以及穿墙微多普勒特征进行了深入研究，取得了丰硕的成果。

近年来，国产 UWB 穿墙雷达也已经研发成功并投入市场，UWB 雷达与我们研发的探测仪尽管都可以实现对人体生命的无接触探测，但两者不是采用同一种技术。我国专注于研制 UWB 穿墙雷达的公司有北京嘉锐科技有限公司、湖南华诺星空、西安必肯科技发展有限公司等。图 3-18 所示为这三家公司的典型产品。

(a) 北京嘉锐科技穿墙雷达　　(b) 湖南华诺星空生命探测仪　　(c) 西安必肯科技生命探测仪

图 3-18　国产三种典型的 UWB 穿墙雷达

我们自主研发的微多普勒体征检测雷达，重点考虑目标的振动和强弱微动带来的影响，将微多普勒雷达体征检测系统的应用场景扩大到复杂环境和复杂目标下，有效提高其在灾后场景下的应用稳健性。

### 3.3.2　微多普勒特征捕捉算法原理

**1. 微多普勒效应的基本概念**

雷达向物体发射电磁波时，物体会被激发出包含目标特征的雷达回波。当物体在雷达视线方向上作相对运动时，雷达回波的频率相比发射波频率将发生偏移。这是雷达系统中的多普勒效应。

若一个点目标初始时刻与雷达距离为 $R_0$，并以雷达径向速度 $v_0$ 作匀速直线运动，则 $t$ 时刻点目标与雷达间距离可表示为 $R(t) = R_0 + v_0 t$。设雷达发射载频为 $f_c$ 的电磁波 $s(t) = \exp(\mathrm{j}2\pi f_c t)$，则雷达回波为

$$s_r(t) = \rho \exp[\mathrm{j}(2\pi f_c t + \varphi_d(t)] \tag{3-23}$$

其中，$\rho$ 为雷达回波散射强度，$\varphi_d(t)$ 为目标平动产生的多普勒相位偏移，且有

$$\varphi_d(t) = \frac{4\pi R(t) f_c}{c} \tag{3-24}$$

则目标相对雷达径向运动激发的多普勒频移为

$$f_d \approx \frac{1}{2\pi} \frac{\mathrm{d}\varphi_d(t)}{\mathrm{d}t} = \frac{2v_0}{\lambda} \qquad (3-25)$$

除主体运动以外，如果目标或者结构部件存在相对于主体运动之外的振动、转动等微小运动，假设微动部件是由许多散射点构成的，那么雷达与其中一个散射点之间的距离为

$$R(t) = R_0 + v_0 t + \Delta R(t) \qquad (3-26)$$

于是目标的平动和微动引起的多普勒和微多普勒频移之和为

$$f_d = \frac{1}{2\pi} \frac{\mathrm{d}\varphi_d(t)}{\mathrm{d}t} = \frac{2v_0}{\lambda} + \Delta f_d = \frac{2v_0}{\lambda} + \frac{2}{\lambda} \frac{\mathrm{d}\Delta R(t)}{\mathrm{d}t} \qquad (3-27)$$

**2.** 振动目标的微多普勒效应

如图 3-19 所示，建立点散射体的振动模型。设雷达坐标系 $(U, V, W)$ 以雷达所在位置 $Q$ 为原点，目标坐标系 $(x, y, z)$ 的原点 $O$ 与散射点 $P$ 的位置重合。假设雷达与目标之间的距离 $OQ$ 为 $R_0$，在雷达坐标系 $(U, V, W)$ 中，$O$ 点的方位角是 $\alpha$，俯仰角是 $\beta$，初始时刻散射点 $P$ 与 $O$ 点重合，$P$ 点的坐标 $\boldsymbol{R}_0 = [R_0 \cos\alpha \cos\beta, R_0 \sin\alpha \cos\beta, R_0 \sin\beta]^T$。雷达与散射点 $P$ 的单位方向矢量为：$\boldsymbol{n} = [\cos\alpha \cos\beta, \sin\alpha \cos\beta, \sin\beta]^T$。

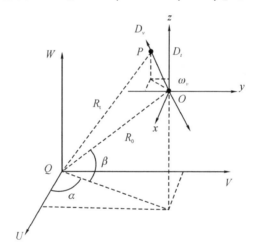

图 3-19  振动散射点 $P$ 和雷达位置关系的坐标示意图

散射点 $P$ 在雷达视线的方向上没有速度，仅有振动，且振动角频率为 $\omega_v$，振幅为 $D_v$。初始时刻，点 $P$ 位于目标坐标系 $(x, y, z)$ 的原点 $O$ 处。在 $t$ 时刻，若 $P$ 点在目标坐标系 $(x, y, z)$ 中的方位角为 $\alpha_P$，俯仰角为 $\beta_P$，则 $P$ 点在雷达坐标系 $(U, V, W)$ 中的位置为 $\boldsymbol{R}_t = \boldsymbol{R}_0 + \boldsymbol{D}_t$，$QP$ 之间的距离为

$$R_t = [(R_0 \cos\alpha \cos\beta + D_t \cos\alpha_P \cos\beta_P)^2 +$$
$$(R_0 \sin\alpha \cos\beta + D_t \sin\alpha_P \cos\beta_P)^2 +$$
$$(R_0 \sin\beta + D_t \sin\beta_P)^2]^{\frac{1}{2}} \qquad (3-28)$$

当振幅远小于散射点与雷达间距时，$R_t$ 可近似写作

$$R_t = \{R_0^2 + D_t^2 + 2R_0 D_t [\cos(\alpha - \alpha_P)\cos\beta\cos\beta_P + \sin\beta\sin\beta_P]\}^{\frac{1}{2}}$$

$$\approx R_0 + D_t[\cos(\alpha - \alpha_P)\cos\cos\beta\cos\beta_P + \sin\beta\sin\beta_P] \tag{3-29}$$

若 $O$ 点的方位角 $\alpha = 0$，且 $P$ 点的俯仰角 $\beta_P = 0$，则式(3-29)可以简化为

$$R_t = (R_0^2 + D_t^2 + 2R_0 D_t \cos\alpha_P \cos\beta)^{\frac{1}{2}}$$

$$\cong R_0 + D_t \cos\alpha_P \cos\beta \tag{3-30}$$

在 $t$ 时刻，点 $P$ 的振动幅度 $D_t = D_v \sin\omega_v t$，式(3-30)可以写成

$$R_t = R_0 + D_v \sin\omega_v t \cos\alpha_P \cos\beta \tag{3-31}$$

将式(3-31)代回雷达回波 $s_R(t)$ 的表达式中，且记 $B = -\left(\dfrac{4\pi}{\lambda}\right) D_v \cos\alpha_P \cos\beta$，则回波 $s_r(t)$ 为

$$s_r(t) = \rho \exp\{j[2\pi f t - \Phi(t)]\}$$

$$= \rho \exp\left[j\left(2\pi f t - \frac{4\pi R_t}{\lambda}\right)\right] \tag{3-32}$$

$$= \rho \exp\left(-j\frac{4\pi R_0}{\lambda}\right) \exp(j2\pi f t + B\sin\omega_v t)$$

其中，$\rho$ 是散射点 $P$ 的反射强度，$f$ 是雷达发射波的载频，$\lambda$ 是雷达发射波的波长。

把式(3-32)用 $k$ 阶贝塞尔函数展开：

$$J_k(B) = \frac{1}{2\pi}\int_{-\pi}^{\pi} \exp[j(B\sin u - ku)]\,du \tag{3-33}$$

于是有

$$s_r(t) = \rho \exp\left(-j\frac{4\pi R_0}{\lambda}\right) \sum_{k=-\infty}^{\infty} J_k(B)\exp[j(2\pi f + k\omega_v)t]$$

$$= \rho \exp\left(-j\frac{4\pi R_0}{\lambda}\right) \times \{J_0(B)\exp(j2\pi f t) +$$

$$J_1(B)\exp[j(2\pi f + \omega_v)t] - J_1(B)\exp[j(2\pi f - \omega_v)t] + \tag{3-34}$$

$$J_2(B)\exp[j(2\pi f + 2\omega_v)t] - J_2(B)\exp[j(2\pi f - 2\omega_v)t] +$$

$$J_3(B)\exp[j(2\pi f + 3\omega_v)t] - J_3(B)\exp[j(2\pi f - 3\omega_v)t] + \cdots\}$$

从式(3-34)可以看出，微多普勒频率由以载频 $f$ 为中心的对称的谱线对构成，并且相邻谱线的间隔为振动频率 $f_v = \dfrac{\omega}{2\pi}$。

下面基于微多普勒频率的一般计算形式对振动散射点的微多普勒频率变化情况进行讨论，以说明振动的微多普勒频率特点。$t=0$ 时，点 $P$ 在雷达坐标系 $(U, V, W)$ 中的坐标为 $\boldsymbol{R}_0 = [X_0, Y_0, Z_0]^{\mathrm{T}}$，在 $t$ 时刻，点 $P$ 在雷达坐标系 $(U, V, W)$ 中的坐标为 $\boldsymbol{R}_t = [X, Y, Z]^{\mathrm{T}}$：

$$\begin{bmatrix} X \\ Y \\ Z \end{bmatrix} = D_v \sin(2\pi f_v t) \begin{bmatrix} \cos\alpha_P \cos\beta_P \\ \sin\alpha_P \cos\beta_P \\ \sin\beta_P \end{bmatrix} + \begin{bmatrix} X_0 \\ Y_0 \\ Z_0 \end{bmatrix} \tag{3-35}$$

因为速度 $v$ 是位移变量 $L$ 关于时间 $t$ 的导数，所以基于式（3-35）对时间 $t$ 求导，可以得到点 $P$ 的速度：

$$v = \frac{\mathrm{d}L}{\mathrm{d}t} = 2\pi f_v D_v \cos(2\pi f_v t) \begin{bmatrix} \cos\alpha_P \cos\beta_P \\ \sin\alpha_P \cos\beta_P \\ \sin\beta_P \end{bmatrix} \tag{3-36}$$

把式（3-36）计算得到的速度 $v$ 代入到微多普勒频率的一般表达式 $f_{\text{micro-Doppler}} = \frac{2f}{c} [\boldsymbol{\omega} \times \boldsymbol{r}]_{\text{radial}}$，可以得到目标振动所引起的微多普勒频偏：

$$f_{\text{micro-Doppler}} = \frac{2f}{c}(v^{\mathrm{T}} \cdot \boldsymbol{n}) = \frac{4\pi f f_v D_v}{c}[\cos(\alpha - \alpha_P)\cos\beta\cos\beta_P + \sin\beta\sin\beta_P]\cos(2\pi f_v t)$$

$$\tag{3-37}$$

振动目标的微多普勒效应不仅与目标振动的参数有关，还与目标相对雷达的位置有关。

假设散射点 $P$ 在雷达坐标系 $(U, V, W)$ 中的方位角 $\alpha = 0$，并且在目标坐标系 $(x, y, z)$ 中的 $xOy$ 平面内振动时，$\beta_P = 0$，式（3-37）可简化为

$$f_{\text{micro-Doppler}} = \frac{4\pi f f_v D_v}{c}\cos\alpha_P \cos\beta\cos(2\pi f_v t) \tag{3-38}$$

**3. 强弱微动目标的微多普勒效应**

目标雷达回波信号为

$$s_r(t) = \rho\exp[\mathrm{j}(2\pi f_c t + \varphi_d(t))] \tag{3-39}$$

可以改写成

$$s_r(t) = \rho_r\exp[\mathrm{j}(\varphi_d(t))] \tag{3-40}$$

结合式（3-38）和式（3-39），则式（3-40）可以写作

$$s_r(t) = C\exp[\mathrm{j}(2\pi f_T t + 2kA\sin(\omega_v t))] \tag{3-41}$$

其中 $f_T = 2v_0/\lambda$，$k = 2\pi/\lambda$ 为波数，常数 $C = \rho_r\exp(\mathrm{j}\varphi_0)$，角频率 $\omega_v = 2\pi f_v$。式（3-41）可以写成傅里叶变换的形式：

$$s_r(t) = C\sum_{n=-\infty}^{\infty} c_n e^{\mathrm{j}(2\pi f_T + n\omega_v)t} \tag{3-42}$$

其中傅里叶系数 $c_n$ 为

$$c_n = \frac{1}{2\pi}\int_{-\pi}^{\pi} e^{\mathrm{j}2kA\sin\omega_v t} e^{-\mathrm{j}n\omega_v t}\,\mathrm{d}t = \mathrm{J}_n(2kA) \tag{3-43}$$

它是第一类 $n$ 阶 Bessel 函数。将式（3-43）代入式（3-42），可以得到

$$s_r(t) = C\sum_{n=-\infty}^{\infty} \mathrm{J}_n(2kA) e^{\mathrm{j}(2\pi f_T + n\omega_v)t} \tag{3-44}$$

为了研究微多普勒的谐波模型，假设目标速度 $v_0 = 0$，振幅为 $\Delta R(t) = A\sin(\omega_v t + \varphi)$，$\varphi$ 为初始相位，则目标与雷达相距 $R(t) = R_0 + \Delta R(t)$。若散射强度 $\rho_r = 1$，则微多普勒回

人脑机智能雷达技术及其应用

波信号为

$$s_r(t) = \exp[j(\varphi_0 + 2kA\sin(\omega_v t + \varphi))] \tag{3-45}$$

同理，可以利用 Bessel 函数展开为

$$s_r(t) = e^{j\varphi_0} \sum_{n=-\infty}^{\infty} J_m(2kA)\exp(jm\varphi + jm\omega_v t) \tag{3-46}$$

其傅里叶变换为

$$S(\omega) = |S(\omega)| e^{j(\varphi_0 + m\varphi)} \tag{3-47}$$

其中频谱幅度为

$$|S(\omega)| = 2\pi \left| \sum_{m=-\infty}^{\infty} J_m(2kA)\delta(\omega - m\omega_v) \right| \tag{3-48}$$

由于 Bessel 函数具有对称性 $J_n(\beta) = (-1)^n J_{-n}(\beta)$，结合式（3-46）可将 I/Q 单通道实微动信号展开为

$$\begin{aligned}
s_I(t) &= \mathrm{Re}\{s(t)\} \\
&= \mathrm{Re}\{e^{j\varphi_0} \sum_{m=-\infty}^{\infty} J_m(2kA)\exp(jm\varphi + jm\omega_v t)\} \\
&= J_0(2kA)\cos\varphi_0 - 2\sin\varphi_0 \sum_{l=0}^{+\infty} J_{2l-1}(2kA)\sin((2l-1)(\omega_v t + \varphi)) + \\
&\quad 2\cos\varphi_0 \sum_{l=1}^{+\infty} J_{2l}(2kA)\cos(2l(\omega_v t + \varphi))
\end{aligned} \tag{3-49}$$

同理，有

$$\begin{aligned}
s_Q(t) &= \mathrm{Im}\{s(t)\} \\
&= \mathrm{Im}\{e^{j\varphi_0} \sum_{m=-\infty}^{\infty} J_m(2kA)\exp(jm\varphi + jm\omega_v t)\} \\
&= J_0(2kA)\sin\varphi_0 + 2\cos\varphi_0 \sum_{l=0}^{+\infty} J_{2l-1}(2kA)\sin((2l-1)(\omega_v t + \varphi)) + \\
&\quad 2\sin\varphi_0 \sum_{l=1}^{+\infty} J_{2l}(2kA)\cos(2l(\omega_v t + \varphi))
\end{aligned} \tag{3-50}$$

生活中真实的目标微动，往往存在着不止一个振动源，不同的振动源具有不同的振幅和频率，这种情况称为多谐波相位调制。可将由 $N$ 个振动源构成的微动目标与雷达间的距离写作

$$R(t) = R_0 + \sum_{i=1}^{N} A_i \sin(\omega_i t + \varphi_i) \tag{3-51}$$

对于两个振动源的情况，对应人体胸腔的微动特性，式（3-51）可写作 $\Delta R(t) = A_1\sin(\omega_1 t + \varphi_1) + A_2\sin(\omega_2 t + \varphi_2)$，其中系数 $A$ 为振动幅度，$\omega$ 为振动圆频率，$\varphi$ 为初始相位。用 Bessel 函数展开可得

$$s(t) = \exp[j(\varphi_0 + 2kA_1\sin(\omega_1 t + \varphi_1) + 2kA_2\sin(\omega_2 t + \varphi_2))]$$

$$= \exp(j\varphi_0)\exp(j2kA_1\sin(\omega_1 t + \varphi_1))\exp(2kA_2\sin(\omega_2 t + \varphi_2))$$

$$= e^{j\varphi_0}\sum_{p=-\infty}^{\infty}\sum_{q=-\infty}^{\infty}J_p(2kA_1)J_q(2kA_2)\exp(j\cdot p\varphi_1 + j\cdot q\varphi_2 + j(p\omega_1 + q\omega_2)t)$$

$$(3-52)$$

上式的傅里叶变换为

$$S(\omega) = |S(\omega)|e^{\varphi_0 + p\varphi_1 + q\varphi}$$   $(3-53)$

其中，

$$|S(\omega)| = 2\pi\left|\sum_{p=-\infty}^{\infty}\sum_{q=-\infty}^{\infty}J_p(2kA_1)J_q(2kA_2)\delta(\omega - (p\omega_1 + q\omega_2))\right|$$   $(3-54)$

类似地，单通道实微多普勒 $S_I(t)$ 和虚微多普勒 $S_Q(t)$ 分别可写作

$$s_I(t) = \text{Re}\{s(t)\}$$

$$= \sum_{p=-\infty}^{\infty}\sum_{q=-\infty}^{\infty}J_p(2kA_1)J_q(2kA_2)\cos[\varphi_0 + p\omega_1 + q\omega_2 + (p\omega_1 + q\omega_2)t]$$

$$= C_{00}\cos(\varphi_0) - 2[C_{10}\sin(\omega_1 t + \varphi_1) + C_{01}\sin(\omega_2 t + \varphi_2) +$$

$$C_{30}\sin(3\omega_1 t + 3\varphi_1) + C_{03}\sin(3\omega_2 t + 3\varphi_2) + \cdots]\sin\varphi_0 +$$

$$2[C_{20}\cos(2\omega_1 t + 2\varphi_1) + C_{02}\cos(2\omega_2 t + 2\varphi_2) +$$

$$C_{40}\cos(4\omega_1 t + 4\varphi_1) + C_{04}\cos(4\omega_2 t + 4\varphi_2) + \cdots]\cos\varphi_0$$   $(3-55)$

$$s_Q(t) = \text{Im}\{s(t)\}$$

$$= \sum_{p=-\infty}^{\infty}\sum_{q=-\infty}^{\infty}J_p(2kA_1)J_q(2kA_2)\sin[\varphi_0 + p\omega_1 + q\omega_2 + (p\omega_1 + q\omega_2)t]$$

$$= C_{00}\sin(\varphi_0) - 2[C_{10}\sin(\omega_1 t + \varphi_1) + C_{01}\sin(\omega_2 t + \varphi_2) +$$

$$C_{30}\sin(3\omega_1 t + 3\varphi_1) + C_{03}\sin(3\omega_2 t + 3\varphi_2) + \cdots]\cos\varphi_0 +$$

$$2[C_{20}\cos(2\omega_1 t + 2\varphi_1) + C_{02}\cos(2\omega_2 t + 2\varphi_2) +$$

$$C_{40}\cos(4\omega_1 t + 4\varphi_1) + C_{04}\cos(4\omega_2 t + 4\varphi_2) + \cdots]\sin\varphi_0$$   $(3-56)$

根据以上分析可知，在目标微动与雷达的方位角保持不变的情况下，单谐波微动信号的谐波幅度由 Bessel 函数 $J_m(2kA) = J_m(4\pi A/\lambda)$ 决定，各谐波间的大小关系由振幅与波长之比 $A/\lambda$ 决定。式(3-56)展示了 Bessel 函数 $J_m(2kA)(m = 0, 1, \cdots, 5)$ 随 $4\pi A/\lambda$ 的变化，其中 $J_0$ 是直流偏移分量。当 $4\pi A/\lambda < 0.21$ 时，基频幅度 $J_1$ 大于其他谐波分量，$J_m(m = 2, \cdots, 5)$ 随 $4\pi A/\lambda$ 的减小而减小直至逼近 0；$J_1$ 先增大再减小。当 $4\pi A/\lambda < 0.1$ 时，$J_m(m = 2, 3, 4, 5)$ 趋于零。如果去除零频分量，可见在 $4\pi A/\lambda > 0.21$ 的情况下，微多普勒频谱带宽较大，主要由谐波构成。而在 $4\pi A/\lambda < 0.21$ 的情况下，微多普勒频谱带宽较小，而且除了谐波以外还包含较大的基频分量。根据以上分析结果，我们把 $4\pi A/\lambda \geqslant 0.21$ 的微动称作强微动，把 $4\pi A/\lambda < 0.21$ 的微动称作弱微动。Bessel 函数图像如图 3-20 所示。

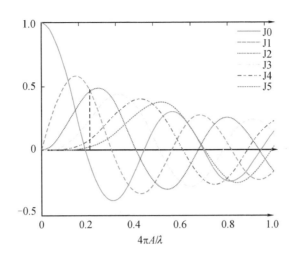

图 3 - 20 Bessel 函数图像

## 3.4 实体雷达图像检测识别技术

在 3.3 节中我们在灾后救援平台定位和探测技术层面分别对相关技术进行了剖析，本节将进一步在图像目标检测识别技术层面对部分人脑机智能雷达相关技术进行介绍。传统的图像目标识别技术仅利用了图像数据本身的信息，大范围、复杂场景下的目标识别始终是个难点问题，而这也是灾后救援的场景特点。借助人脑的辅助判断识别功能，将人脑信号与图像信号相结合，利用具有经验的专家可以显著提高这一场景下的目标识别、检测的成功率。我们在该领域已深耕多年，在脑机结合的专家辅助目标检测技术方面已获得了较大的突破，下面进行详细介绍。

### 3.4.1 概述

脑机交互又称为神经交互，是一种直接在人脑和外部设备之间建立沟通的系统。脑机接口的目标是：① 提高对大脑分布式塑性脑环路的理解和利用；② 为严重残疾人士提供新的恢复感知和行动力的诊断疗法。在过去的数十年间，大量的脑机接口应用已经实现，而且它们并没有局限于最开始的目标，反而扩展产生了更多的应用、意义与价值。脑机接口的理论研究已经在机器人的行动和联系上下躯干的虚拟计算器上展现出来了神经控制方法的效果。更重要的是，脑机接口还可以参与到从外部计算器中生成信号并传递感知反馈到大脑中的工作流程中。

非侵入式传感器同样可以记录大脑的电活动（如脑电信号 EEG）、磁活动（如脑磁信号 MEG）和新陈代谢活动（如功能近红外光谱 fNIRS、功能性核磁共振 fMRI）。其中，fNIRS 可测量血氧含量的改变情况，血氧含量的增加意味着脑部区域会更加活跃。一般而言，对于非侵入式脑机接口设备来说，EEG 因其低成本和高移植性更受欢迎。

EEG 活跃度是通过在头皮的不同区域放置电极并探测两个电极之间的电压差异来得到的。测量一个特定脑区域的活跃度，需要放置一个电极于头皮对应的、尽可能接近的位置上，因此电极也会被放到不同的头骨区域来探测不同的神经过程。基于 EEG 的脑机交互系统可探测自愿或非自愿的指令在大脑中引起的刺激响应。这些指令和具体事件相关，因此对这些刺激响应的观测主要通过事件相关电位 ERPs 分析。一些最常使用的 ERPs 如下：

（1）P300。P300 响应被认为是在 EEG 中的一种积极波动，它几乎在接收到一个刺激 300 ms 后就可产生。在脑机交互设备中，在 BCI 的背景下，它通常是通过一个奇数球范式（oddball paradigm）引发的，该奇数球范式包括接受一系列两类刺激，其中一类不经常出现（例如 20% 的次数）并产生测得的 P300 电位。

（2）稳态下唤起电位。这是大脑对重复刺激的自然反应，随特定表现频率而变化。尽管存在使用体感（Steady State Somatosensory Evoked Potential，SSSEP）或听觉（Steady State Auditory Evoked Potential，SSAEP）刺激的 BCI 范例的示例，但通常由视觉刺激（稳态视觉诱发电位，Steady-State Visual Evoked Potentials，SSVEP）引起。

（3）错误相关的电位。错误相关的电位在 EEG 中表现为明显的负性，即错误相关的负性（Error-Related Negativity，ERN），是对参与者本人、另一参与者甚至机器所检测到的错误动作的响应。

### **1.** 三体雷达的目标之一：构建图像与 EEG 的响应关系

在过去的几年中，功能成像技术与更传统的技术（如微电极记录）的结合使人们有可能了解在大脑中如何处理视觉信息。视觉信息被分解为不同的组成部分，例如颜色、运动、方向、纹理、形状和深度，在单独的脑部区域中对这些特定的视觉信息进行并行分析，每个区域专门针对特定视觉功能。然后，经过处理的信息将重新组合形成在后续更高视觉区域中对我们视觉世界的单一连贯感知。

视觉信息编码和解码涉及的问题范围很广，其中许多重要问题长期没有得到解决。视觉系统是人类感知外部世界最重要的方式。大脑的视觉皮层根据视网膜受体收集的信息准确地重建我们大脑中的外部环境。一方面，视觉处理过程最快在 200 ms 内完成，是一个即时的动态过程；另一方面，外部视觉刺激是多样而混乱的，但人类视觉系统能够稳定地识别和理解这些视觉输入。大脑是如何瞬时高速地处理混乱的视觉信息的？这是个需要探索的问题，而该问题需要对大脑中视觉信息的编码和解码有更深入的了解才能解决。

从视觉皮层的编码特征来看，视觉信号是从 V1-V2-V4-PIT-IT 层层处理的，对应神经元的感受野越来越大，每层之间的感受野逐渐增加，系数大致为 2.5；高级神经元整合多个具有较小感受野的低级神经元上的信息，以编码更复杂的特征。视觉信号分层编码如图 3-21 所示，不同区域神经元不同编码特征如图 3-22 所示。在图 3-21 中，V1 区域的基本特征是编码边和线；V2 区神经元对错觉轮廓有反应，是声调敏感区；V4 是颜色感知的主要区域，参与曲率计算、运动方向选择和背景分离；IT 区域是对象表达和识别区域。此外，还有一个位置较为分散的 V3 区未在图中展示，该区是信息过渡区。由图 3-21 可以看到，底部的 V1 层是浅层，在接收到视觉信号后，其感受野相对较小但数量多，主要可以提取边缘和线条等信息。在将信号传递到下一层后，感受野逐渐增大，且开始对形状产生敏感。更进一步到 V4 层后，已经产生了物体对象的空间和目标概念。继续传递到 IT 层，可以看到已经能够识别像脸这样的复杂视觉任务。图 3-22 所示主要展现出来不同层细胞的感受野差异。可以看到底层视觉神经细胞的感受野相对小，但是数量多，随着信号传递和层数加深，感受野逐渐增大，而数量逐渐减少。

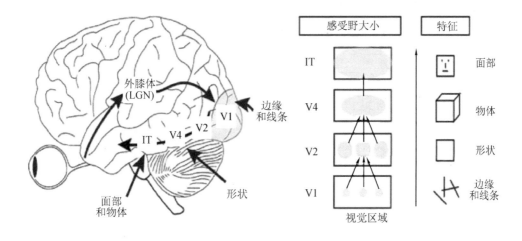

图 3-21　视觉信号分层编码

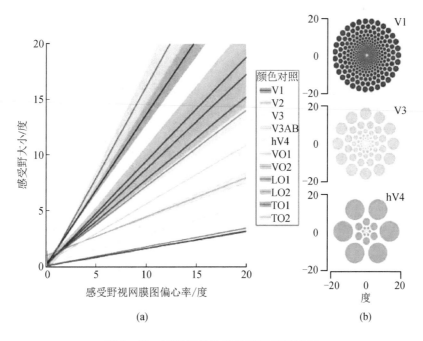

(a)　　　　　　　　　(b)

图 3-22　不同区域神经元不同编码特征

　　从近年来深度学习和机器视觉的发展可以看出，深度卷积网络也呈现出类似于视觉皮层编码特征的形式，深度卷积网络与大脑分层解码结构如图 3-23 所示。这里是在识别目标图像的基础上，通过 fMRI 将人脑中视觉信号在每一层的变化情况作了分解，然后使用对应图像数据去训练以得到一个卷积神经网络，并对每一层的特征响应情况和大脑中的对应响应区域作对应。

　　视觉编解码器建立视觉刺激和大脑反应之间的关系。编码把视觉信号转换成大脑反

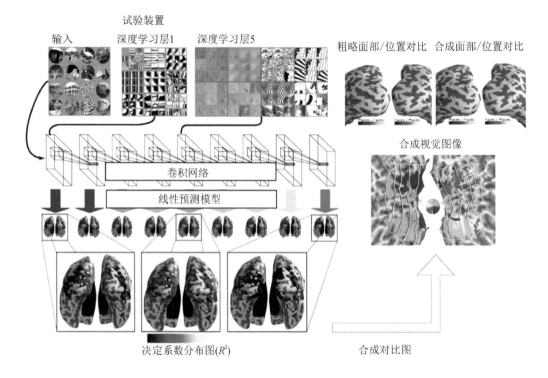

试验装置

输入　深度学习层1　深度学习层5　　　　粗略面部/位置对比　合成面部/位置对比

卷积网络

线性预测模型

合成视觉图像

决定系数分布图($R^2$)　　　　　　　合成对比图

图 3-23　深度卷积网络与大脑分层解码结构

应，解码把大脑反应转换成视觉信号。研究表明，编码在这个过程中具有更重要的地位，体现了神经信号处理的机制，更具有科学价值。在神经信号的编码和解码过程中，图像往往不直接映射到神经信号上，而是通过非线性变换从图像中提取特征，然后使用线性编解码器来连接图像特征和神经信号特征。这样做可以减少数据维度，减少计算量和所需数据量；还可以防止编解码过程变成黑盒，具有更好的可解释性；同时，也可以在一定程度上避免非线性操作造成的过拟合。

**2. 三体雷达的目标之二：计算机视觉能力与人类视觉能力的迁移**

近几十年来，人脑激发的研究人员开发了 CNN。CNN 的主要优点之一是其固有的能力，即使用标记的数据集来自动训练卷积过滤器的图层以创建任务特定的特征空间。直到最近，CNN 都无法跟上最新的传统计算机视觉算法。但是，在过去的几年中，随着大型图像数据库（如 ImageNet）的发布、高性能计算系统的进步以及对深度模型的训练方面的改进，CNN 的性能也得到了提高，并使 CNN 在对象分类任务中获得了普及。此外，经验证据以及数学证明表明，深的 CNN 具有数十至数百个层，具有较高的表达能力，并且可以创建复杂的特征空间，其性能优于传统的计算机视觉算法以及较浅的 CNN。一般而言，神经网络的输出层单位是其输入的高度非线性函数。它代表给定输入和训练集的标签的条件分布。因此，输出单元可以为输入步调的区域分配不重要的概率，这些区域附近不包含训练示例。

尽管卷积神经网络在视觉分类上取得了巨大的成功，但在解释视觉场景以及泛化性上的能力还是不及人类。在卷积神经网络中前几层的特征更具有泛化性，而最后几层的特征则更加针对某些特定任务与数据集。相比之下，人类的视觉物体识别是在感知觉之间的接口角度，比如物体在外形、颜色的视觉外观等（所有能被卷积神经网络第一层进行建模的特征），以及观念构想这种涉及未被发掘的更高级的认知过程。几项认知神经科学研究研究了视觉皮层和大脑的哪些部分负责这种认知过程，但到目前为止，没有特别确切的答案。因此这一定程度上反映了基于认知的方法难以执行视觉任务。

有一种解决方案是通过逆向工程，即分析人的大脑活动，利用神经生理学（EEG / MEG）记录以及神经成像技术（例如 fMRI）来识别人类用于视觉分类的特征空间。对此已经有研究表明，记录的大脑相应信息包括了这些视觉物体类别的信息。分析了解由特定刺激引起的脑电信号一直是脑机接口技术近些年来研究的目标。通过基于 EEG 信号的分类（阅读思想）来对脑信号的视觉类别判别流形进行学习，然后再将图像映射到这样的流形中，从而做到将人类的视觉能力转移到机器上。基于 EEG 的视觉分类可以为了解人类视觉感知系统提供有意义的深度见解，而且这种由脑电数据驱动的计算机视觉为物体识别分类提供了新的途径。

### 3.4.2　三体雷达检测识别技术研究方法

#### 1. 数据采集

为了完成三体雷达的研究目标，需要收集和刺激图像对应的 EEG 数据以及 fMRI 数据。在收集 EEG 数据部分，采用了快速视觉呈现的实验范式，通过构建刺激图像组成的刺激序列（间隔 0.1 s）并呈现给被试，记录每个阶段的 EEG 信号并存储对应的刺激图像序列。实验使用了超过 4000 幅图像按照每个批次 100 幅的数量划分成 40 个批次，依次让被试观看，并保证不同批次中 target 图像的出现位置随机，从而尽可能保证随机性。在每个批次中，一共有 96 幅 non-target 图像和 4 幅 target 图像，出现位置完全随机。EEG 数据收集流程如图 3 - 24 所示。

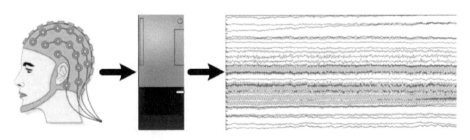

图 3 - 24　EEG 数据收集流程

fMRI 数据的实验范式和 EEG 保持相同，但是刺激图像的序列依旧是随机的。每次进行 fMRI 实验，时长约 40 分钟，被试需要躺入核磁共振设备中，通过一块镜子去看从电脑屏幕上反射过来的闪烁刺激图像，以避免电脑磁场对核磁设备产生干扰。

除此之外，为了探究三体雷达的适用性，我们还收集了大量的其他任务上的 EEG 数据。一方面是由于设计实验中的 EEG 数据质量参差不齐，数量不一定足够支撑训练出一个完备的模型，需要采用相似特征迁移和融合的方法去丰富该实验中的 EEG 数据。另一方面，我们需要大量类似数据来在 CV 和 NLP 上训练一个较为成功的基础模型（pretrained model），然后在具体任务上采用具体数据去调整参数设置（fine-tuning）。

**2. 快速视觉呈现范式**

快速序列视觉呈现范式（Rapid Serial Visual Presentation，RSVP）结合探测事件相关的脑响应，促进一个人在面对一连串图像快速闪过时对相关信息的选择。使用 EEG 非侵入式地测量出来的事件相关电位（ERPs）可以和一系列图像中不频繁出现的目标联系起来。人机共生可以通过基于一台计算机强化人机交互的模式，而不是通过公开地移动，或者可以通过与人相关的信号或者图像排序过程而优化。虽然人类视觉系统的特征会影响 RSVP 范式的成功，但是通过预处理评估视觉特征 EEG 电位有利于提高目标信息的识别准确率。RSVP 是在一个空间位置以每秒多幅图像的方式高速率展现图像的过程，比如在一个不少于 100 ms 但不大于 500 ms 的时间内展现一幅图像，一秒可以展示至少 10 幅图像。脑机交互是一个交流沟通和控制的系统，使用者可以通过用户大脑的电活动去执行一个任务。基于 RSVP 的脑机交互设备是一类特殊的脑机交互设备，它被用于探测目标刺激，比如在一个流中顺序展示的字或者图像，侦测大脑对这些目标的响应。基于 RSVP 的脑机交互设备被认为是一种强化人机共生的途径，具有强化人类视觉能力的潜在功能。

在 RSVP 的脑机交互应用中，最常使用的 ERP 是 P300。P300 通常在刺激发生后 250~750 ms 时间内被诱发。在 P300 实验中（常常被称为奇数球范式），被试必须对一系列刺激进行二分类：目标和非目标。目标出现的次数低于非目标出现的次数（目标在 RSVP 的范式中常常占比是 5%~10%），并且被试需要区分出它们的不同。图 3-25 所示为 RSVP 的基本流程，主要通过每秒快速闪过一定数量的图像（图像被分为目标图像和非目标图像两类）来探测与记录大脑中的信号变化过程。

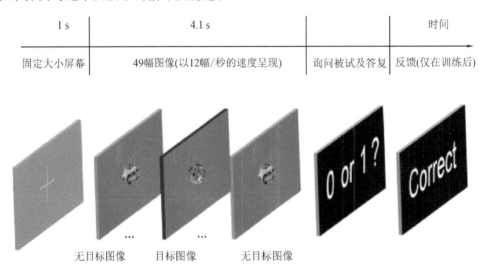

图 3-25  RSVP 的基本流程

**3. 数据预处理**

收集完实验数据后需要对 EEG 数据部分做预处理。在收集大脑活动的过程中，EEG信号很容易受到别的干扰信号影响，比如眼动、身体移动等因素。因此 EEG 信号需要进行多步仔细处理。相关处理流程如下：

（1）定位通道数据：读取 EEG 数据后，要加载一个跟记录数据相匹配的通道位置信息，这样采集通道所代表的电位才能与大脑中的位置相对应。

（2）删除无用数据：在采集数据过程中，时常会有一些不需要使用到的通道信息，因此需要删除部分通道，比如双侧乳突点和眼电通道的数据（眼电通道数据需要使用 ICA 分析）。

（3）滤波：对数据经过 30 Hz 的低通滤波后，再进行一个 50 Hz 的凹陷滤波，这是因为 30 Hz 的低通滤波无法完全过滤频率高于 30 Hz 的信号。

（4）分段：为了完成对 EEG 信号的时频分析，需要将分段时间拉长到事件前 1 s 至事件后 2 s 的范围内，以应对视频分析算法对数据长度的要求。

（5）基线校正：在 ERP 实验中，人们往往关心的是 target 出现后对被试会产生什么样的刺激，从而得到什么样的 EEG 信号，这需要一个对比特征。一般将被试正式实验前的一段平静时间的脑电活动当作基线，将事件开始后脑电活动作为对比，来分析刺激事件对大脑的影响。

（6）重参考：为了找到 EEG 数据中比较准确的参考电位，需要重新选择一个参考电位。一般会根据需求更换参考点的位置，而不同位置的参考点必然会对数据造成影响。

（7）降采样：降采样的目的在于减少数据量，以提高计算速度。但是需要注意的是，降采样会丢失高频信息，让高频信息变得扭曲。

（8）插值坏导：在经过上述处理后，需要进行横向操作和纵向操作。横向操作即对通道作校正，对数据不好的导联进行插值处理。而纵向操作是指挑出数据不好的 trials，进行删除。

（9）ICA：使用独立成分分析从混合信号中分离提纯出来的每一个独立信号。在每一个通过脑电通道记录得到的信号中，它所含有的信号信息并不单纯是对应电位的，还有附近的电极、眼动、肌肉紧张等因素的影响。

（10）剔除坏段特征提取：其目的主要是为了删去异常的波幅。因为波幅起伏超过阈值的活动必然不是由认知过程引起的。

### 4. 特征提取

为了确保对脑电数据中特征的准确提取，我们使用包括传统信号特征提取方法以及深度学习的方法在内的多种数据处理算法进行实验。

1）传统处理方法

（1）快速傅里叶变换 FFT。为了选择性地表示 EEG 样本信号，FFT 通过功率谱密度（PSD）估计来计算并获取 EEG 信号的特性，其中四个频带包含了脑电波频谱的主要特征波形。

（2）小波变换（Wavelet Transform，WT）。小波变换是一种频谱估计方法，由于 EEG 信号是非平稳序列，十分适合运用时频域的方法从 EEG 原始数据中提取特征。由于 WT 允许使用可变大小的窗口，对于高频信号，使用短时间窗口可以获得更好的信息，相反对于低频信号，则使用长时间窗口可以获取更好的低频信息。

（3）自回归方法（Autoregressive，AT）。自回归方法使用参数方法来估算 EEG 的功率谱密度（PSD），PSD 的估算是通过计算系数，即线性系统的参数来实现的。

2）深度学习方法

（1）自编码器（Autoencoder，AE）。自编码器是一种特殊的神经网络结构，它具有输入层、输出层和隐藏层。在编码阶段，EEG 信号（预处理过的/未经预处理的）通过 encoder 得到隐层，而在解码阶段，隐层作为输入，通过 decoder 得到输出。在训练过程中，数据处理的目标是让输出结果和预先给出的参考尽可能地相近，由此可以得到低维度高表达性的特征。

（2）卷积神经网络（CNN）。卷积神经网络在图像上已经取得了巨大的成功，近年也开始有不少研究将 CNN 运用在脑电波信号上。虽然 CNN 原则上与传统的多层感知器神经网络相同，但它通过不断卷积与降采样，既能保证重要局部特征得到很好保留，同时也能大大降低数据的维度，因此 CNN 在分析高维数据方面具有明显的优势。

（3）长短期记忆（Long Short-Term Memory，LSTM）。由于 LSTM 能够很好地保证上下文的关联，所以在时序类的数据上能取得好的效果。EEG 信号作为一种时序类信号，有效使用 LSTM 这类循环神经网络对其进行特征提取会是一个好的选择。

（4）深度信念网络（Deep Belief Network，DBN）。DBN 可以将作为输入的 EEG 信号映射为多个隐藏层的单元，这些隐藏层单元代表了时间和空间上的 EEG 特征，并且对 EEG 信号进行了维度缩减。

**5. 特征融合**

在三体雷达监测识别技术的开发过程中，原始特征向量是由感知域（EEG 信号）和视觉域（图像）提取得到的，由于原始域不相同，两者并无太多冗余信息。在特征融合时，我们优先尝试了能够最大程度保存两个不同的原始特征信息的方法，具体设计了如下方案：

（1）基于刺激图像与 EEG 共同数据驱动的深度融合模型如图 3-26 所示，采用经过预

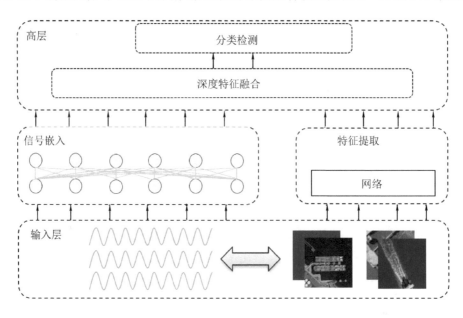

图 3-26　基于刺激图像与 EEG 共同数据驱动的深度融合模型

训练的 ResNet 对目标与非目标的图像进行特征提取，得到图像特征 $F_{\text{Image}}$，同时通过信号嵌入得到 EEG 信号特征 $F_{\text{EEG}}$。将 $F_{\text{Image}}$ 与 $F_{\text{EEG}}$ 经过深度特征融合得到融合后更具表征包含视觉域和感知域信息的特征 $F_{\text{Fusion}}$。在深度特征融合时，使用不同的特征融合策略后得到的融合后特征再经过深度神经网络进行分类，从而判断输入的是目标图像还是非目标图像。

（2）EEG 信号、刺激图像与 fMRI 图像三者的串行融合模型如图 3 - 27 所示，加入了 fMRI 图像信息，将刺激图像、与之对应的脑电信号和 fMRI 图像作为输入，探究三者之间的特征融合。刺激图像与 fMRI 图像为图像域数据，EEG 为信号数据。探究 fMRI 与 EEG 数据之间的冗余性是否会高于 fMRI 与刺激图像特征之间的冗余性，以此决定将 fMRI 图像与 EEG 信号特征进行并行融合还是将 fMRI 图像与刺激图像进行并行融合。

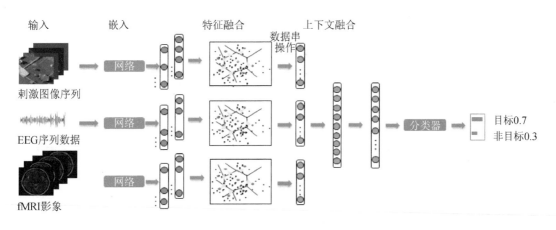

图 3 - 27　EEG 信号、刺激图像与 fMRI 图像三者的串行融合模型

### 6. 迁移学习

虽然基于 EEG 信号的脑机交互已经取得了长足的进步，但是 BCI 在使用上往往需要经过重复、耗时的校准，而且弱鲁棒性与准确性不高极大地阻碍了 BCI 在实际中的应用。从信息解码的角度来看，主要原因是对于传统的机器学习假设了训练集数据与测试集数据来自同一个特征空间，有着相同的概率分布，而这种假设在生物信号处理上往往不成立，因为 EEG 信号是不稳定的，生理结构的差别与心理状态的差异可能导致 EEG 信号的明显变化。此外，EEG 信号是弱信号，容易受到来自大脑其他区域的伪影与环境噪声的影响。准确的分类器往往需要大量的数据进行特征提取和训练。在少样本的条件下，很难估计脑电信号的条件分布和边际分布，噪声与异常值容易造成负面影响。

为了解决上述问题，迁移学习被引入到 EEG 信号的研究中。迁移学习是指从一个任务中学习到的知识转移到另一个任务上。在过往的 BCI 中，迁移学习一般是用于不同个例的跨个体的迁移或是不同的实验任务迁移。但是过往的 BCI 的迁移学习往往是相同域的（感知域的脑电信号），我们希望研究不同域之间的迁移学习方法，能将视觉域上（图像）获得的知识迁移到感知域（EEG）上。

### 3.4.3 三体雷达检测识别成果

三体雷达目标监测识别流程如图 3-28 所示。我们首先建立 SAR 图像专家视觉识别技能的量化评价标准，开发专家识别能力量化评测平台，筛选合格的专家被试和对照组被试；然后针对 SAR 图像目标检测与识别任务，分别设计 MRI 和 EEG 实验方案，通过 MRI 实验研究，确定 SAR 图像判读专家进行图像判读任务时的核心脑区，明确其视觉感知、记忆、注意力、语义四个子网络对应核心脑区；通过 EEG 实验研究，采集专家视觉识别过程中的感知、认知和语义相关的脑电响应信号，并以 MRI 功能脑区为空间位置约束，采用脑电溯源方法，提取专家任务特异性脑电响应；接下来，分别采用基于共享表征和基于类脑模型的跨模态建模方法，建立 SAR 图像与专家大脑响应之间的关联预测模型。

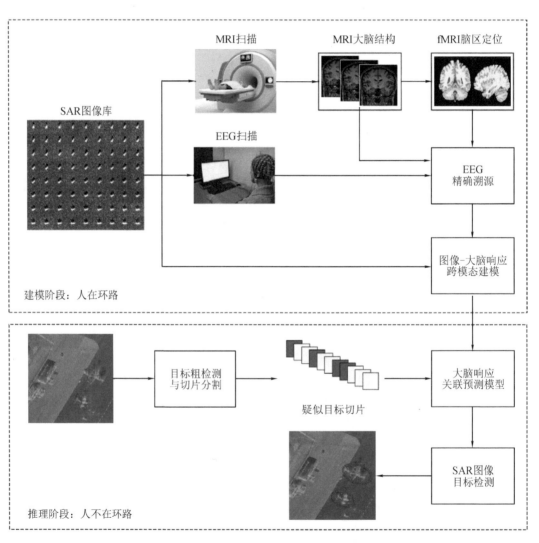

图 3-28 三体雷达目标监测识别流程

对于大幅面 SAR 图像输入，首先使用基于超像素的恒虚警检测方法进行目标粗检测和定位，将图像分割成疑似目标和背景切片，然后输入训练阶段建立的跨模态关联预测模型。对于基于共享表征的模型，通过跨模态检索预测大脑响应或基于共享表征生成大脑响应，然后融合图像和大脑响应特征进行切片分类；对于类脑计算模型，由输入图像切片模拟生成大脑响应，并通过多任务学习中的分类网络实现对图像切片的分类。

刺激图像选用美国空军研究实验室 2003 年公开的 MSTAR 数据集。该数据集为 X 波段的地面目标 SAR 图像，空间分辨率为 1 英尺×1 英尺，其中包括不同俯仰角（主要为 15°和 17°）的 10 类军用车辆目标。刺激图像分为目标图像和背景图像两类，目标图像出现在和背景图像相似或者相同的场景下。背景图像选自 87 幅大幅面地面图像，每幅图像裁剪成若干幅 1000×1000 像素大小的图像；目标刺激图像采用合成图像的方法，图像样式如图 3-29 所示。

(a) 目标图像　　　　　　　　　(b) 背景图像

图 3-29　刺激图像示例

**1.** **完成了图像特征到脑电特征的映射模型构建**

我们建立的图像与大脑响应数据库可以表示为 $D = \{(x_i, b_i, l_i)\}$，$i = 1, \cdots, M$，其中 $x_i, b_i, l_i$ 分别表示图像、图像对应的大脑响应和图像的标记。图像-脑电特征空间投影模型如图 3-30 所示。首先，建立图像的自编码器，获得有效的图像特征表示；其次，建立脑电信号的自编码器，获得有效的脑电信号表征；最后，为了能够学到有效的表征，建立双向图像-脑电特征适配器，通过该适配器可以将脑电特征映射到图像特征空间，同时将图像特征映射到脑电特征。在脑电特征空间上建立置信度分类器（Objectness）和基于脑电特征的刺激重构热力图，其中置信度分类器是一个二分类器，主要用来判断目标的有无，热力图用来为目标检测框架提供注意力机制。在推理阶段，只需要输入原始图像，该图像就可以投影到脑电特征空间，利用脑电特征来判断该图像是否包含目标，同时生成该图像的热力图，该热力图可以用来提供目标的位置信息。

**2.** **融合专家大脑响应的自动目标检测方法**

三体雷达检测识别技术创新性地提出了利用专家脑部 EEG 特征来完成图像目标识别分割，即在大脑特征空间建立置信度分类器（Objectness）及注意力模块（Attention Map），

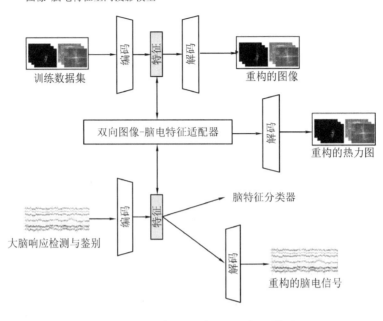

图 3 - 30 图像-脑电特征空间投影模型

将图像特征空间投影到大脑特征空间,然后将大脑特征空间的特征与基于深度学习的目标检测框架相结合。融合大脑响应的自动目标检测方案在训练阶段(如图 3 - 31 所示)首先采用 3.4.2 节中的实验方案,获取任务相关的 EEG 大脑响应数据;其次,利用多模态 MRI

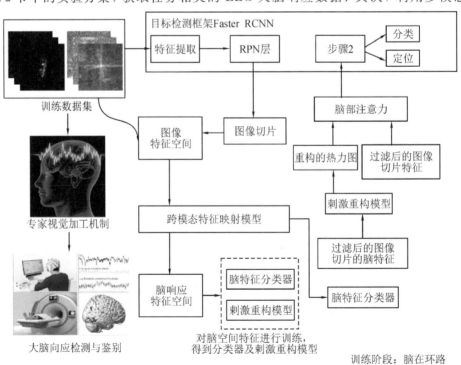

图 3 - 31 融合大脑响应的自动目标检测方案(训练阶段)

数据，确定军事图像判读专家进行识别任务时的特异性响应脑区及大脑子系统脑区定位，并以这些脑区作为空间先验，进行 EEG 信号溯源；然后建立图像与 EEG 响应特征空间的投影模型。快速局域卷积神经网络(Faster RCNN)目标检测过程包括两个阶段：第一个阶段判断候选区域是否为目标及对边界框进行定位，第二个阶段进行目标分类及边界框回归。由于人脑具有高度的概念抽象能力及优秀的泛化能力，所以实验过程中将大脑特征空间建立的置信度分类器及注意力模块与目标检测框架结合。在 Faster RCNN 的第一阶段，RPN 会提出很多候选区域，我们将这些候选区域生成脑特征响应，用脑特征响应经过置信度分类器来获得每个候选区域的置信度(Objectness Score)，对候选区域实现过滤。对过滤后候选区域的脑响应特征利用注意力模块重构热力图，该热力图中对目标位置有强响应，这个为目标检测框架提供了脑特征空间的注意力机制。将该热力图和候选区域利用注意力机制将处理后的候选区域送入目标检测框架的第二阶段。在测试阶段(如图 3 - 32 所示)，直接将原始图像映射到脑响应特征空间，然后经过目标检测框架对候选区域进行过滤并增强对目标的注意力，再送入目标检测框架的第二个阶段。

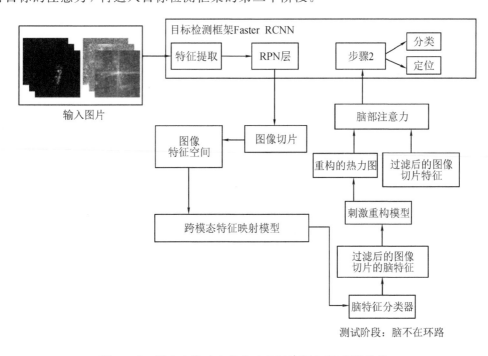

图 3 - 32　融合大脑响应的自动目标检测方案(测试阶段)

### 3.4.4　小结

我们在前期研究中明确认识到：SAR 目标检测，尤其是复杂背景下的地面目标检测仍是 SAR 图像解译的难点问题，现有机器学习方法泛化能力和迁移学习能力仍不能满足实际应用的需求，而这又恰恰是研制新型侦察打击一体化和无人化武器系统迫切需要解决的关键技术问题。美国 DARPA 已经开展了类似的研究，但采用的是专家全程在线的方式，这种方式无法满足无人化、高强度、强实时性自动目标检测的应用需求。近年来，世界各国的脑计划、人工智能和深度学习研究蓬勃发展，人机协同工作被认为是机器学习和人工智能的重要发展方向，2016年哈佛大学举办了脑机融合的专题研讨会，国内多个部门也正在征集相关的研究项目。

人的技能的习得得益于大脑的可塑性变化(体现在大脑功能、结构的改变)，这些可塑性改变又对技能的维持有促进作用。传统的认知神经科学研究倾向于大脑功能"模块化"的观点，着重考察单一脑区在某一行为中的作用。近几年，随着研究的不断深入，学术界普遍认为行为是多个脑区之间动态合作的产物，专家行为更是由多个脑区以高度聚合、高度经济的方式合作而生。对于视觉专家而言，现有的神经科学证据表明：视觉识别是复杂的感知-认知过程，包括视觉处理、视觉注意力、记忆、语义等在内的大脑子网络参与到整个识别过程中。

总而言之，面向视觉专家的研究表明：视觉专家大脑的视觉处理、视觉注意力、记忆、语义四个环路出现了可塑性变化，这种变化导致的专家大脑响应可以被现有影像学手段探测。我们的研究借鉴面向影像医师模型的研究模式，研究影像判读专家的特异性大脑响应表征问题，前期研究中积累的经验、数据和方法为三体雷达检测识别技术的设计和实施奠定了基础。后续我们将进一步拓展三体雷达在各种复杂背景和目标下的检测技术，实现其更广阔的应用场景。

## 本章参考文献

[1] YUAN Q, SHEN H, LI T W, et al. Deep learning in environmental remote sensing: Achievements and challenges[J]. Remote Sensing of Environment, 2020, 241(2):111716.

[2] WU F, WANG C, ZHANG H, et al. Built-up area mapping in Chinafrom GF-3 SAR imagery based on the framework of deep learning[J]. Remote Sensing of Environment, 2021, 262(2):112515.

[3] ARAB S T, BOGUCHI R, MATSUSHITA S, et al. Prediction of grape yields from time-series vegetation indices using satellite remote sensing and a machine-learning approach[J]. Remote Sensing of Environment, 2021, 22(3):100485.

[4] MEMON N, PARIKH H, PATEL S B, et al. Automatic land cover classification of multi-resolution dualpol data using convolutional neural network(CNN)[J]. Remote Sensing of Environment, 2021, 22(2): 100491.

[5] HUANG B, ZHAO B, SONG Y. Urban land-use mapping using a deep convolutional network with high spatial resolution multispectral remote sensing imagery[J]. Remote Sensing of Environment, 2018, 214:73 - 86.

[6] ZHANG C, SARGENT I, Pan X, et al. Joint Deep Learning for land cover and land use classification[J]. Remote Sensing of Environment, 2019, 221(1): 173 - 187.

[7] 孙根云. 智能优化算法与遥感影像分类[M]. 北京：科学出版社，2019.

[8] 刘颖. 基于机器学习的遥感影像分类方法研究[M]. 北京：清华大学出版社，2014.

[9] 杜培军，谭琨，夏俊士，等. 高光谱遥感影像分类与支持向量机应用研究[M]. 北京：

科学出版社，2012.

[10] 吕启，窦勇，牛新，等. 基于 DBN 模型的遥感影像分类[J]. 计算机研究与发展，2016，51(9)：1911 – 1918.

[11] 罗仙仙，许松芽，肖美龙，等. 基于深度信念网络的高挂光谱影像森林类型识别[J]. 计算机系统应用，2020，29(4)：260 – 265.

[12] 刘大伟，韩玲，韩晓勇. 基于深度学习的高分辨率遥感影像分类研究[J]. 光学学报，2016，36(4).

[13] 邓磊，付姗姗，张儒侠. 深度置信网络在极化 SAR 影像分类中的应用 [J]. 中国影像图学报，2016，21(7)：933 – 941.

[14] 林洲汉. 基于自动编码机的高光谱影像特征提取及分类方法研究[D]. 哈尔滨：哈尔滨工业大学，2014.

[15] 张一飞，陈中，张峰，等. 基于栈式去噪自编码器的遥感影像分类[J]. 计算机应用，2016，36(S2)：171 – 174.

[16] 刘旭. 基于深度融合网络学习的多源遥感影像分类[D]. 西安：西安电子科技大学，2019.

[17] 何海清，杜敬，陈婷，等. 结合水体指数与卷积神经网络的遥感水体提取[J]. 遥感信息，2017，32(5)：82 – 86.

[18] 胡凡. 基于特征学习的高分辨率遥感影像场景分类研究[D]. 武汉：武汉大学，2017.

[19] 何婧媛，阿茹罕. 基于卷积神经网络的遥感影像分类[J]. 电子设计工程，2020，28(12)：109 – 113.

[20] ZHANG L, ZHANG L F, DU B. Deep Learning for Remote Sensing Data：A Technical Tutorial on the State of the Art[J]. IEEE Geoscience and Remote Sensing Magazine，2016，4(2)：22 – 40.

[21] GOODFELLOW I, BENGIO Y, COURVILLE A. Deep learning：Adaptive Computation and Machine Learning series[M]. Boston：The MIT Press，2016.

[22] AUDEBERT N, SAIX S L, LEFEVRE S. Deep Learning for Classification of Hy perspectral Data：A comparative Review[J]. IEEE Geosicience and Remote Sensing Magazine，2019，7(2)：159 – 173.

[23] LI L Z, HAN L, DING M H, et al. A deep learning semantic template matching framework for remote sensing image registration[J]. Journal of Photogrammetry and Remote Sensing，2021，181：205 – 217.

[24] MA L, Liu Y, ZHANG X L, et al. Deep learning in remote sensing applications：A meta-analysis and review[J]. Journal of Photogrammetry and Remote Sensing，2019，152：166 – 177.

[25] CHUNG D, LEE J G, PARK C G, et al. Strapdown INS error model for multiposition alignment [J]. IEEE Transactions on Aerospace and Electronic Systems，1996，32(4)：1362 – 1366.

[26] 冉聃，邓欢，李亚超. 基于欧拉四面体的下降轨雷达影像定位方法[J]. 电子与信息学报，2017(3)：677-683.

[27] MOSAVI M R, AZARSHAHI S, EMAMGHOLIPOUR I, et al. Least squares techniques for GPS receivers positioning filter using pseudo-range and carrier phase measurements[J]. Iranian Journal of Electrical and Electronic Engineering, 2014, 10(1)：18-26.

[28] GOODMAN J W. Some fundamental properties of speckle[J]. Journal of the Optical Society of America, 1976, 66(11)：1145-1150.

[29] BO Y, WANG J, ZHU C, et al. Wavelet-based filter for SAR speckle reduction and the comparative evaluation on its performance[J]. Journal of Remote Sensing, 2003, 4886(5)：182-190.

[30] XU G, XU Y. GPS：theory, algorithms and applications [M]. Berlin：Springer, 2016.

[31] DAVID T, JOHN W. Strapdown Inertial Navigation Technology[M]. 2nd ed. Washington D. C. ：American Institute of Aeronautics & Astronautics, 2004.

[32] 邱明伦. 求解非线性方程组的方法研究[D]. 成都：西南石油大学，2012.

[33] PHAN A H, TICHAVSKY P, CICHOCKI A, et al. Fast damped gauss-newton algorithm for sparse and nonnegative tensor factorization [C]. International Conference on Acoustics, Speech and Signal Processing, 2011：1988-1991.

[34] LI C, LUBECKE V M, BORIC-LUBECKE O, et al. A review on recent advances in Doppler radar sensors for noncontact healthcare monitoring [J]. IEEE Transactions on Microwave Theory and Techniques, 2013, 61(5)：2046-2060.

[35] LI C, PENG Z, HUANG T Y, et al. A Review on Recent Progress of Portable Short-Range Noncontact Microwave Radar Systems[J]. IEEE Transactions on Microwave Theory and Techniques, 2017, 65(5)：1692-1706.

[36] CARO C G, Bloice J A. Contactless apnea detector based on radar[J]. Lancet, 1971, 2(7731)：959-961.

[37] DROITCOUR A D, BORIC-LUBECKE O, LUBECKE V M, et al. Range correlation and I/Q performance benefits in single-chip silicon Doppler radars for non-contact cardiopulmonary monitoring[J]. IEEE Transactions on Microwave Theory and Techniques, 2004, 52(3) ：838-848.

[38] DROITCOUR A D. Non-contact measurement of heart and respiration rates with a singnal-chip microwave Doppler radar[D]. Palo Alto：PhD dissertation, Stanford University, 2006.

[39] PARK B, BORIC-LUBECKE O, LUBECKE V M. Arctangent demodulation with DC offset compensation in quadrature Doppler radar receiver systems[J]. IEEE Transactions on Microwave Theory Techniques, 2007, 55(5)：1073-1079.

[40] KAZEMI S, GHORBANI A, AMINDAVAR H, et al. Vital-Sign Extraction

人脑机智能雷达技术及其应用

Using Bootstrap-Based Generalized Warblet Transform in Heart and Respiration Monitoring Radar System [J]. IEEE Transactions on Instrumentation and Measurement, 2016, 65(2): 255 – 263.

[41] NEZIROVIC A, TESFAY S, VALAVAN A S E, et al. Experimental study on human breathing cross section using UWB impulse radar[C]. 2008 European Radar Conference, 2008: 1 – 4.

[42] LAI J C Y, XU Y, GUNAWAN E, et al. Wireless sensing of human respiratory parameters by low-power ultrawideband impulse radio radar [J]. IEEE Transactions on Instrumentation and Measurement, 2011, 60(3): 928 – 938.

[43] NIJSURE Y, Tay W P, GUNAWAN E, et al. An impulse radio ultrawideband system for contactless noninvasive respiratory monitoring[J]. IEEE Transactions on Biomedical Engineering, 2013, 60(6): 1509 – 1517.

[44] PITTELLA E, PISA S, CAVAGNARO M. Breath activity monitoring with wearable UWB radars: Measurement and analysis of the pulses reflected by the human body[J]. IEEE Transactions on Biomedical Engineering, 2016, 63(7): 1447 – 1454.

[45] WANG G, MUNOZ-FERRERAS J M, Gu C, et al. Application of linear-frequency-modulated continuous-wave (LFMCW) radars for tracking of vital signs[J]. IEEE Transactions on Microwave Theory and Techniques, 2014, 62(6): 1387 – 1399.

[46] MUNOZ-FERRERAS J M, PENG Z, GOMEZ-GARCIA R, et al. Isolate the clutter: Pure and hybrid linear-frequency-modulated continuous-wave (LFMCW) radars for indoor applications[J]. IEEE Microwave Magazine, 2015, 16(4): 40 – 54.

[47] PENG Z, MUÑOZ-FERRERAS J M, TANG Y, et al. A portable FMCW interferometry radar with programmable low-IF architecture for localization, ISAR imaging, and vital sign tracking[J]. IEEE Transactions on Microwave Theory and Techniques, 2017, 65(4): 1334 – 1344.

[48] REN L, KONG L, FOROUGHIAN F, et al. Comparison Study of Noncontact Vital Signs Detection Using a Doppler Stepped-Frequency Continuous-Wave Radar and Camera-Based Imaging Photoplethysmography [J]. IEEE Transactions on Microwave Theory and Techniques, 2017, 65(9): 3519 – 3529.

[49] NEJADGHOLI I, RAJAN S, BOLIC M. Time-frequency based contactless estimation of vital signs of human while walkingusing PMCW radar[C] 18th International Conference on Ehealth, Networking, Applications and Services, 2016: 1 – 6.

[50] DENNIS R M, MICHAEL G Z. Novel signal processing techniques for Doppler radar cardiopulmonary sensing[J]. Signal Process, 2009, 89(1): 45 – 66.

[51] LI C, LING J, LI J, et al. Accurate Doppler radar noncontact vital sign detection using the RELAX algorithm [J]. IEEE Transactions on Instrumentation and

Mearument, 2010, 59(3): 687 - 695.

[52] TU J, HWANG T, LIN J. Respiration rate measurement under 1-D body motion using single continuous-wave Doppler radar vital sign detection system[J]. IEEE Transactions on Microwave Theory and Techniques, 2016, 64(6): 1937 - 1946.

[53] XIONG Y, CHEN S, DONG X, et al. Accurate Measurement in Doppler Radar Vital Sign Detection Based on Parameterized Demodulation[J]. IEEE Transactions on Microwave Theory and Techniques, 2017, 65(11): 4483 - 4492.

[54] LEE C, YOON C, KONG H J, et al. Heart rate tracking using a Doppler radar with the reassigned joint time-frequency transform [J]. IEEE Antennas and Wireless Propagation Letters, 2011, 10: 1096 - 1099.

[55] CHEN V C, LI F, HO S S, et al. Micro-Doppler effect in radar: phenomenon, model, and simulation study[J]. IEEE Transactions on Aerospace and Electronic Systems, 2006, 42(1): 2 - 21.

[56] DU L, LI L, WANG B, et al. Micro-Doppler feature extraction based on time-frequency spectrogram for ground moving targets classification with low-resolution radar[J]. IEEE Sensors Journal, 2016, 16(10): 3756 - 3763.

[57] LI C, LIN J. Random Body Movement cancellation in Doppler radar vital sign detection[J]. IEEE Transactions on Microwave Theory and Techniques, 2008, 56 (12): 3143 - 3152.

[58] MOSTAFANEZHAD I. Cancellation of unwanted Doppler radar sensor motion using empirical mode decompostion[J]. IEEE Annual Journal, 2013, 13(5): 1897 - 1904.

[59] TANG M C, WANG F K, HORNG T S. Single Self-Injection-Locked Radar With Two Antennas for Monitoring Vital Signs With Large Body Movement Cancellation [J]. IEEE Transactions on Microwave Theory and Techniques, 2017, 65(12): 5324 - 5333.

[60] GU C, WANG G, LI Y, et al. A hybrid radar-camera sensing system with phase compensation for random body movement cancellation in Doppler vital sign detection[J]. IEEE Transactions on Microwave Theory and Techniques, 2013, 61 (12): 4678 - 4688.

[61] HU W, ZHAO Z, WANG Y, et al. Noncontact Accurate Measurement of Cardiopulmonary Activity Using a Compact Quadrature Doppler Radar Sensor[J]. IEEE Engineering in Medicine and Biology Society , 2014, 61(3): 725 - 735.

[62] BIRSAN N, MUNTEANU D P. Non-contact cardiopulmonary monitoring algorithm for a 24 GHz Doppler radar[C]. Annual International Conference of the IEEE Engineering in Medicine and Biology Society, 2012: 3227 - 3230.

[63] LI P, WANG D C, WANG L. Separation of micro-Doppler signals based on time frequency filter and Viterbi algorithm[J]. Signal Image and Video Processing, 2013, 7(3): 593 - 605.

[64] DJUROVIĆ I, STANKOVIĆ L J. An algorithm for the Wigner distribution basedinstantaneous frequency estimation in a high noise environment[J]. Signal Processing, 2004, 84(3): 631-643.

[65] LI P, ZHANG Q. H, An improved Viterbi algorithm for IF extraction of multicomponent signals[J]. Signal Image and Video Processing, 2018, 12(1): 791-800.

[66] CHEN S, DONG X, XING G, et al. Separation of Overlapped Non-Stationary Signals by Ridge Path Regrouping and Intrinsic Chirp Component Decomposition [J]. IEEE Sensors Journal, 2017, 17(18): 5994-6005.

[67] 李坡. 雷达目标微动信号分离与参数估计方法研究[D]. 南京: 南京理工大学, 2012.

[68] DONG M. Expertise modulates local regional homogeneity of spontaneous brain activity in the resting brain: an fMRI study using the model of skilled acupuncturists[J]. Human Brain Mapping, 2014, 35(3): 1074-1084.

[69] DONG M. Length of acupuncture training and structural plastic brain changes in professional acupuncturists[J]. PloS One, 2013, 8(6): e66591.

[70] DONG M. Altered baseline brain activity in experts measured by amplitude of low frequency fluctuations (ALFF): a resting state fMRI study using expertise model of acupuncturists[J]. Frontiers in Human Neuroscience, 2015, 9: 1-10.

[71] LI J. Structural attributes of the temporal lobe predict face recognition ability in youth[J]. Neuropsychologia, 2016, 84: 1-6.

[72] SCHMID M. SVM versus MAP on accelerometerdata to distinguish among locomotor activities executed at different speeds [J]. Computational and Mathematical Methods in Medicine, 2013, 11(27): 343083.

[73] WANG Y, Time-frequency analysis of band-limited EEG with BMFLC and Kalman filter for BCI applications[J]. Journal of Neuroengineering and Rehabilitation, 2013, 10(1): 1.

[74] WANG Y. Adaptivens on estimation of EEG for subject-specific reactive band identification and improved ERD detection[J]. Neuroscience Letters, 2012, 528 (2): 137-142.

[75] ITTI L, KOCH C, NIEBUR E . A model of saliency-based visual attention for rapid scene analysis[J]. IEEE Transactions on Pattern Analysis and Machine Intelligence, 1998, 20(11): 1254-1259.

[76] SIAGIAN C. Rapid biologically-inspired scene classification using features shared with visual attention[J]. IEEE Transactions on Pattern Analysis and Machine Intelligence, 2007, 29(2): 300-312.

[77] HAN J. An object-oriented visual saliency detection framework based on sparse coding representations [J]. IEEE TransactioCircuits and Systems for Video Technology, 2013, 23(12): 2009-2021.

[78] LI Y. The secrets of salient object segmentation[C]. 2014 IEEE Conference on Computer Vision and Pattern Recognition, 2014.

[79] FERNANDES B J T, CAVALCANTI G D, REN T I. Lateral inhibition pyramidal neural network for image classification[J]. IEEE Transactions on Cybernetics, 2013, 43(6): 2082 – 2092.

[80] DUAN H. Small and dim target detection via lateral inhibition filtering and artificial bee colony based selective visual attention[J]. PloS One, 2013, 8 (8): e72035.

[81] ZHU G, WANGQ, YUAN Y. Tag-Saliency: Combining bottom-up and top-down information for saliency detection[J]. Computer Vision and Image Understanding, 2014, 118: 40 – 49.

[82] PETERS R J. Beyond bottom-up: Incorporating task-dependent influences into a computational model of spatial attention[C]. 2007 IEEE Conference on Computer Vision and Pattern Recognition, 2007.

[83] NAVALPAKKAM V. Modelingthe influence of task on attention[J]. Vision Research, 2005, 45(2): 205 – 231.

[84] BORJI A, SIHITE D N, ITTI L. Probabilistic learning of task-specific visual attention[C]. 2012 IEEE Conference on Computer Vision and Pattern Recognition, 2012.

[85] GERSON A D, PARRA L C, SAJD A P. Cortically coupled computer vision for rapid image search[J]. IEEE Transactions on Neural Systems and Rehabilitation Engineering, 2006, 14(2): 174 – 179.

[86] KAPOOR A, SHENOY P, TAN D. Combining brain computer interfaces with vision for object categorization[C]. 2008 IEEE Conference on Computer Vision and Pattern Recognition, 2008.

[87] SHENOY P, TAN D S. Human-aided computing: utilizing implicit human processing to classify images[C]. 2008 SIGCHI Conference on Human Factors in Computing Systems, 2008.

[88] WANG J. Brain state decoding for rapid image retrieval[C]. 17th ACM International Conference on Multimedia, 2009.

[89] JORDAN M, MITCHELL T. Machine learning: Trends, perspectives, and prospects[J]. Science, 2015, 349(6245): 255 – 260.

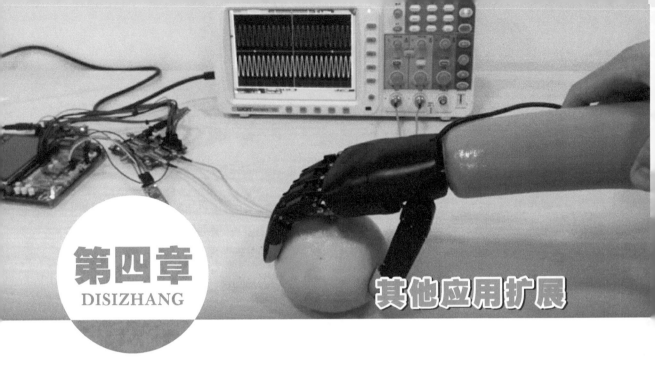

# 第四章
## DISIZHANG

# 其他应用扩展

　　如第三章所述，人脑机智能雷达的研发始终面向人的需求。中国是一个人口大国，虽然残疾人所占比例较小，但由于人口基数较大，因此残疾人的人数也不可忽视。随着我们在人脑机智能雷达技术领域技术的不断进步，如何将技术应用到残疾人康复当中，是我们思考的一个重点方向，通过科技改善这部分人群以及他们家庭的生活质量，一方面有助于实现我们技术回馈社会的愿景，另一方面有利于国家社会的稳定发展和发扬人道主义精神。

　　根据以上目标，我们在"失能""失智"残疾人康复领域进行了深度的探索。在"失能"残疾人康复方面，我们利用人脑机技术将人的智能与机器的智能相结合，寻求将人脑机智能技术应用于智能假肢的制造，从而推动整个康复产业的高速发展，目前已展现了极大的发展潜力。我们经过多年潜心研发的"灵犀手"是一款自主设计、原创的可穿戴智能假手，它有别于国外的手术介入方式，截肢患者无创佩戴后，通过意念对其进行控制，只需要经过短时间的训练，就能重新按照自己意图具有抓握能力，完成穿衣、喝水等基本的生活动作。配合同步开发的手机应用（application，APP）软件，残疾人可随时随地使用"灵犀手"完成某些动作。

　　在"失智"方面，人口老龄化已成为我国人口结构演变的主要趋势，而以阿尔茨海默病为主的老龄化神经系统病变严重影响老年人和他们家庭的生活质量，未来"失能""失智"老人将成为康复服务的重点人群，庞大的需求必将催生巨大的产业，对相关技术的升级势在必行。我们在阿尔茨海默病的筛查、干预、导航定位等多个方面都获得了显著的成果，通过发掘小脑与阿尔茨海默病的潜在关联，提出了一系列的筛查干预方法，有效提高了无创筛查和干预治疗的精度。

### 4.1.1 智能假肢技术

在人的生理活动过程中,生物的细胞、组织和器官发生极性和电位变化,这些内部微弱的电变化就是人体生理电信号。电信号通过神经传递的模型如图4-1所示。生理电信号是生物活组织活动过程中物理到化学变化的结果,是正常生理活动的表现。生理电信号通常按照人体器官部位划分,有脑电、肌电、心电、眼电、肠胃电信号等。肌电与脑电信号现在被广泛应用于医学与人机交互,非常具有科学研究意义。

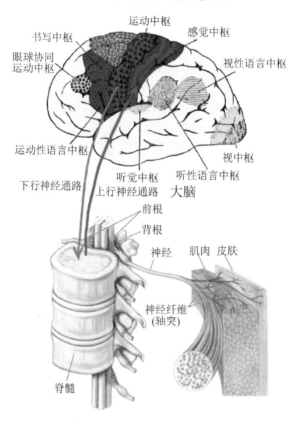

图4-1 电信号通过神经传递模型

表面肌电(surface Electromyography,sEMG)信号是人体肌肉兴奋时,经表面电极引导、放大并通过仪器显示和记录所获得的电压时间序列信号,是浅层肌肉的肌电信号和神经干上电活动在皮肤表面的综合效应,通过对其中包含的动作信息进行提取、识别,可以得到用户的运动意图。在人机交互中,我们可以利用计算机视觉和数据手套对手部动作进行识别,它具有识别时间短、识别率高等优势。但对于复杂情况下的作业人员,例如士兵,这两种方式都无法满足人机交互对便携性和稳定性的要求。对于不便做出手势的用户,例如残疾人和老人在失去了手部功能的情况下是无法做出相应手势的,也难以实现人机交互。而通过肌电信号检测用户的动作意图来替代实际手势，可帮助用户在复杂情况下完成人机交互，弥补其手部功能的不足。

人机交互可通过多种模式实现，而相对于视觉影像，表面肌电信号具有不受光线、外界环境影响的优势；相对于数据手套高昂的造价，表面肌电信号具有成本低的优势。作为一种非侵入式技术，基于表面肌电信号进行控制具有更好的仿生性与智能性。因此，基于表面肌电信号的手部动作识别具有更大的优势和应用前景。

目前，基于表面肌电信号的动作识别已被广泛应用在人机接口方面以提高人类生活的智能性。同时，由于表面肌电信号具有仿生性和非侵入性，已被广泛应用在现代假肢的控制中。

基于表面肌电信号的模式识别算法并不是一个新的概念，它最早出现在 1960 年末至 1970 年初。该算法的关键主要在于特征和分类器的选择。通过选择合适的特征，可以提取信号中的有效信息，去除冗余；分类器可以将得到的特征进行模型匹配，输出结果。目前，已有多种肌电信号模式识别算法用于动作分类。早在 1995 年，M. I. Vuskoviv 利用时域特征和马氏距离函数对 4 种抓握模式进行分类，最终分类正确率达到了 90%。之后，Ermin、Podrug 等人利用小波包变换和支持向量机对手臂的六自由度进行分类，正确率可达到 96% 以上。2015 年，方银峰等人研制了一种新型电极结构的 16 通道肌电信号采集系统，通过这一系统设计了二维肌电信号图，提取了肌电微分均方根特征，通过模糊 C 均值算法对 4 个手指动作进行了分类，最终正确率达到了 89.15%。虽然这在一定程度上解决了手指动作分类困难的问题，但也增加了数据量和计算复杂度。尽管目前报告中大都表明大型手势的识别率可以达到 90% 以上，然而要实现其商业化应用，还有很多问题有待于解决，包括多个手势的可分离性和可重复性、采集设备的使用不便等，都影响了智能假肢的实际使用。

在假肢感觉神经反馈功能研究方面，凯斯西储大学的达斯汀等人的研究表明，在两名各戴着一个替代的神经假肢的截肢者上臂的神经上缠上一个简单的电子袖带，可以直接激活负责手部感觉的神经通路。这使两名截肢者能够通过神经假肢手的许多部位感受到知觉。不同的刺激模式使截肢者能够完成一些精细运动任务。意大利比萨圣安娜斯古拉高等生物机器人研究所利用假肢上的人工传感器提供的信息，通过使用横向多通道电极刺激正中神经和尺神经束，可以在对截肢者不同的手指把握任务的实时解码中给截肢者提供生理上适当(近天然)的感官信息来控制灵巧手假肢。瑞士洛桑联邦高等理工学院的 Silvestro Micera 医生将仿真手的传感系统直接通过电极与一位不知名病患上臂的正中神经和尺神经相连，在五指指尖、手掌、手腕等处都设置了传感器，使患者能够尽量多地拥有正常人的触觉，该研究目前仍处于试验阶段。

虽然多数康复医疗假肢的研究还处于实验室阶段。但经过多年努力，目前已经有一部分研究转为产品，一些典型的产品如下：

(1) 英国的 Touch Bionics 公司生产的 i-limb，可控制 5 个手指的功能，其中大拇指可以进行旋转。用户可通过 iphone 的应用控制 24 个握力模式。

(2) Deka 研发公司在 DARPA 的资助下，生产了一款仿生机械臂，命名为卢克臂。卢克臂可做 10 余种动作。其采用了神经控制方式，将用户的残臂神经从腋窝部拖出，经锁骨下部移植到胸肌上。当患者想活动手臂时，从上神经元下传来的信号原来是直达胳臂的；而进行神经移植后，信号则传导到了胸部。信号传导至胸肌时，会导致胸肌收缩，这种收缩将被胸部上放置的电极所感知，然后，电极将信号传递至假肢上的电机，引起假肢活动。通过手术，使用者可以用自己的肌肉对卢克臂进行控制。卢克臂不仅可以跟随大脑意识灵活移动，而且具备部分感知功能，目前已正式进入生产阶段，计划应用于帮助伤残军人修复手臂功能。

（3）国内的丹阳假肢厂生产的上肢智能仿生假肢可实现 5 个典型的抓取动作：拇指分别与食指或中指单独捏合；拇指与食指和中指捏合；食指单独伸展，其余四指屈曲；拇指单独外展或内收等。该假肢是通过肌电信号和开关共同控制的，即以握拳动作的肌电信号作为模式开关，进而对动作进行进一步分类。

### 4.1.2　基于表面肌电信号的手部动作识别技术

#### 1. 表面肌电信号

肌肉是人体运动系统的重要组成部分，能够把化学能转化成机械能。从神经冲动到信息传递，最终肌肉收缩或舒张时，活体细胞兴奋产生生物电现象，并随着肌肉状态不断发生变化，这种大量肌肉纤维细胞集体放电产生的动作电位称为肌电信号（EMG）。常用的肌电信号是各个运动肌群中所有肌纤维在采集电极位置的运动电位总和。肌肉在极化状态即肌肉细胞放松平静时，电位相对稳定在 $10\sim100\ \mu\mathrm{V}$ 之间。肌肉细胞受到外界刺激而兴奋时，周围带电粒子规律性移动，细胞膜电位出现去极化和复极化现象。目前采集 EMG 信号的主流方法有侵入式和非侵入式两种。侵入式技术是使肌内的肌电电极与电极附近少数肌纤维保持稳定的接触，以最小串扰从深部肌肉进行记录并克服电极皮肤阻抗变化和信噪比的问题。非侵入式的电极，即表面肌电电极，非侵入式方法紧贴皮肤表面测量，能够检测多个肌肉的活动，从而通过少量的电极获得足够的神经信息。表面肌电电极因其无损伤性和测量时对放置位置、时间与数量上宽松的限制，并且可以提供与侵入式电极相似的性能，所以被更广泛地应用于临床康复医学、计算机控制和人工智能等领域中。

利用表面肌电电极采集到的表面肌电信号（sEMG）是一种微弱的、不稳定的、随机的生理信号，对于肌纤维的肌肉活动，表面电极并不能对其进行准确的记录，但通过表面电极测得的表面肌电信号可以对该部分肌肉的活动程度进行综合反应。表面肌电信号是电极接触到的多个运动单元活动时产生的电位变化在时间和空间上叠加的结果，其变化与多个因素相关，其中包括参与的运动单元的个数和类型、单个运动单元放电的频率、动作电位的传导速度、运动单元活动同步化程度以及电极放置位置、皮下脂肪厚度、体温变化等。因此，不同的个体差异和不同的采集方式及不同的发力习惯都会引起表面肌电信号的变化。表面肌电信号幅值范围大约在 $0\sim5\ \mathrm{mV}$，静息态幅值约为 $20\sim30\ \mu\mathrm{V}$，肌肉收缩时幅值约为 $60\sim300\ \mu\mathrm{V}$，幅值随肌肉收缩力增加而增加，其频谱有效频率分布在 $0\sim500\ \mathrm{Hz}$，主要能量分布在 $10\sim150\ \mathrm{Hz}$，其频谱特征比时域特征更稳定。通过对表面肌电信号中包含的动作信息进行提取、识别，可以得到用户的运动意图。

目前基于表面肌电信号的手势识别技术已经得到了广泛的研究。尤其在假肢方面，基于肌电信号控制的假肢通过将电信号转化为假肢的手部运动，被认为是现代假肢的主要发展方向。肌电信号在假肢方面的应用始于 1948 年。1957 年，莫斯科中央假肢研究所开始将肌电信号用于商业假肢的电机驱动，之后，他们对肌电控制策略进行了广泛分析，并开发了一种简单的开关控制方案。在该控制方案中，将肌电信号的振幅解码为电机的开/关状态，即通过将使用均方根或平均绝对值计算出的振幅与预设阈值进行比较，来确定启动假肢设备的命令。目前，各种各样的肌电控制策略被提出并用于转换肌电信号中的信息。对用户所用的假肢手采用的控制策略有以下几种：

(1) 开-关控制；

(2) 比例控制；

(3) 直接控制；

(4) 有限状态控制；

(5) 基于模式识别的控制。

传统的开-关控制错误率低，稳定性好，适用于最大两个自由度的情况。但自由度较少，难以满足用户的实际需求。在比例控制方案中，施加在电机上的电压与肌电信号的收缩强度成正比。直接控制与比例控制类似，通过独立的肌电信号位置实现对手指运动的单独控制，然而，由于肌电信号中的串扰，难以实现对手的独立控制。而使用植入式肌电信号传感器测量肌内肌电信号则可以实现对手的控制，但会对用户造成一定的身体创伤，因此并没有得到广泛的应用。在有限状态控制的情况下，手的姿势被预定义为状态，并且状态之间的转换也被预定义或从输入中解码，通过解码肌电信号发出状态的相应命令，选择所需的姿势。这种控制方式适用于固定数量的姿势，但不适用于多功能的情况。基于模式识别的控制是通过从肌电信号中提取有效信息，识别用户意图，之后输出命令控制电机，使从端做出相应的动作。这种控制方法适用于多个自由度。在我们的日常生活中，人手具有多个自由度以实现高灵活性的动作。在许多应用中，例如触觉应用，人体动作的识别和复制对于执行精准而复杂的操作是必不可少的。因此，"灵犀手"采用基于表面肌电信号的模式识别方式对手部动作进行分类，最大程度上还原人手的实际功能，弥补残疾人手部功能的欠缺，提高他们的生活质量。

### 2. 表面肌电信号预处理

1) 去噪

肌电信号是微弱的生物电信号，测量 sEMG 信号过程中肌肉电活动不仅会受到组织和皮肤的衰减，还会受到外界环境的干扰，实验中采集到的 sEMG 信号经常会混入非肌肉活动产生的信号，导致后续的分析结果产生误差。提高 sEMG 信号的信噪比，对采集到的肌电信号进行预处理去噪，有助于后续进行肌电信号分析时提取到有用的信息。

实验中采集的 sEMG 信号中包含的噪声有人体和外界的影响，具体而言主要包含以下几种：

(1) 运动伪迹。实验时，被试皮肤与电极不可避免地存在相对运动，导致皮肤与电极的接触面积与方式改变，接触电极部分电解质的数量和离子浓度不稳定，电荷的分布发生改变，电极采集的信号也会随着改变而波动，信号的这种噪声被称为运动伪迹。运动伪迹通常分布在较低的频段，但却拥有较高的波幅。

(2) 工频干扰。各种设备需要使用 50 Hz 的市电，其电势与环境电势形成了电势差，导致被采集的信号受到工频干扰。工频干扰在频谱中为 50Hz 的尖峰信号，在 sEMG 信号的有效频谱中，其幅值高于 sEMG 信号的波幅，所以去除工频噪声能有效提高信号的信噪比。

（3）人体自身噪声。人体是一个有界的绝缘容积导体，人体电势注定会受到环境干扰，人体自身还产生其他的生物电比如心电（ECG）信号、眼电（EOG）信号等，这些都使采集的 sEMG 信号信噪比降低。

（4）采集设备固有噪声。电子设备由于电路设计和制造工艺等原因，自身会产生噪声，频率通常分布在 0～1000 Hz 之间，此噪声难以消除，只能改进设备，减少噪声。

（5）电极带来的噪声。本实验使用的肌电采集设备本质上是金属电极，通过电极采集到的肌电信号的电压与制作电极的材料有关，不同的制作材料会产生不同的直流电位差。这就要求所选择的采集设备是拥有高质量电极的设备。

巴特沃斯（Butterworth）滤波器作为典型的 IIR 数字滤波器在斜率衰减、加载特性和线性相位方面特性更加均衡，而且对有用信号的幅值和相位畸变较小。经过 20～450 Hz 的带通滤波与 50 Hz 陷波滤波，滤波后 sEMG 信号波形与频谱图与滤波前对比如图 4-2 所示。滤波前信号在频率为零时的幅值最高，说明信号中包含了大量的直流分量，同时在 50 Hz 处有尖峰值，受工频干扰严重；而从滤波后的频谱图可看出，经过滤波有效去除了运动伪迹、工频干扰和高频噪声。

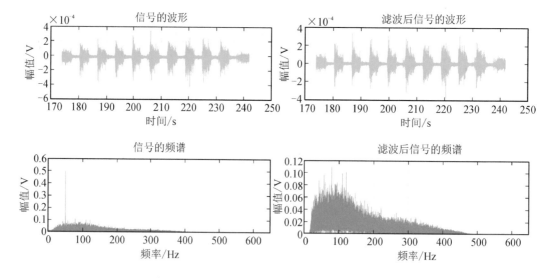

图 4-2　滤波前后 sEMG 信号波形与频谱图对比

2）活动段检测

通常采集 sEMG 肌电信号时，为了避免被试肌肉疲劳影响 sEMG 信号的特征，实验过程中任务动作与肌肉放松会间隔进行。为了提取实验分析所需的运动状态的信号，在预处理阶段需要对 sEMG 信号进行活动段检测，并将活动段提取出来，方便后续进行信号分析。

sEMG 信号活动段检测的重点在于检测出此次肌肉收缩发生的开始点与结束点，从而得到 sEMG 信号的目标活动段。目前使用的 sEMG 信号活动段的检测方法大多来源于语音信号的端点检测，因此常见的活动段检测方法也是用类似的方法，有基于模板匹配的方法和基于特征值的方法。由于基于模板匹配的方法较为复杂，依赖大量预训练得到先验知识，识别不准确且响应速度慢，所以我们选择基于特征值的方法检测采集的 sEMG 信号的活动段。常被用于 sEMG 信号活动段检测的特征有信号能量、过零率、频率、倒谱值等，经典双阈值法（DT）的双阈值分别为横向阈值和纵向阈值，当信号幅值在纵向阈值以上部分且信号长度大于横向阈值时，则判断检测的此部分信号为活动段，遍历所有 sEMG 信号可获得信号中所有的活动段。

基于传统的活动段检测中 sEMG 信号波形变化大、平滑性差、活动段准确率低的问题，我们提出使用原始 sEMG 信号的包络计算特征，首先利用希尔伯特变换对信号求包络，再对信号进行低通滤波可使包络信号更光滑。为了提高活动段识别在时间上的分辨率，将包络信号分成 0.08 s 的小段后，计算每一段短时能量及其方差，计算公式如下：

$$E = \sum_{m=i}^{j} \left[ x(m) w(m) \right]^2, \quad w(m) = \begin{cases} 1, & i \leqslant m \leqslant j \\ 0, & \text{其他} \end{cases} \quad (4-1)$$

$$D = \frac{\sum_{m=i}^{j} (X_m - \bar{X})^2}{j - i} \quad (4-2)$$

其中：$E$ 为短时能量，$x(m)$ 为计算的一段信号，$w(m)$ 为使用的窗口函数，$i$ 与 $j$ 为信号开始点与结束点，$D$ 为方差，$X_m$ 是对应采样点信号幅值，$\bar{X}$ 为 $i$ 到 $j$ 段信号幅值的平均值。以上两个特征结合开始、结束阈值共同判断活动段，短时能量和方差分别大于预设开始阈值时，判断活动段开始；短时能量和方差分别小于预设结束阈值时，判断活动段结束。为了有效解决活动段检测时误开始、早结束的问题，将开始短时能量的阈值设置大一些，结束阈值设置小一些。当采集的 sEMG 信号为多通道信号时，将所有通道信号平均后，再利用平均后信号包络的特征进行判断。图 4-3 所示分别是利用原始 sEMG 信号和 sEMG 包络信号求得的短时能量与方差，图中可以看出由包络信号求得的短时能量更稳定、毛刺

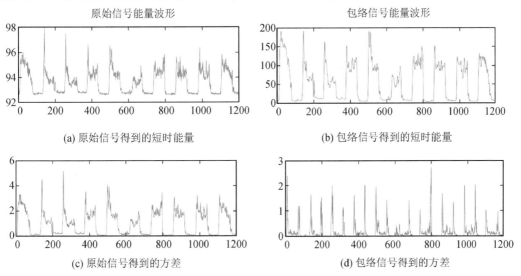

图 4-3　原始 sEMG 信号和 sEMG 包络信号的短时能量与方差对比

更少，且包络信号的方差只在活动段开始或结束时有较大值，两个特征结合能够准确提取信号的活动段部分。

### ③ 肌电信号特征提取

肌电信号常用的特征主要有时域、频域和时频域特征。而这三种特征提取方法都各有优缺点。时域特征计算简单、响应迅速但特征不稳定，易受肌肉力大小的影响。频域特征稳定，但只能刻画全局特征，无法实时分析。时频域特征结合了频域和时域的信息，可用于实时分析，但其算法复杂。"灵犀手"为了保证通过对肌电信号的模式识别，实现对手部动作的实时分类，选择了特征计算简单、响应时间短的时域特征。

（1）平均绝对值（Mean Absolute Valu，MAV）与平均整流值（Averaging Rectifier Value，ARV）相似，它可以用全波整流肌电信号的移动平均值来计算。换句话说，它是通过取 sEMG 信号绝对值的平均值来计算的。这是一种检测肌肉收缩水平的简单方法，也是肌电控制应用中一个常用的特征。平均绝对值的定义为

$$E_{MAV} = \frac{1}{N} \sum_{i=1}^{N} |x_i| \qquad (4-3)$$

（2）肌电信号的方差利用肌电信号的功率作为特征。一般来说，方差是该变量偏差的平方的平均值。然而，EMG 信号的均值接近于零，因此，EMG 信号方差的计算公式如下：

$$D = \frac{1}{N-1} \sum_{i=1}^{N} x_i^2 \qquad (4-4)$$

（3）波形长度是波形在时间段内的累计长度，与波形振幅、频率和时间有关，是对信号复杂性的度量。波形长度的计算公式如下：

$$L_{WL} = \sum_{i=1}^{N} |x_i - x_{i-1}| \qquad (4-5)$$

（4）均方根（Root Mean Square，RMS）。将肌电信号建模为调幅的高斯随机过程，其 RMS 与肌肉恒力和无疲劳收缩时信号幅度有关。以 RMS 为特征，其计算公式为

$$X_{RMS} = \sqrt{\frac{1}{N} \sum_{i=1}^{N} x_i^2} \qquad (4-6)$$

（5）绝对值和的平方根（Square root Sum of Absolute Valuse，SSA），其计算公式如下：

$$X_{SSA} = \left( \sum_{i=1}^{N} |x_i| \right)^{\frac{1}{2}} \qquad (4-7)$$

其中，$N$ 表示信号的长度。SSA 的计算分为三步：首先将分段后的肌电信号进行全波整流，然后对整流后的值求和，最终对其和进行平方根。这个特征表征了肌电信号的能量。

为了得到更加准确的分类结果，我们对特征向量进行归一化处理。通过归一化处理，我们可以简化计算，缩小量值。归一化的函数转换如下：

$$Y = \frac{x - x_{min}}{x_{max} - x_{min}} \qquad (4-8)$$

其中：$x$ 是转换前的原始数据，Y 是转换后得到的值，$x_{max}$ 是同一时刻 8 个通道中的最大值，$x_{min}$ 是 8 个通道中的最小值。经过归一化后，数据的取值在 0～1 之间。之所以要进行

归一化，主要有两个目的：一是减小数值，方便后续的数值处理；二是加快收敛的速度。

### 4. 肌电信号特征分类

基于肌电信号对手部动作进行分类时，选择准确又快速的分类器在实际应用中是十分有必要的。得到归一化的特征向量后，将其输入分类器，对其进行模式识别，从而可达到控制从端设备的目的，完成人机交互。目前有多种分类器用于肌电信号的模式识别，其中支持向量机具有较好的鲁棒性，同时其算法复杂度与特征样本维数无关，利于实时控制。而神经网络作为一种以人脑为模型的机器学习方法，在分类时不需要对问题本身有深入的了解，对较为复杂的特征空间也能进行有效分类；同时，神经网络具有较强的自适应性和容错性。因此，"灵犀手"选择支持向量机和神经网络对提取的时域特征进行分类。

#### 1）支持向量机

支持向量机(SVM)是一种用于模式识别的监督学习算法。它的目标是找到两个类之间的最优分离超平面。这个超平面是在训练阶段定义的，在该阶段，支持向量机算法选择输入数据的子集，即支持向量，来定义支持向量机模型。

当训练样本是线性可分样本时，存在一个划分超平面将训练样本正确分类。考虑一个简单的线性二分类问题，给定训练样本集 $A = (x_1, y_1), (x_2, y_2), \cdots, (x_n, y_n)$，其中 $y_i \in \{-1, +1\}$。当样本为第一类时，$y_i = +1$，否则 $y_i$ 取值 $-1$。在样本空间中，划分超平面可通过线性方程来描述：

$$\boldsymbol{w}^{\mathrm{T}}\boldsymbol{x} + b = 0 \tag{4-9}$$

其中，$w$ 为法向量，决定了超平面的方向，$b$ 为位移量，决定了超平面和原点的距离。若超平面可将训练样本正确分类，则对于训练样本，满足如下公式：

$$\begin{cases} \boldsymbol{w}^{\mathrm{T}}\boldsymbol{x}_i + b \geqslant 0, & d_i = +1 \\ \boldsymbol{w}^{\mathrm{T}}\boldsymbol{x}_i + b \leqslant 0, & d_i = -1 \end{cases} \tag{4-10}$$

为了求出两类之间的距离，定义距离超平面最近的几个样本点为"支持向量"，若这几个样本点满足 $y_i(\boldsymbol{w}\boldsymbol{x}_i + b) = 1$，则间隔为两个异类支持向量的差在 $\boldsymbol{w}$ 方向上的投影。

若 $|y_i| = 1$，则可以推出间隔为

$$\gamma = \frac{(\boldsymbol{x}_+ - \boldsymbol{x}_-)\boldsymbol{w}^{\mathrm{T}}}{\|\boldsymbol{w}\|} = \frac{1 - b + 1 + b}{\|\boldsymbol{w}\|} = \frac{2}{\|\boldsymbol{w}\|} \tag{4-11}$$

支持向量机的思想是寻求间隔最大的超平面，也就是令 $\gamma$ 最大化。最大化 $\gamma$ 相当于最小化 $\|\boldsymbol{w}\|$，为了计算方便，将公式转为如下形式，即为支持向量机的基本型：

$$\begin{cases} \min \dfrac{\|\boldsymbol{w}\|^2}{2} \\ \mathrm{s.t.} \ y_i(\boldsymbol{w}\boldsymbol{x}_i + b) \geqslant 1, \quad i = 1, 2, \cdots, N \end{cases} \tag{4-12}$$

这一基本型是一个凸二次规划问题，用拉格朗日乘子法对其对偶问题求解，拉格朗日函数为

$$L(\boldsymbol{w}, b, a) = \frac{1}{2}\|\boldsymbol{w}\|^2 + \sum_{i=1}^{m} a_i(1 - y_i(\boldsymbol{w}^{\mathrm{T}}\boldsymbol{x}_i + b)) \tag{4-13}$$

对 $\boldsymbol{w}$、$b$ 求导可得

$$\begin{cases} \dfrac{\partial L}{\partial \boldsymbol{w}} = \boldsymbol{w} - \sum_{i=1}^{m} a_i y_i \boldsymbol{x}_i \\ \dfrac{\partial L}{\partial b} = \sum_{i=1}^{m} a_i y_i \end{cases} \qquad (4-14)$$

令其分别为 0，并代入拉格朗日函数中，将问题转为关于 $a$ 的问题，方程如下：

$$\begin{cases} \max_{a} \sum_{i=1}^{m} a_i - \dfrac{1}{2} \sum_{i=1}^{m} \sum_{j=1}^{m} a_i a_j y_i y_j \boldsymbol{x}_i^{\mathrm{T}} \boldsymbol{x}_j \\ \mathrm{s.t.} \ \sum_{i=1}^{m} a_i y_i = 0, \quad a_i \geqslant 0, \ i = 1, 2, \cdots, m \end{cases} \qquad (4-15)$$

解出 $a$ 之后，可得到最优的 $\boldsymbol{w}$ 和 $b$，最终得到最优分类函数 $f(x)$：

$$f(x) = \boldsymbol{w}^{\mathrm{T}} \boldsymbol{x} + b = \sum_{i=1}^{m} a_i y_i \boldsymbol{x}_i^{\mathrm{T}} \boldsymbol{x} + b \qquad (4-16)$$

其中，$\boldsymbol{x}$ 为待分类的样本。

支持向量机对于线性样本具有很好的分类性能，但肌电信号是非线性样本，其样本空间中并不存在可正确划分两类样本的超平面。针对这种情况，可通过将样本从原始空间映射到更高维的特征空间，实现数据分离，使其线性可分，再用上述线性分类方法对其进行分类。因此，特征空间的好坏对于模式分类结果的性能至关重要。而核函数隐式地定义了这一特征空间，所以，选择一个合适的核函数对于支持向量机分类是十分重要的。对于肌电信号，我们经过一系列的对比研究，发现径向基函数（Radial Basis Function，RBF）具有最好的分类效果。因此，本文使用 RBF 作为核函数，其公式如下：

$$K(x, C) = \mathrm{e}^{-\gamma \| x - C \|} \qquad (4-17)$$

其中，$\gamma$ 为 RBF 的参数。这个内核共有两个参数，$C$ 和 $\gamma$ 需要进行选择。在这里，我们以动作类别数的倒数作为 $\gamma$ 参数，并以网格搜索法来优化参数 $C$，$C$ 的取值如下：

$$C = 2^{-5}, \ 2^{-3}, \ \cdots, \ 2^{15} \qquad (4-18)$$

支持向量机是一种典型的二分类模型，对于多类问题有两种解决办法。第一种是直接在目标函数上进行修改，将多个分类面的参数求解合并为一个最优化问题，通过求解该问题直接实现多类分类。这种方法虽然在理论上较为简单，但计算复杂度高，实现难度大。第二种方法是通过将多个二分类器组合来实现多分类。这也是目前肌电信号分类中常用的方法。这种方法有两种：一对一法和一对多法。一对一法是在任意两类样本之间构建一个支持向量机，因此 $K$ 个类别的样本构建出 $K(K-1)/2$ 个支持向量机，最终统计未知样本在每一个 SVM 分类机中的分类结果，出现次数最多的类别即为该未知样本的类别。一对多法指的是在训练时，依次将某一类样本归为一类，剩余样本归为另一类，将 $K$ 个类别的样本构建出 $K$ 个分类器，在分类时，将未知样本分类为具有最大分类函数值的那类。这种方法相对于一对一法虽然节省了分类器的个数，降低了计算复杂度，但由于训练时的样本数不平衡，故易导致偏差，不利于实际应用。因此我们使用一对一法构建多分类 SVM 对手部动作进行分类。

2）反向传播（Back Propagation Network，BP）神经网络

神经网络是一个由多个简单神经单元组成的广泛、并行互连的网络，它能够模拟生物

系统对物体作出交互反应，其中最基本的成分是神经元。在实际的生物神经网络中，当一个神经元兴奋时，会向与它相连的神经元发送化学物质，改变其电位以激活它，依此类推。神经网络通过模拟这种机制，将各个网络节点看作神经元，之后接收来自其他不同神经元传递过来的带有权重的输入信号，最后将所有输入信号相加并与神经元的阈值相比较，其值若超过阈值，则通过"激活函数"得到该神经元的输出信号。将这些网络节点按照一定的规律组合起来，就得到了神经网络。对神经网络进行训练的过程，实质是调整权重的过程，通过调整权重来调整每一个输入的参与程度，随着每一次调整，逐渐逼近正确的输出信号。当输出信号与其真值的差值达到可接受的程度时，这一网络训练完毕。

人工神经网络对解决一些输入/输出关系不明确的问题有很好的性能，它通过模拟人的思维方式，不断逼近非线性关系，在模式识别方面得到了很好的应用。神经网络在训练过程中，通过不断调整权值以逼近非线性关系，而不同的学习算法代表了不同调整权值的方式，其中，误差反向传播(BP)算法是一种常用算法。

BP 神经网络是一种按误差反向传播算法训练的多层前馈网络，其学习规则为最速下降法，它通过反向传播来不断调整网络的权值和阈值，使网络的误差平方和达到最小。BP神经网络的学习过程由信号的正向传播和误差的反向传播构成。典型的 BP 神经网络一般具有三层及以上的结构，具体如图 4-4 所示。

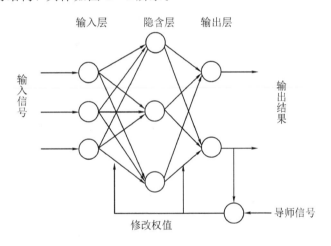

图 4-4  三层 BP 神经网络结构图

信号的正向传播是从输入层经过隐含层到达输出层的。而误差的反向传播则相反。在这个过程中，依次调节隐含层到输出层、输入层到隐含层的权重和偏置。在误差反向传播的过程中，根据误差对权值的偏导数来进行调整。当偏导数大于零时，权值向减少的方向调整以降低实际输出和期望输出的差值；当偏导数小于零时，则增大权值。其参数调整的具体流程如下：

（1）网络初始化。在训练网络前，首先随机初始化权重和偏置，其中权重取$[-1, 1]$中的一个随机实数，偏置取$[0, 1]$中的一个随机实数，设定误差函数 $e$，给定计算正确率 $\varepsilon$ 和最大学习次数 $M$。

（2）随机选取第 $k$ 个输入样本及对应期望输出：

$$\begin{cases} \boldsymbol{x}(k) = (x_1(k), x_2(k), \cdots, x_n(k)) \\ \boldsymbol{d}(k) = (d_1(k), d_2(k), \cdots, d_q(k)) \end{cases} \tag{4-19}$$

（3）计算隐含层各神经元的输入和输出：

$$\begin{cases} hi_h(k) = \sum_{i=1}^{n} w_{ih}x_i(k) - b_h, & h = 1, 2, \cdots, p \\ ho_h(k) = f(hi_h(k)), & h = 1, 2, \cdots, p \end{cases} \tag{4-20}$$

$$\begin{cases} yi_o(k) = \sum_{h=1}^{p} w_{ho}ho_h(k) - b_o, & o = 1, 2, \cdots, q \\ yo_o(k) = f(yi_o(k)), & o = 1, 2, \cdots, q \end{cases} \tag{4-21}$$

（4）利用网络期望输出和实际输出，计算误差函数对输出层的各神经元的偏导数 $\delta_o(k)$。

（5）利用输出层各神经元的 $\delta_o(k)$ 和隐含层各神经元的输出来修正连接权值 $w_{ho}(k)$。

（6）利用隐含层各神经元的 $\delta_h(k)$ 和输入层各神经元的输入修正连接权。

（7）计算全局误差：

$$E = \frac{1}{2m} \sum_{k=1}^{m} \sum_{o=1}^{q} (\boldsymbol{d}_o(k) - y_o(k))^2 \tag{4-22}$$

（8）判断网络误差是否满足要求。当误差达到预设正确率或学习次数大于设定的最大次数时，结束算法。否则，选取下一个学习样本及对应的期望输出，返回流程（3），进入下一轮的学习。

BP 神经网络对于不确定性问题有较好的分类效果，具有出色的非线性映射能力、泛化能力和容错能力，但仍存在一定的局限性，一般来讲，BP 神经网络需要较长的训练时间，同时其采用梯度下降法进行参数调整，在调整过程中可能收敛到局部最小值。

### 4.1.3 双向感觉通道重建技术

日新月异的科技发展极大地促进了人造假手的发展，然而在实际应用中依然存在一些问题，主要是现代科技还不能完全模拟人手的功能，同时为了便于残疾人使用假手，还需要考虑灵巧性、拟人化水平、控制方法简便性等多个方面的问题。其中，构建截肢患者与假肢系统之间的多通道感觉反馈系统，以神经电刺激的方式使患者重新获取假手端的触觉、位置觉、温度觉等信息，连同肌电运动通道共同构建完整的双向神经控制-感知通路，解决假肢运动灵巧性与操作控制直观性之间的矛盾，成为当前研制灵巧假手系统亟待解决的关键技术环节。

人体上肢的臂丛神经是由脊神经 C5、C6、C7、C8 段的全部和 T1、C4 段的少部分组成的。臂丛神经最近端先分为 3 个外周神经干，然后分为 3 个外周神经前支和 3 个外周神经后支，继而合成 3 个外周神经束，再分为尺神经、正中神经、桡神经、腋神经与肌皮神经等终末支。臂丛神经分支均包含运动传出神经（efferent nerve）和感觉传入神经（afferent nerve），通过轴-体突触或树-体突触传递动作电位实现信息感知与肌肉运动。另外根据神经解剖学相关知识，手部感觉对应的神经支为正中神经末支、桡神经末支和尺神经末支，这也是电刺激设备需要连接的神经通道目标接口。其中正中神经主要感知拇指、食指、中指的触觉信息，桡神经主要感知无名指和小指的触觉信息，尺神经主要负责手背的触觉感知信息反馈。鉴于上臂残肢患者的目标神经通道数目有限，个体感知差异较大，"灵犀手"采用了一种能够实时调节幅值强度、刺激波形形态、脉冲宽度的多通道双向恒流电刺激装置和能够通过单一神经通道传输多维度感知信息的反馈刺激方法。

### 1. 感觉反馈通道的系统组成

感觉神经传入系统的组成如图 4-5 所示。

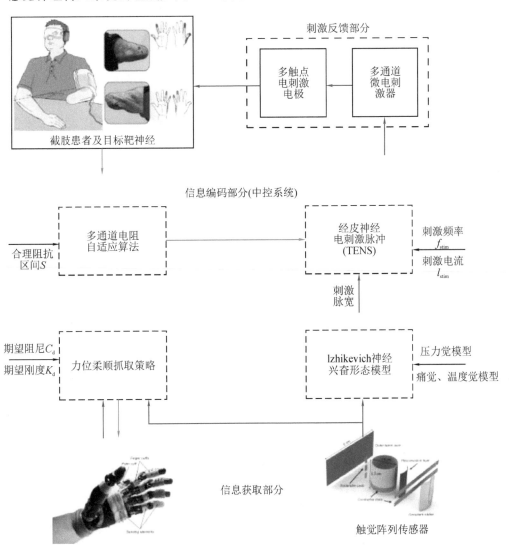

图 4-5 感觉神经传入系统的组成

感觉反馈通道的核心是"反馈"外界环境和自身状态信息，可分为信息获取、信息编码与刺激反馈三部分。从软件方面来看，信息获取部分是将感知信息传入两个反馈通道：一个是人体感觉神经通道，另一个是机械手局部的力位柔顺控制通道，用于假手控制器的力位混合控制和柔顺控制以及稳定抓取和灵巧操作，比如抓取空纸杯、生鸡蛋之类。信息编码部分主要是在中控系统中实现各类控制策略和算法，以经皮神经电刺激模块为核心，考虑刺激安全性和信息维度的可扩展性，前者构建了基于表面接触电阻的自适应算法模块，后者建立了神经兴奋形态模型。刺激反馈部分则是包含波形发生器和刺激电极，同时匹配残肢患者的刺激反馈模式、双通道兼容性等需求。硬件系统方面，人体残肢固定在衬套内部，肌电电极和刺激电极同样安装在衬套中，实现双通道控制与反馈。机械臂的控制模块和感觉反馈模块均布置在衬套末端，与机械臂相连；假手的位置控制器与柔顺控制器布置在机械臂内部。

### ② 反馈刺激信号信息编码

人体感觉反馈的传导路径为皮肤感受器—臂丛神经支—脊神经—对侧丘脑—大脑皮层。大脑皮层通过映射分析的方式对不同区域的电刺激进行精细辨别，从而形成不同种类的意识性感觉。需要注意这种皮层映射并不是一成不变的，对于残肢患者的大脑皮层，随着时间增长容易失去残肢部分的感觉映射区域，而被其他感觉所替代。此外，正常人手指皮肤处分布着密集的感受器，主要是由分布于表皮的游离神经末梢和真皮层的带被囊小体组成。游离神经末梢属于无囊轴突，对任何电位变化信号均产生反应，主要感受温度觉、轻触觉（较小应力）、痛觉刺激；迈斯钠小体与环层小体属于有囊轴突，受被囊的黏滞缓冲作用，对压力梯度信号较为敏感，迈斯钠小体感知精细纹理觉，环层小体感知较强的应力、压觉、振动觉刺激；除此之外，手部的位置觉是通过判断多个肌梭内的纤维传回的信息来确定手指状态的。除了神经系统的物理连接，不同神经传导的兴奋波形是不同的。

针对神经元兴奋形态与建模问题，可以追溯到 20 世纪 60 年代的 Hodgkin-Huxley 神经模型，该模型认为神经细胞膜除了具有膜电容和膜电导之外，还具有其电导依赖于膜电位和时间的 $Na^+$ 通道和 $K^+$ 通道，由此建立起有关神经细胞膜电位变化的一个非线性微分方程组。然而该方程组计算复杂，无法实时生成动作电势波形。

基于 $Na^+$ 通道和 $K^+$ 通道的神经膜理论，Izhikevich 将神经放电模型简化为具有两个变量的差分方程组，可以模拟大部分神经元放电形态。该模型以膜电势 $v$ 和耐熔变量 $u$ 为状态变量，通过调节$(a, b, c, d)$四个参数形成不同形态的神经兴奋波形。各参量之间的关系可以表述如下：

$$v' = Av^2 + Bv + C - u + \frac{I}{RC_m} \tag{4-23}$$

$$u' = a(bv - u) \tag{4-24}$$

$$\text{If } (v \geqslant v_{th}), \text{ Then } \begin{cases} v \leftarrow v_c \\ u \leftarrow u + d \end{cases} \tag{4-25}$$

式中：$I$ 为连接突触的输入电流，在实验的感知刺激中，设定为智能假手中集成各类传感器的强度信号；$A$、$B$、$C$ 为动作电势上升阶段的二次项拟合曲线常数，通常取值分别为 0.04 V/s、5 V/s、140 V/s；$R$、$C_m$ 为神经膜的等效电阻和等效电容，通常取值为 1 F 和 1 Ω；$a$、$b$、$c$、$d$ 为神经放电模式的调节参数，代表不同种类的神经元兴奋波形。

仿神经波形触发模块对不同触发波形的膜电势拟合参数$(A, B, C)$和等效阻抗参数$(R, C_m)$的设置基本相同，通过调节放电模式参数$(a, b, c, d)$来复现不同神经元的动作电位波形，即为刺激方波的前置触发波形。具体来说，压力觉信息感知对应常规刺激模型

（Regular Spiking，RS），纹理觉信息感知对应谈话刺激模型（Chatting，CH），痛觉信息感知对应快速刺激模型（Fast Spiking，FS）。另外，感知强度信息作为神经兴奋模型的输入变量 $I$，自动调整刺激波形的触发频率。

通过应用仿神经兴奋形态模型，可以为触觉反馈系统提供以下三个方面的优势：

（1）使人体感受到与原来肢体感觉相近的神经刺激信号，提升反馈信息的正确识别率与流畅控制感觉。

（2）利用不同感觉之间各不相同的时变频率特性，可以在传统刺激参数（刺激频率、脉宽、电压幅值）范畴外扩展时变频率的传输维度，期望在有限数目靶神经通道的条件下传递更多的感觉信息。

（3）该方面尝试取得的数据及经验，可以为后续选择性感觉神经刺激提供研究基础和理论依据。

利用 Izhikevich 仿神经兴奋形态模型产生信号后，还需要利用经皮神经电刺激技术（Transcutaneous Electrical Nerve Stimulation，TENS）对信号进一步调制。经皮神经电刺激技术是当前广泛应用的触觉反馈方法，该方法以脉冲簇的形式将低频电流输入人体，引起皮肤表层神经/目标靶神经纤维的兴奋。TENS 波形具有强皮肤穿透力、低电荷累积和可调参数等优点，其中可调节的 4 个参数为刺激强度 $A$、脉冲宽度 $t_p$、簇频率 $f_b$ 和簇宽度 $t_b$，TENS 刺激的波形与调节参数如图 4-6 所示。

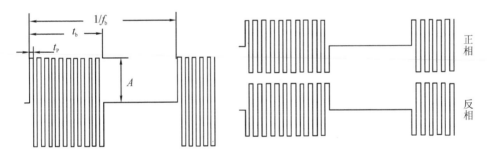

图 4-6 TENS 刺激的波形与调节参数

TENS 刺激波形的选型经验包括以下几点：

（1）刺激波形常采用低频调制信号（0～100 Hz）包络中频载波（1～5 kHz）的形式。因为机体组织相当于一个小电容器，中频载波的波形可以降低组织电阻，增加作用深度。

（2）脉冲宽度较短，一般在 9～350 $\mu$s 之间。脉冲太宽，传递疼痛的感觉纤维便被激活，而且会增加递质离子化与组织损害。对于脂肪组织较多者，脉冲宽度可宽一些。

（3）刺激电源一般采用恒流源，选择性地激发感觉神经纤维，而不引起运动神经纤维的反应。对于面积较小的点状电极来说，刺激电流一般在 1.5～3 mA 范围内。

人体对 TENS 刺激存在感觉阈值（perception threshold）和痛觉阈值（pain threshold），并且可以识别调制波信号（低频信号）是否为连续刺激。结合对 TENS 参数的选取标准，本实验拟将簇频率 $f_b$ 调节到人体能够区分连续刺激与离散刺激的临界位置，脉冲宽度 $t_p$ 则根据传导感觉种类的不同通过实验调节。

### 3. 刺激反馈通道实现

"灵犀手"的基于仿神经兴奋模型的刺激流程图如图 4 - 7 所示，具体控制流程如下：

（1）系统上电后首先使能时钟，并初始化各功能模块，保持具有原始参数的刺激模式和刺激波形（第一次不输出波形）。

（2）控制程序轮询串口是否接收到指尖压力信息，根据压力信息强度和种类判定准则，选定并更新一种或多种神经兴奋触发生成模型。

（3）将压力信息作为自变量代入各类神经兴奋模型中，生成时域和频域均不相同的仿神经触发波形。

（4）借助触发波形与镜像 Wilson 压控恒流源电路，产生用于目标靶神经感觉刺激的双相方波刺激信号，根据不同被试的感觉阈值，适当调节刺激幅值和刺激模块的参数以产生多维度本体感觉。

（5）利用 PTC 限流保护模块确保刺激装置稳定性，并通过 ADC 模块将刺激电流采集回主控制程序作为异常情况判别依据。

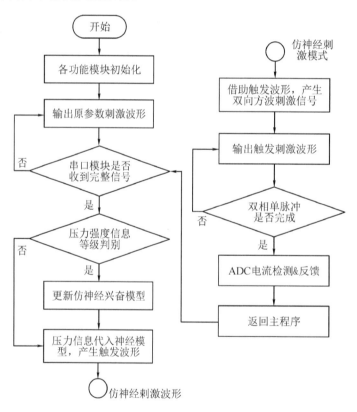

图 4 - 7　基于仿神经兴奋模型的刺激流程图

通过双向感觉通道重建技术，最新一代"灵犀手"具备了感觉反馈功能，根据抓取的物品压力、温度等信息，自动产生不同的刺激信号波形，反馈给使用者，使"灵犀手"真正成为人体的一部分，而不仅仅是一件工具。"灵犀手"感觉反馈信号展示如图 4 - 8 所示。

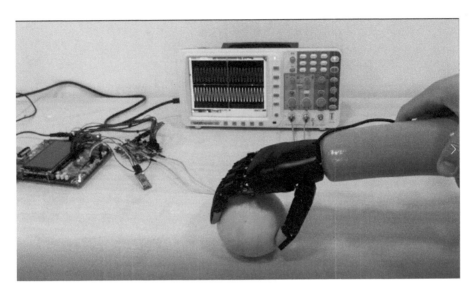

图 4-8 "灵犀手"感觉反馈信号展示图

### 4.1.4 "灵犀手"APP

"灵犀手"APP 软件主要应用于手臂肌电信号的训练与识别。它首先通过佩戴在手臂上的肌电手环，收集脑部发给手臂的动作指令；然后利用生物信号处理算法，准确地解读出手部需要完成的动作；再经过模式识别、去噪声、动作分类、反馈增强等一系列信号处理方法，提升动作信号的纯度；最后，将解析出的动作指令发送给机械手，完成动作实现。"灵犀手"APP 主要功能包括用户登录与注册、肌电手环与机械手臂的蓝牙连接、肌电信号训练参数设置、肌电信号动作训练、肌电信号动作识别、灵犀云数据上传与下载。

"灵犀手"APP 软件有 5 个基本功能模块，分别为用户登录认证、蓝牙设备连接、肌电信号训练、肌电信号识别、灵犀云数据上传与下载。其功能流程图如图 4-9 所示。

"灵犀手"APP 软件功能模块划分清晰，操作简单快捷，具有很好的可扩展性和可移植性。该软件可帮助用户快速完成肌电信号的训练与识别而无需专业医护人员协助，还能持续采集训练数据并上传到后台的灵犀云，不断提升动作识别准确率。

"灵犀手"APP 软件的使用主要分为以下 5 个过程。

（1）用户登录认证。绑定用户手机号进行认证，认证成功的用户可以上传个人训练数据。

用户在设备页面点击"登录/注册"按钮，进入登录页面，输入用户名和密码，点击"登录"按钮，完成身份确认。软件能够记录和保留上次登录成功的用户信息，避免本地操作多次登录的繁琐。

（2）蓝牙设备连接。连接带有蓝牙功能的肌电手环并接收手环数据，连接带有蓝牙功能的机械手并发送动作指令。连接上手环之后，会在当前页面显示手环的设备信息，包括手环名称、电量、蓝牙 MAC 地址、固件版本号。

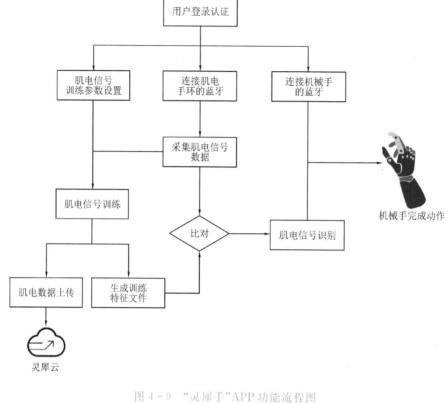

图 4 - 9　"灵犀手"APP 功能流程图

（3）肌电信号训练。设置训练参数后，选择不同的动作进入对应的训练界面（见图 4 - 10），完成动作的肌电数据采集并生成特征文件。

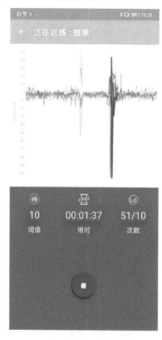

图 4 - 10　训练界面

（4）肌电信号识别。进入动作识别界面（见图4-11），将手环的实时动作数据与特征文件比对，判定数据对应的手部动作，并发送动作指令给机械手，使机械手完成动作。

图4-11　动作识别界面

（5）灵犀云数据上传与下载。动作训练时采集的肌电数据会在特征文件生成后即时上传到灵犀云，在云平台内通过深度学习计算，进一步提高识别准确率。用户也可在软件里查阅上传的历史记录并点击下载。灵犀云数据查看界面如图4-12所示。

图4-12　灵犀云数据查看界面

## 4.1.5　"灵犀手"系统研发历程

"灵犀手"由尹奎英博士完成了第一代原型样机的开发，它用MYO臂环作为传感器，能够准确识别握拳、张手、单指折叠等多种动作，实现对机械手的灵活控制。第一代"灵犀手"如图 4 - 13 所示。

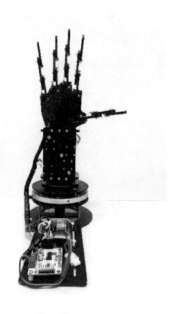

图 4 - 13　第一代"灵犀手"照片

2018 年，刘川博士加入了"灵犀手"团队，负责"灵犀手"动作识别算法的工程化实现，并和沈杰、侯天瑞一起完成了"灵犀手"APP 软件的开发。尹博士找来了庄学德师傅协助"灵犀手"测试（庄师傅因一次事故左手截肢），在他的配合下，"灵犀手"团队实现了截肢者控制"灵犀手"完成各种动作，并在世界雷达展上第一次亮相（见图 4 - 14）。

图 4 - 14　2018 年世界雷达展"灵犀手"第一次亮相

此后"灵犀手"团队委托清华大学定制了新的机械灵巧手，经过几次迭代改进，机械手能够被佩戴在截肢者手臂上，其动作更加灵活，并加入了压力和温度传感器，为建立双向感知通道做好了准备。第二代"灵犀手"见图 4 - 15，第三代"灵犀手"见图 4 - 16。

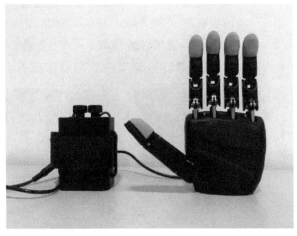

图 4 - 15　第二代"灵犀手"照片　　　　　　图 4 - 16　第三代"灵犀手"照片

　　由于"灵犀手"的信号处理算法被集成为手机上的 APP,因此使用者通过随身携带的手机就可以完成动作训练和动作识别。"灵犀手"APP 具备随时记录残疾人使用"灵犀手"的动作信号的功能,可以经网络上传到自研灵犀云平台系统,在云平台上通过深度学习等人工智能算法不断训练动作信号,再将训练结果传回手机 APP 中,不断提升残疾人动作信号的识别准确度,增强使用体验。图 4 - 17 所示为使用"灵犀手"喝水示意图。

图 4 - 17　使用"灵犀手"喝水

　　我们希望"灵犀手"能真正成为一只手,可以成为人体的一部分而非单纯的工具,因此我们开展了双向感知通道重建技术的构建,通过集成于假肢手指尖与手掌部位的一体化传感器系统,获取手部触觉、位置觉、温度觉等多类型感知信息,构建稳定连接、便捷可靠的感觉反馈人机交互接口,让使用者能够通过"灵犀手"感知物体。"灵犀手"已初步实现了以非侵入式电刺激方式使人体获得多部位、多模态手部触感,同时解决了刺激安全性与双向通道兼容性问题。

　　"灵犀手"入选 2021 科创中国光导技术榜并获得了 2021 世界人工智能大会最高奖SAIL 奖 TOP30(见图 4 - 18)等诸多荣誉,参加了珠海航展(见图 4 - 19)、世界智能制造大会等多项展览,被人民日报、新华社、中央电视台 13 套、中央台国际频道、广东卫视、南京电视台等多家媒体报道。目前，"灵犀手"已经通过国家医疗器械标准检验，获批民政部标准 1 项，立项国家标准 1 项，并向 IEC 提交国际标准 2 项，相关技术已申请 40 多项专利，"灵犀手"APP 也已申请软件著作权。同时"灵犀手"吸引了诺贝尔生理学或医学奖获得者巴里·马歇尔参与到项目中，并确立长期合作关系。

图 4-18　"灵犀手"获 SAIL 奖 TOP30

图 4-19　"灵犀手"参加珠海航展

图 4-20　诺贝尔生理学或医学奖获得者巴里·马歇尔参与"灵犀手"项目

## 4.1.6　小结

本小节介绍了应用于残疾人的智能假肢"灵犀手"的研发历程、参展与获奖情况，以及手部动作识别技术、双向感觉通道重建技术和"灵犀手"APP。"灵犀手"是一种新一代智能义肢，它综合运用信号处理、人工智能、生物交叉等多种前沿技术，通过佩戴在手臂上的肌电传感器采集信号，以肌电信号精准操控仿生机械手，并实时采集触觉信息反馈给使用者。微弱肌电信号的检测与识别、自适应的肌电动作学习、能够抓取复杂形状物体的仿生机械手、双向感知功能均为目前智能义肢的需求痛点与技术难点，我们经过多年的技术积累，一一攻克了上述多项关键技术难题，使智能义肢具备动作识别准确、即戴即用不需长期训练、抓取稳定等一系列优点，并引入了感觉信息反馈功能，使智能义肢的使用体验更逼真，人机交互更自然。

## 4.2　基于小脑的阿尔茨海默病筛查干预技术

### 4.2.1　阿尔茨海默病及其特点

21世纪以来，随着人口结构的老龄化趋势，神经系统变性疾病迅速成为影响老年人乃至其家庭的重要疾病，其中，最常见神经变性病的阿尔茨海默病（Alzheimer Disease，AD）其患者在中国已经超过1000万人。AD影响大脑结构和功能连接的改变，因此也被称为"失连接综合征"（disconnection syndrome），AD导致失智、失能，给个人、家庭和医疗保健系统带来巨大的负担。为此，《健康中国行动（2019—2030）》将其列为重点防治的神经精神系统疾病之一。目前药物干预是AD治疗的主要手段，但临床常用的抗痴呆药物只能起到减轻或暂时改善症状的作用，并不能从根本上阻止疾病的发展。而且，现有药物仅对部分患者有效，其中还有部分病人因为药物副作用而无法坚持治疗。近年来，随着约200种AD干预新药的研发宣告失败，人们迫切需要从新的视角探索具有替代性、有效的早期干预措施。

轻度认知障碍（Mild Cognitive Impairment，MCI）是老年痴呆的早期发展阶段，此阶段老年人会出现轻度的认知障碍和部分记忆的损失，但是不影响正常生活。若老年痴呆疾病在此阶段被诊断，加以药物以及物理手段干预，则可以极大地延缓疾病的发展，将对治疗以及延缓AD病情带来极大的帮助。因此，MCI阶段的筛查和诊断是现阶段帮助阿尔茨海默病患者延缓病情发展、提高生存时间的主要手段。然而，由于在MCI阶段病患的症状不明显，目前的创伤性确诊方式（腰穿）患者往往难以接受，进而错过筛查确诊的黄金期。我们以小脑为研究目标，发现小脑在MCI阶段具有良好的筛查效果，并经过大量的数据分析和验证，显示了小脑诊断MCI和AD的优势，进而可有效提高无创诊断的准确率。

在干预方面，近年来随着神经可塑性理论的兴起，神经调控技术在早期AD干预中备受关注，相比于有创、风险较大、效果较为局限的侵入式脑深部刺激技术，经颅磁刺激（Transcranial Magnetic Stimulation，TMS）是一种从体外刺激脑特定部位的神经调控技术，其因安全无创、定位准确等优点已成为国际上AD非药物干预研究的新方向和有前景的补充治疗方法。我们以 TMS 干预为基础，探索以小脑为靶点的干预技术，并针对 TMS 的治疗精度问题研发了一款全脑神经导航系统，有效提高了 TMS 治疗的精度。

### 4.2.2　小脑连接在 MCI 病人筛查诊断中的模型优势

脑功能连接是一种评价人脑解剖学和功能学的研究方法，它利用神经生物学中的计算方法来定义和分类神经网络。脑网络分析通过整合现代神经生理及神经影像的脑映射技术来定义同一个脑图谱内的解剖和功能连接，其作为一种探索结构-功能连接机制的有力工具，揭示了疾病病因学在网络连接异常和神经精神疾病间的相关性，通过神经元和区域间连接将不同功能区功能整合。神经影像学技术将大脑的活动可视化，脑网络分析是探索结构-功能网络的有力工具。

静息状态功能磁共振成像(fMRI)通过观察大脑血氧水平依赖性(Blood Oxygen Level Dependent，BOLD)信号的低频波动来反映不相交的大脑区域之间功能活动的同步，该信号广泛用于诊断和预测脑血氧饱和度。fMRI 技术的应用揭示了 AD 在大脑结构方面的影像学特征。研究表明，早在 MCI 阶段，功能连接和大脑网络就会受到损害。在功能敏感度减弱的 AD 敏感区域(即海马区，视觉皮层和额极)中，中脉带和早突之间以及中枢纽带之间存在功能性补偿。因此，人们可以通过早期诊断和干预来延迟 AD 病情的发展，使用静息状态功能磁共振成像技术鉴定区分健康对照人群(Healthy Controls，HC)、AD 和 MCI。

人们先前的研究集中在大脑皮层，而对小脑在 AD 频谱的认知调节中的作用研究较少。近几年的研究发现，小脑作为人类大脑的第二调控终端，在老年痴呆初期，它会首先进行代偿性调控，为因 AD 疾病造成损伤的大脑连接进行辅助调控，在静息态核磁数据分析的基础上，以小脑为节点建立的脑功能连接对 MCI 患者的诊断具有显著成效。

传统模式下，人们对 AD 的诊断通常以认知相关脑区作为种子节点，建立脑功能连接网络作为疾病的辅助诊断手段，而我们考虑小脑在 AD 早期的代偿区域总中枢建立以小脑为种子节点的功能连接网络，使用显著性检验计算并筛选众多脑连接值中具有较大差异的脑区连接值，分别对传统模式下以及小脑为种子节点模式下的两类数据建模，模型结果如表 4-1 所示。

表 4-1　两种连接模式下的模型分类结果

| | MAX | MIN | AVE |
|---|---|---|---|
| 传统模式 | | | |
| AD：HC | 92.86% | 60.71% | 67.27% |
| AD：MCI | 86.67% | 50.67% | 60.22% |
| MCI：HC | 91.67% | 55.71% | 60.67% |
| 小脑模式 | | | |
| AD：HC | 95.95% | 61.62% | 71.47% |
| AD：MCI | 94.44% | 51.56% | 62.37% |
| MCI：HC | 98.87% | 57.45% | 62.27% |

我们利用 k 折交叉验证的模式对数据进行建模，表 4-1 中 MAX、MIN、AVE 分别代表模型训练中模型的最优表现与平均表现。由表 4-1 可见，对于病人和健康人群的分类，以小脑为种子节点建立的模型与传统模式下的模型结果接近，具有较好的疾病诊断结果。此外在对 AD 与 MCI 人群的分类任务中，以小脑为种子节点建立的连接相较传统模式具有显著的优势性，说明在疾病的早期，小脑作为认知调节的代偿性较高，是诊断早期 MCI 人群的重要节点之一。

而对于我们建模的验证，在对数据分布异常性较大的 MCI 与 HC 人群的分类中，小脑连接模式下的数据建模结果相对传统模式具有较小的优势，该结果也说明小脑代偿是 AD 疾病早期发展的一种显著性病变现象。

随着数据的不断增加，我们将继续修正该模式下的两类数据模型，进行分类效果对比，加强模型泛化性。

### 4.2.3 基于小脑的阿尔茨海默病经颅磁干预技术

#### 1. 经颅磁刺激(TMS)治疗简介

TMS 改善认知的应用是基础研究和临床转化研究的一个热点，其原理系磁线圈产生时变磁场透过颅骨，有效引起皮层局部或远隔脑区产生感应电流，进而使得神经元去极化，改变大脑皮层的兴奋性和神经网络活动。常用的磁线圈类型主要有圆形和"8"字形两种，"8"字形线圈除具有较强的刺激强度外，刺激范围较圆形更加精准。因此在科学研究及临床研究中，"8"字形线圈可能是更加合适的选择。

TMS 对皮层的调控作用，除设备硬件的影响外，参数的影响也十分显著，TMS 对神经调控的效果主要受刺激模式、刺激频率影响。目前临床广泛应用的刺激模式是重复经颅磁刺激(Repetitive TMS，rTMS)，高频(频率>1 Hz)rTMS 可提高皮层兴奋性，引起长时程增强现象，增强突触可塑性。而低频(频率≤1Hz)rTMS 则抑制皮层兴奋性，降低突触活性，引起长时程抑制。多阶段的 rTMS 治疗可以产生持续超过 8 周的长期效应，对神经网络可塑性具有调控作用。促进认知功能的治疗主要以兴奋性刺激为主。一般而言，rTMS 刺激频率越高，兴奋效应就越强，但因被试安全性和耐受性的限制，难以实现 20 Hz 以上的刺激频率，因此，新的刺激模式 θ 爆发式磁刺激(Theta Burst Stimulation，TBS)随之产生。

TBS 是由优化的多丛刺激组成的 rTMS，是在 5 Hz 的刺激中同时释放一个 50 Hz 的簇状爆发，类似于内源性 θ-γ 组合的脑电振荡，分为持续性 θ 爆发式磁刺激(continuous TBS，cTBS)和间断性 θ 爆发式磁刺激(intermittent TBS，iTBS)，cTBS 和 iTBS 分别产生长时程抑制和增强效应。脑电研究发现，不同的脑波振荡频率参与不同的脑任务活动，θ 振荡波可能是记忆和注意功能过程的标志，因此，外界的 θ 刺激夹带可能对记忆和注意功能有着较其他频率刺激更加显著的调控作用。与经典的 rTMS 比较，TBS 耗时更短并引起更强的皮层功能及行为改变。在神经科学研究中，TBS 的应用逐渐增多，但目前用于改善认知功能的 TMS 模式和频率并无统一的规范，临床使用大多根据经验数据设置参数。

**以小脑为刺激靶点的阿尔茨海默病干预技术**

刺激靶点的选择对刺激效果有着至关重要的影响，通常根据目标功能及认知加工的脑环路机制来选择靶点。AD临床研究中最常选择的靶点是左前额叶背外侧（Dorsolateral Prefrontal Cortex，DLPFC）/双侧DLPFC，DLPFC与记忆、执行等功能密切相关，也可选择刺激右侧额下回、右侧颞上回、楔前叶、顶叶躯体感觉皮层。采用这些刺激靶点对认知的促进作用在对一些MCI/AD患者的治疗中得到验证，但各研究结论并不一致，缺乏治疗规范化临床试验。如一项纳入13项随机对照的最新分析发现，对左DLPFC采用高频rTMS能够改善MCI或是AD患者的记忆功能，或对右DLPFC采用低频rTMS能够改善非言语再认记忆；而对右侧额下回采用高频rTMS能够改善AD患者的执行功能。但也有研究显示，采用低频或高频rTMS分别下调或上调DLPFC均未诱发正性或负性行为效应。其原因在于：

（1）DLPFC的病理改变和功能障碍在AD中很常见，往往在患病早期就存在，对于存在早期DLPFC损害的患者，刺激该部位并不能很好地发挥功能代偿作用。

（2）定位方法的不同可能导致相同的靶点及rTMS序列会产生不同的结果；传统的定位方法通常是基于脑电图10－20系统的电极放置法和热点定位法，前者利用10－20系统进行定位，后者则是利用拇长展肌的收缩，这两种方法定位的个体化差异较大，难以准确定位到目标靶点。

（3）AD是一种临床异质性较高的疾病，患者脑受累的部位和认知损害类型、程度均不同，而特定的靶区较单一。

近期有研究表明对上述经典刺激部位的单一刺激只能改变某些认知功能，对全脑或全局脑网络的调控影响仍有限，对AD治疗需要多靶点联合干预。因此，刺激靶点的调控效率是TMS干预的关键所在，寻找能针对各种AD类型而又高效的刺激靶点十分必要和重要。

小脑是重要的皮层下调节中枢，以往人们认为小脑的功能在于其参与运动与身体平衡等方面的调节。自1998年Schmahmann等提出了小脑认知情感综合征的概念以来，小脑参与认知和情感的调控作用被逐渐认识。目前科研和临床广泛应用的小脑解剖图谱将小脑分为13个小叶，其中小叶Ⅰ～Ⅴ属于小脑前叶，它主要与运动控制与协调功能有关，小叶Ⅵ～Ⅸ属于小脑后叶，小脑后叶与大脑皮质以及边缘结构的海马回、杏仁核等之间存在广泛的神经环路，尤其是额顶颞叶、边缘系统环路，影响大脑的高级认知过程。研究表明小脑包含一半以上大脑所拥有的神经元，并且在前反馈和负反馈上都与对侧大脑半球紧密相连。而最近研究表明，大脑、小脑连接可能更开放，小脑接收多个大脑功能区域的输入信息，包括对侧和同侧的大脑半球特定功能区，20%～30%的大脑纤维束连接终止于小脑的同侧区域。功能性神经影像学揭示了小脑参与和调节各种认知任务，包括语言、视觉空间、执行和工作记忆过程等，认知活动越复杂，小脑被激活的程度和范围就越大，有文献报道小脑参与部分记忆的存储。近年研究表明小脑在认知过程的作用类似"通用调节器"，可以检测认知的模式、变化以及错误，更新信息，然后提供适应性反馈到大脑皮质，进而调控认知过程。并且，小脑后叶不同区域对应对不同认知领域的功能调节，其中小脑后外侧的小叶Ⅶ(可细分为 Crus Ⅰ、Crus Ⅱ 和Ⅶb 三个亚区)与大脑的前额叶、颞叶和顶叶的认知皮质区存在密切的神经功能环路,通过这些环路进而参与工作记忆、语言、视空间、执行功能的调控,这些结论显示小脑后外侧的小叶Ⅶ是认知调控的重要脑区。

随着小脑-大脑环路被人们逐渐地认识,小脑作为 TMS 干预靶点受到越来越多的关注。近年来,小脑作为 TMS 干预靶点,主要被关注于运动、平衡方面,而小脑 rTMS 治疗认知障碍的临床与机制研究却十分缺乏。我们前期对 AD 患者小脑-大脑环路变化的研究发现:与人的正常状态对照比较,在痴呆前期阶段小脑后叶与大脑部分认知区域有连接增强的特征,包括额顶网络以及默认网络,但在痴呆阶段此特征不显著,这表明在 AD 的痴呆前期小脑可能发挥一定的代偿作用。此外,小脑后叶梗死是研究小脑后叶毁损的良好模型。我们前期采用确定性纤维追踪算法以及图形理论研究小脑后叶梗死患者大脑结构网络的变化,发现小脑后叶梗死后患者表现多个认知域损害,包括记忆、执行功能、视觉空间能力、处理速度和语言功能,同时大脑的整个结构网络出现异常,影响到聚类系数、最短路径长度、全局效率、局部效率和关键节点效率发生特征性变化,尤其在认知相关的楔前叶、额颞叶、扣带回区域效率显著降低,这表明小脑后叶可能对大脑全局及认知网络发挥着重要的整合和调节作用。AD 的病理改变如 Aβ 沉积、tau 异常磷酸化等主要发生于大脑皮层,基本不累及小脑,所以小脑的神经元损伤较小,这为小脑发挥调控效应提供了可能性。综上所述,我们推测小脑后外侧部可能是对认知相关疾病调控干预的重要而高效的靶点。

为验证假设,我们开展了随机、伪刺激研究纳入 19 例轻度 AD 患者的预试验(临床试验注册号 ChiCTR2100043362),进行了连续 4 周 20 次的双侧小脑后外侧部 5Hz 的 rTMS 真刺激,与 9 例配对的假刺激组比较,小脑 rTMS 真刺激组在 ADAS-cog、MMSE、MO-CA 量表下的总体认知功能、记忆、语言、执行功能方面均有显著性改善,且患者具有较好的耐受性和安全性。背外侧前额叶皮质区的 rTMS(6 周 30 次、20Hz 的 DLPFC rTMS)、多靶点的多重组合刺激加认知训练试验(3 个靶点 + 20 次爆发刺激加总计 1300 个 10Hz 的 rTMS + 认知训练)是近期其他研究小组发表的两个研究成果,相比于这两个成果,我们的试验结果显示出较好的干预效果,表现在干预起效快,干预效率高,持续效果时间长,表明小脑靶点干预优于传统靶点或大脑多靶点的联合治疗。该结果为通过小脑 rTMS 干预阿尔茨海默病的可行性提供了直接和可靠的证据。

综上所述,依据以往的研究和预试验结果,我们认为小脑后叶是认知相关疾病神经调控重要而高效的新靶点。鉴于目前缺乏小脑刺激对认知皮层活动和认知相关网络的研究,对此需要结合 TMS-EEG、TMS-EMG、MRI 分析不同刺激模式、不同小脑刺激部位对大脑皮层兴奋性、全脑和局部脑网络效应的影响,从而优化刺激参数,这是保证小脑 TMS 干预获得较好效果的前提。后续需要扩大刺激样本量,并与经典刺激靶点进行比较,进一步验证小脑刺激对 AD 干预的效能。依据临床、影像学、脑电和肌电资料,深入探讨小脑经颅磁刺激治疗促进早期 AD 患者脑神经重塑的内在机制,并基于深度学习建立小脑经颅磁刺激疗效预测和疗效评估系统,用于指导临床 AD 的经颅磁刺激治疗,这将为小脑干预新靶点在 AD 的临床规范应用奠定基础。

### 3. 脑神经导航技术

神经导航(neuronavigation)一词源于 navigation，后者指在航海或陆地航行中依赖实时定位系统(real-time positioning system)选择简捷、安全的路径(approach)准确到达目的地。类似地，将导航(navigation)的概念和原理应用于神经外科手术中，凭借电脑影像处理和手术器械追踪定位技术，辅助外科医生优化手术入路、精确操作范围，这样的手术称为神经导航手术(navigated neurosurgery)。目前除神经外科以外，导航技术已广泛应用于耳鼻喉科、整形外科、泌尿外科、骨科等多个领域，在外科临床上起到日益重要的独特作用。在神经外科中，导航技术也已应用于脑肿瘤、血管畸形、脊柱和功能神经外科等主要分支，成为不可替代的手段之一。在用 TMS 治疗神经系统病变的领域，由于 TMS 设备置于颅外，且颅内脑组织位置的个体化差异，也需要神经导航设备的辅助引导来确定 TMS 治疗点的精确位置。

1947 年，Spiegal 和 Wycis 借助"气脑造影术"的技术给软组织成功定位，并开创了导航在人体手术的应用。同期，瑞典的 Leksell 和 Riechert、法国的 Talaiach 也发展了各自基于投影影像技术的定位方法。20 世纪 50～60 年代，基于平面影像的导航技术被广泛应用于丘脑切开术。之后，计算机断层成像(Computed Tomography，CT)的出现使三维影像成为现实，大大推动了导航技术的发展。1986～1987 年，Watanabe、Roberts 及 Basel 等多人几乎同时开发出不同的导航系统。其后的二十年间，神经导航技术得到了飞速发展和广泛应用，这依托于诸多先进医学影像技术的出现，如功能磁共振成像 fMRI、核磁共振弥散张量成像(Diffusion Tensor Imaging，DTI)、核磁共振弥散加权成像(Diffusion Weighted Imaging，DWI)、核磁共振波谱分析、核磁共振灌注成像、磁源成像、脑磁图、正电子发射断层成像、术中超声、术中 CT/MRI 等，以及电生理监护技术的发展。除了影像技术的进步，导航系统中的定位技术也日臻成熟。

神经导航系统的核心技术包括医学影像和体内实时定位两部分内容，分别类似于航行中的地图和罗盘。首先，医学影像学的影像数据被传输到导航仪，这些数据包括计算机断层扫描 CT、核磁共振 MRI、正电子发射计算机断层扫描(Positron Emission Computed Tomography，PET)、数字血管剪影(Digital Subtraction Angiography，DSA)等。导航仪的电脑软件对数据进行分析处理，生成三维立体影像，作为导航手术的"地图"。接下来，通过对患者头部标记(marker)的注册(registration)，将手术室中的患者实际头部位置和导航仪中的患者头部三维影像对应起来。值得一提的是，患者在神经导航系统中的基础影像可以与其他影像学影像(如功能核磁共振、脑磁图等)以及电生理实验结果(如脑皮层功能区电刺激定位图)相融合，有利于更加精准地观察和引导。

注册完毕之后，治疗设备在患者脑部的相对空间位置发出的信号被导航仪空间定位设备捕捉和处理，并在电脑屏幕上实时显示该位置，用于指引选择治疗点到达靶点/靶区域。治疗设备和导航仪空间定位设备之间的信号传递可以通过多种形式，包括机械(mechanic)定位、超声(ultrasound)定位、电磁(electromagnetic)定位和光学(红外，infrared)定位。现在神经导航中使用最广泛的是光学定位，即将手术器械上的红外线发光二极管作为测量目标，电荷耦合元件摄像机(Charge-Coupled Device，CCD)作为传感器，从而计算出手术器械的位置。

神经导航手术中，脑组织结构可能因为各种原因造成移位，这样作为导航依据的治疗前扫描和注册判定的治疗设备位置与真实位置就可能存在差异，称为影像漂移（又称脑漂移，brain shift）。该漂移问题主要由神经导航手术过程中操作导致的脑脊液或囊液流失引起，统计结果显示其发生率高达 66%，在手术中也可以用实时核磁扫描来纠正偏差。但在 TMS 神经导航系统中，由于不存在手术导致的颅内结构变化，因此仅由人体头部运动导致的影像漂移量非常小。

为了更好地保护患者神经功能，提高患者术后生活质量，神经导航系统在神经外科手术中的辅助作用已日益突出。如今，国外很多医院的神经外科已经将神经导航技术作为常规的辅助手段，国内神经导航的应用也不断扩大。其中我们联合了中电科集团十四所人脑机实验室、西安电子科技大学、南京医科大学附属脑科医院多位专家，开发实现了包含小脑在内的全脑区神经导航系统（见图 4 - 20），其主要技术指标达到国际先进水平，目前已开展试用验证。不过，用于 TMS 等电磁刺激治疗的神经导航领域尚处于初始阶段，在软硬件智能化研发、设备费用管理等方面仍需持续开展研究。

### 4.2.4　小结

在阿尔茨海默病的检测领域，我们将新的技术应用到了筛查、干预和导航过程中，并突出利用了小脑信息在这一过程中的显著优势，获得了较好的成果。目前，我们已将该领域的创新成果申请形成专利群体系（见表 4 - 2），这有利于保护我们的自主知识产权，便于实现产业化的应用和发展。

表 4 - 2　我们在阿尔茨海默病诊疗导航领域的专利群

| 领域 | 专利名称 |
| --- | --- |
| 筛查诊断 | 一种基于静息态核磁共振技术的阿尔茨海默病治疗评估方法 |
|  | 一种基于扩散磁共振成像的早期轻度认知障碍患者关键纤维束评价参考方法 |
|  | 一种基于关键纤维束的阿尔茨海默病识别方法 |
|  | 一种基于脑电图谱的阿尔茨海默病治疗评估方法 |
|  | 一种基于小脑的多频带特征融合的 AD 分类算法 |
|  | 一种以小脑为种子节点的核磁数据老年痴呆早期诊断系统 |
| TMS 导航 | 基于 Optitrack 的探针尖定位方法 |
|  | 一种基于头部特征的点云配准算法 |
|  | 基于 Optitrack 的经颅磁治疗仪治疗靶点定位方法 |
|  | 一种脑部组织可视化定位方法 |
| 采集设备 | 一种用于经颅磁治疗仪治疗的全脑区脑电帽 |

[1]  阮迪云，寿天德. 神经生理学[M]. 合肥：中国科学技术大学出版社，1992.

[2]  YANG Y，CHEN X，TU Y，et al. Human-machine Interaction System Based on Surface EMG Signals[J]. Journal of System Simulation，2010，22(3)：651-655.

[3]  CHEN X，WANG Z J. Pattern recognition of number gestures based on a wireless surface EMG system[J]. Biomedical Signal Processing and Control，2013，8(2)：184-192.

[4]  SHI W T，LYU Z J，TANG S T，et al. A bionic hand controlled by hand gesture recognition based on surface EMG signals：A preliminary study[J]. Biocybernetics and Biomedical Engineering，2018，38(1)：126-135.

[5]  POPOV B. The bio-electrically controlled prosthesis[J]. The Bone & Joint Journal，1965，47(3)：421-424.

[6]  MCKENZIE D S. THE RUSSIAN MYO-ELECTRIC ARM. [J]. Journal of Bone & Joint Surgery-british Volume，1965，47(3)：418-420.

[7]  BOTTOMLEY A H，WILSON A B K，NIGHTINGALE A. Muscle Substitutes and Myo-Electric Control[J]. Radio and Electronic Engineer，1964，26(6)：439-448.

[8]  SORBYE R. Myoelectric controlled hand prostheses in children[J]. International Journal of Rehabilitation Research，1977，1：15-25.

[9]  HAHNE J M，BIESSMANN F，JIANG N，et al. Linear and nonlinear regression techniques for simultaneous and proportional myoelectric control [J]. IEEE Transactions on Neural Systems and Rehabilitation Engineering，2014，22(2)：269-279.

[10]  KYBERD P J，HOLLAND O E，CHAPPELL P H，et al. MARCUS：A two degree of freedom hand prosthesis with hierarchical grip control [J]. IEEE Transactions on Rehabilitation Engineering，1995，3(1)：70-76.

[11]  CIPRIANI C，ZACCONE F，MICERA S，et al. On the shared control of an EMG-controlled prosthetic hand：analysis of user-prosthesis interaction [J]. IEEE Transactions on Robotics，2008，24(1)：170-184.

[12]  DE LUCA C J，GILMORE L D，KUZNETSOV M，et al. Filtering the surface EMG signal：Movement artifact and baseline noise contamination[J]. Journal of Biomechanics，2010，43(8)：1573-1579.

[13]  GUO H，LING M，HUI D. New method for effcient design of Butterworth filter based on symbolic calculus[C]. IEEE 2010 International Conference on Computer Application and System Modeling (ICCASM 2010)，2010，8：111-114.

[14]  ACHENBACH S，MARWAN M，ROPERS D，et al. Coronary computed

人脑机智能雷达技术及其应用

tomography angiography with a consistent dose below 1 mSv using prospectively electrocardiogram-triggered high-pitch spiral acquisition [J]. European Heart Journal, 2010, 31(3): 340 - 346.

[15] HODGKIN A L, HUXLEY A F. A quantitative description of membrane current and its application to conduction and excitation in nerve. 1952. [J]. Bulletin of Mathematical Biology, 1989, 52(1 - 2): 25 - 71.

[16] IZHIKEVICH E M. Simple model of spiking neurons[J]. IEEE Transactions on Neural Networks, 2003, 14(6): 1569 - 1572.

[17] RODRIGUEZ-CHEU L E, GONZALEZ D, Rodriguez M. Result of a perceptual feedback of the grasping forces to prosthetic hand users[C]. 2008 2nd IEEE RAS & EMBS International Conference on Biomedical Robotics and Biomechatronics, 2008: 901 - 906.

[18] 杨华元，刘堂义. 物理康复学基础[M]. 上海：上海中医药大学出版社，2006.

[19] ARIETA A H, YOKOI H, ARAI T, et al. Study on the effects of electrical stimulation on the pattern recognition for an EMG prosthetic application[C]. IEEE Engineering in Medicine and Biology 27th Annual Conference, 2005 (7): 6919 - 6922.

[20] MULVEY M R, FAWKNER H J, RADFORD H, et al. The use of transcutaneous electrical nerve stimulation (TENS) to aid perceptual embodiment of prosthetic limbs[J]. Medical Hypotheses, 2009, 72(2): 140 - 142.

[21] JIA L, DU Y, CHU L, et al. Prevalence, risk factors, and management of dementia and mild cognitive impairment in adults aged 60 years or older in China: a cross-sectional study [J]. Lancet Public Health, 2020, 5(12): e661 - e671.

[22] BACHURIN S, BOVINA E, USTYUGOV A J M. Drugs in Clinical Trials for Alzheimer's Disease: The Major Trends [J]. Meddicinal Research Reviews, 2017, 37(5): 1186 - 1225.

[23] DOU K, TAN M, TAN C, et al. Comparative safety and effectiveness of cholinesterase inhibitors and memantine for Alzheimer's disease: a network meta-analysis of 41 randomized controlled trials [J]. Journal of the American Medical Directors Association, 2018, 10(1): 126 - 132.

[24] CUMMINGS J, LEE G, RITTER A, et al. Alzheimer's disease drug development pipeline: 2019 [J]. Alzheimers Dement, 2019, 5: 272 - 293.

[25] DELBEUCK X, VANL M, COLLETTE F. Alzheimer's disease as a disconnection syndrome? [J]. Neuropsychology Review, 2003, 13(2): 79 - 92.

[26] CASTRILLON G, SOLLMANN N, KURCYUS K, et al. The physiological effects of noninvasive brain stimulation fundamentally differ across the human cortex [J]. Science Advances, 2020, 6(5): eaay2739.

[27] NITSCHE M，PAULUS W. Excitability changes induced in the human motor cortex by weak transcranial direct current stimulation [J]. The Journal of Physiology，2000，527(3)：633－639.

[28] HALLETT M J N. Transcranial magnetic stimulation and the human brain[J]. Nature，2000，406(6792)：147－150.

[29] PARKIN B，EKHTIARI H，WALSH V J N. Non-invasive Human Brain Stimulation in Cognitive Neuroscience：A Primer [J]. Neuron，2015，87(5)：932－945.

[30] MARTORELL A，PAULSON A，SUK H，et al. Multi-sensory Gamma Stimulation Ameliorates Alzheimer's-Associated Pathology and Improves Cognition [J]. Cell，2019，177(2)：256－271.

[31] LIN Y，JIANG W J，SHAN P Y，et al. The role of repetitive transcranial magnetic stimulation (rTMS) in the treatment of cognitive impairment in patients withAlzheimer's disease：A systematic review and meta-analysis [J]. Journal of Neurological Sciences，2019，398：184－191.

[32] ZHANG F，QIN Y，XIE L，et al. High-frequency repetitive transcranial magnetic stimulation combined with cognitive training improves cognitive function and cortical metabolic ratios in Alzheimer's disease [J]. Journal of the Neural Transmission，2019，126(8)：1081－1094.

[33] MARRON E，VIEJO-SOBERA R，QUINTANA M，et al. Transcranial magnetic stimulation intervention in Alzheimer's disease：a research proposal for a randomized controlledtrial [J]. BMC Research Notes，2018，11(1)：648.

[34] KOCH G，BONNÌ S，PELLICCIARI M，et al. Transcranial magnetic stimulation of the precuneus enhances memory and neural activity in prodromal Alzheimer's disease [J]. Neuroimage，2018，169：302－311.

[35] HANSLMAYR S，AXMACHER N，INMAN C J T. Modulating Human Memory via Entrainment of Brain Oscillations [J]. Trends in Neuroscience，2019，42(7)：485－499.

[36] LARA A，WALLIS J J F. The Role of Prefrontal Cortex in Working Memory：A Mini Review [J]. Frontiers in Systems Neuroscience，2015，9：173.

[37] SABBAGH M，SADOWSKY C，TOUSI B，et al. Effects of a combined transcranial magnetic stimulation (TMS) and cognitive training intervention in patients with Alzheimer's disease [J]. Alzheientia，2020，16(4)：641－650.

[38] CHOU Y H，TON V，SUNDMAN M. A systematicreview and meta-analysis of rTMS effects on cognitive enhancement in mild cognitive impairment and Alzheimer's disease [J]. Neurobiology of Aging，2020，86：1－10.

[39] CHENG C P W，WONG C S M，LEE K K，et al. Effects of repetitive transcranial

magnetic stimulation onimprovement of cognition in elderly patients with cognitive impairment: a systematic review and meta-analysis [J]. International Journal of Geriatric Psychiatry, 2017, 33(1): e1 – e13.

[40] CHOU Y, TON V, SUNDMAN M J N. A systematic review and meta-analysis of rTMS effects on cognitive enhancement in mild cognitive impairment and Alzheimer's disease [J]. Neurobiology of Aging, 2020, 86: 1 – 10.

[41] MARTIN D, MCCLINTOCK S, FORSTER J, et al. Does Therapeutic Repetitive Transcranial Magnetic Stimulation Cause Cognitive Enhancing Effects in Patients with Neuropsychiatric Conditions? A Systematic Review and Meta-Analysis of Randomised Controlled Trials [J]. Neuropsychology Review, 2016, 26 (3): 295 – 309.

[42] SEDLÁCKOVÁ S, REKTOROVÁ I, SROVNALOVÁ H, et al. Effect of high frequency repetitive transcranial magnetic stimulation on reaction time, clinical features and cognitive functions in patients with Parkinson's disease [J]. Journal of the Neural Transmission, 2009, 116(9): 1093 – 1101.

[43] CHERVYAKOV A, CHERNYAVSKY A, SINITSYN D, et al. Possible Mechanisms Underlying the Therapeutic Effects of Transcranial Magnetic Stimulation [J]. Front Human Neuroscience, 2015, 16(9): 303.

[44] KAUFMAN L, PRATT J, LEVINE B, et al. Executive deficits detected in mild Alzheimer's disease using the antisaccade task [J]. Brain Behavior, 2012, 2(1): 15 – 21.

[45] SCHMAHMANN J D. The cerebellum and cognition [J]. Neuroscience Letter, 2019, 688: 62 – 75.

[46] UWISENGEYIMANA J D, NGUCHU B A, WANG Y, et al. Cognitive function and cerebellar morphometric changes relate to abnormal intra-cerebellar and cerebro-cerebellum functional connectivity in old adults [J]. Experimental Gerontologyl, 2020, 140: 111060.

[47] SERENO M I, DIEDRICHSEN J, TACHROUNT M, et al. The human cerebellumhas almost 80% of the surface area of the neocortex [J]. Proceedings of the National Academy of Sciences of the United States of America, 2020, 117(32): 19538 – 19543.

[48] D'MELLO A M, GABRIELI J D E, NEE D E. Evidence for Hierarchical Cognitive Control in the Human Cerebellum [J]. Current Biology, 2020, 30 (10): 1881 – 1992.

[49] SHIPMAN M, GREEN J J. Cerebellum and cognition: Does the rodent cerebellum participate in cognitive functions? [J]. Neurobiology of Learning and Memory, 2019, 13: 106996.

[50] SCHMAHMANN J, GUELL X, STOODLEY C, et al. The Theory and

Neuroscience of Cerebellar Cognition [J]. Annual Review of Neuroscience，2019，42：337 - 364.

[51] QI Z，AN Y，ZHANG M，et al. Altered Cerebro-Cerebellar Limbic Network in AD Spectrum：A Resting-State fMRI Study [J]. Front Neural Circuits，2019，6：13 - 72.

[52] OLIVITO G，SERRA L，MARRA C，et al. Cerebellar dentate nucleus functional connectivity with cerebral cortex in Alzheimer's disease and memory：a seed-based approach [J]. Neurobiology of Aging，2020，89：32 - 40.